Eugen Fischer (1874-1967)

Medizingeschichte im Kontext

Herausgegeben von Ulrich Tröhler
und Karl-Heinz Leven

Begründet als Freiburger Forschungen zur
Medizingeschichte von Ludwig Aschoff,
fortgesetzt von Eduard Seidler

Band 4

Frankfurt am Main · Berlin · Bern · Bruxelles · New York · Oxford · Wien

Bernhard Gessler

Eugen Fischer (1874-1967)

Leben und Werk des Freiburger Anatomen,
Anthropologen und Rassenhygienikers bis 1927

PETER LANG
Europäischer Verlag der Wissenschaften

Die Deutsche Bibliothek - CIP-Einheitsaufnahme

Gessler, Bernhard:

Eugen Fischer (1874-1967) : Leben und Werk des Freiburger Anatomen, Anthropologen und Rassenhygienikers bis 1927 / Bernhard Gessler. - Frankfurt am Main ; Berlin ; Bern ; Bruxelles ; New York ; Oxford ; Wien : Lang, 2000
  (Medizingeschichte im Kontext ; Bd. 4)
  Zugl.: Freiburg (Breisgau), Univ., Diss., 1998
  ISBN 3-631-35233-6

Portrait Eugen Fischers:
Bundesarchiv Bild 183/J 24511

D 25
ISSN 1437-3122
ISBN 3-631-35233-6
© Peter Lang GmbH
Europäischer Verlag der Wissenschaften
Frankfurt am Main 2000
Alle Rechte vorbehalten.

Reprovorlage: Jens Tischler, Karlsruhe

Das Werk einschließlich aller seiner Teile ist urheberrechtlich geschützt. Jede Verwertung außerhalb der engen Grenzen des Urheberrechtsgesetzes ist ohne Zustimmung des Verlages unzulässig und strafbar. Das gilt insbesondere für Vervielfältigungen, Übersetzungen, Mikroverfilmungen und die Einspeicherung und Verarbeitung in elektronischen Systemen.

Meinen Eltern

Vorwort

Das vorliegende Buch ist die gedruckte Version meiner gleichnamigen Dissertation über Eugen Fischer. Inhaltlich wurde nichts, stilistisch und orthographisch weniges, vom Layout aber einiges verändert. *Alt* ist die gebrauchte Rechtschreibung, *neu* ein Namen- und Sachregister, das den Text für den selektiven Leser oder zum kurzen Nachschlagen besser erschließbar macht.

In dem Jahr nach Abgabe meiner Dissertation hatte ich aufgrund beruflicher *Vereinnahmung* die Hoffnung auf Publikation der Arbeit praktisch aufgegeben. Es ist der Ermunterung durch PD Dr. med. Karl-Heinz Leven vom Institut für Geschichte der Medizin der Universität Freiburg i. Br. und seiner öffentlichen Ankündigung der baldigen Publikation dieser Arbeit zu verdanken, daß sie jetzt gedruckt vorliegt.

Ich möchte erneut allen Personen herzlich danken, die bei der Erstellung der Dissertation mir auf vielerlei Weise geholfen haben - ihre Namen und Verdienste für das Gelingen derselben sind dort verzeichnet. Um mich aber nicht zu wiederholen, sei aus diesem Kreis - gewissermaßen stellvertretend - *nur* Prof. Dr. med. Eduard Seidler für seine im besten Sinne doktor*väterliche* Betreuung der Dissertation erwähnt.

Bei der Erstellung des Registers und der Reproduktionsvorlage für dieses Buch war mir Jens Tischler sehr behilflich.

Abschließend will und muß ich noch eine Person dankend erwähnen, die sich in ihrer Bescheidenheit gegen die Nennung ihres Namens schon in der Dissertation gewehrt hat - ohne die aber auch dieses Buch nicht entstanden wäre: meine Lebenspartnerin Ina Rendl.

Karlsruhe, im Januar 2000 B. G.

Inhaltsverzeichnis

ABKÜRZUNGSVERZEICHNIS XV

A. EINLEITUNG 1

B. FISCHERS PRIVATE BIOGRAPHIE, AUSBILDUNG
UND KARRIERE BIS 1927 7

   I. Familiärer Hintergrund, Kindheit, Jugend und Studium
      (1874-1898) 7

   II. Vom Volontärassistent zum Bauherrn eines neuen anatomischen Institutes
      (1898-1917) 13

   III. Vom Anatomie-Ordinarius zum Direktor eines Kaiser-Wilhelm-Institutes
       (1918-1927) 23

C. DIE PHYSISCHE ANTHROPOLOGIE, GENETIK UND EUGENIK
VON 1900 BIS 1927 IN DEUTSCHLAND 29

   I. Die Physische Anthropologie von 1900 bis 1927 29

   II. Anfänge der Genetik und ihr Einfluß auf die Anthropologie 36

   III. Die Entwicklung der Eugenik in Deutschland: Rassenhygiene 43

      1. Rahmenverhältnisse und Vorläufer 43
      2. Protagonisten und Eckdaten 48
      3. Vorstellungen und Forderungen 55
      4. Verhältnis zu Medizin, Genetik und Anthropologie 58

D. ENTWICKLUNG FISCHERS ZUM ANTHROPOLOGEN UND EUGENIKER
SOWIE INHALT SEINES WERKES BIS 1927 63

   I. Wichtige Stationen auf Fischers Werdegang zum Anthropologen
     und Rassenhygieniker 63

      1. Fischers anthropologische Lehrjahre 63
      2. Die *Rehobother Bastards* 67
      3. Die Zeit nach der Rehobother Forschungsreise 76

II. Fischers anthropologische, gesellschaftspolitische
und "sozialanthropologische" Positionen 80

1. Allgemeine Rassenanthropologie 80
2. Spezielle Anthropologie 83
   a. Die nordische Rasse oder die Germanen 83
   b. Die alpine Rasse 85
   c. Die dinarische Rasse 86
   d. Die mediterrane Rasse 86
   e. Die "*Neger*" 86
   f. Die *Juden* 87
3. Fischers Problem mit der süddeutschen Brachyzephalie 91
4. Rassenmischungen und -mischlinge 93
5. Gesellschaftsbild 98
6. Historische Anthropologie 101
7. Differentielle Geburtenrate und Degenerationsangst 104
8. "Sozialanthropologie", Hygiene und Rassenhygiene 107
9. Eugenische Forderungen 110

E. STANDORTBESTIMMUNG DES FISCHERSCHEN WERKES BIS 1927 115

I. Fischers Verhältnis zu populären Rassetheoretikern
und nordisch-ariomanischen Rasseschwärmern 115

II. Fischers Werk und Hitlers Weltanschauung 128

1. Allgemeine Rassenanthropologie 131
2. Spezielle Rassenanthropologie 132
   a. "Arier" und "nordische Rassen" 132
   b. Die Juden 134
3. Rassenmischungen 135
4. Historische Anthropologie 136
5. Rassenhygienische Forderungen 137

F. FISCHERS ÖFFENTLICHES WIRKEN IN FREIBURG UND BADEN 141

I. Die Freiburger Ortsgruppe der "Deutschen Gesellschaft für Rassenhygiene" .. 141

1. Anfänge 141
2. Mitgliederstruktur und -entwicklung 145
3. Ziele, Verfassung und Ämter 146
4. Inhalt der Sitzungen 149
5. Bedeutung - "the Freiburg phalanx" (Weindling) 153

II. Der Landesverein "Badische Heimat e.V." 156
   1. Entstehungsgeschichte und Zielsetzung 156
   2. Praktische Vereinstätigkeit und Fischers Präsidialzeit 159
   3. Eugenisches Engagement des Landesvorsitzenden Fischer 162

G. BIOGRAPHISCHER AUSBLICK 169

H. FAZIT 175

ANHANG 183

   I. Quellen und Archive 185

   II. Personalbibliographie Fischers bis 1927 (incl. zitierter späterer Werke) 189

   III. Literaturverzeichnis 199

   IV. Namen- und Sachregister 205

A. Einleitung

"Der Name Eugen Fischer ist heute zum wissenschaftlichen Programm geworden: Er hat die alte Anthropologie mit der Erblehre verbunden und zur Rassenbiologie entwickelt; [...] er hat als einer der ersten die Folgerungen aus den Erkenntnissen der Erb- und Rassenlehre in der heutigen Rassenhygiene gezogen und für deren Durchführung [...] sich eingesetzt; er hat [...] an der Formung des Rassegedankens der Gegenwart als einer geistigen Voraussetzung für die Rassenpolitik des Nationalsozialismus mitgewirkt."[1]

So wurde im Jahre 1944 Eugen Fischer (1874-1967) aus Anlaß seines 70sten Geburtstages geehrt. Das Zitat entstammt der Feder Otmar v. Verschuers (1896-1969),[2] Fischers treuesten Schüler, wissenschaftlichem Nachfolger und besten Freund.

In diesem Zitat werden nicht nur die bedeutendsten Themen von Fischers Wirken und Werk benannt. Es verdichtet sich in ihm, auf plakative Weise, auch die Relevanz dieser Arbeit:

Fischers Werk wurde, selbst von ihm wohlgesonnenen Zeitgenossen, als eine der geistigen Voraussetzungen für die Rassen"politik" des Dritten Reiches gesehen.

Ist diese Sicht der Dinge berechtigt?

Dies ist wohl die wichtigste, aber auch schwierigste Frage, die an jede Darstellung von Leben und Werk des Freiburger Anatomen, Anthropologen und Rassenhygienikers zu stellen ist:

- wichtig, weil es um das historische Bild des "führenden Anthropologen in Deutschland in der 1. Hälfte des 20. Jahrhunderts" geht;[3]

---

[1] Verschuer 1944:59.

Zur Zitierweise:
Die Verweise auf die Sekundärliteratur folgen diesem Schema: Nachname des Autors Erscheinungsjahr des Werkes: Seitenzahl. Im Literaturverzeichnis sind die Werke alphabetisch nach Autor geordnet. Werke mehrerer Autoren sind nach dem erstgenannten Autor eingeordnet, wobei die Namen der Koautoren durch Schrägstrich voneinander getrennt werden. Verschiedene Werke eines Autors sind im Literaturverzeichnis nach ihrem Erscheinungsjahr geordnet (ältere vor jüngeren). Mehrere Werke desselben Autors mit gleichem Erscheinungsjahr werden durch einen angehängten Kleinbuchstaben direkt hinter der Jahreszahl markiert und alphabetisch nach dem Suffix geordnet. Autoren mit gleichem Nachnamen werden durch den abgekürzten Vornamen unterschieden.

[2] Sprich:"Verschür".

[3] Eckart/Gradmann 1995:134.

- schwierig, weil die Frage nach der geistigen (Mit-)Urheberschaft für eine so monströse und diffuse Ideologie wie dem nationalsozialistischen Rassenwahn zwangsläufig weitere Fragen und Probleme eröffnet.

Nur drei seien genannt:
- Welche Konzepte waren essentiell, d. h. wesentlich und unverzichtbar, für die nationalsozialistische Rassenideologie?
- Was bedeutet die Aufdeckung von übereinstimmenden Konzepten und Motiven im Werk eines wissenschaftlichen Autors und einer laienhaft-schillernden Ideologie: Einen Hinweis, einen Beleg oder gar einen Beweis für die Grundlegung, die Befruchtung oder die Unterstützung des einen für das andere?
- Kann man überhaupt als Nachgeborener der Differenziertheit eines mindestens 70 Jahre alten Werkes mit über 300 Publikationen, besonders aber der Komplexität eines 93jährigen Lebens gerecht werden? Diese Frage stellt sich insbesondere dann, wenn, wie es hier geschehen wird, vornehmlich die erste Hälfte von Werk und Leben eines Menschen untersucht wird.

Dieses Buch befaßt sich vornehmlich mit der Zeit bis 1927 im Leben Eugen Fischers. Um diese zeitliche Begrenzung verständlich zu machen, muß eine kurze Darstellung der wichtigsten biographischen Abschnitte vorweggenommen werden: Fischer wurde 1874 in Karlsruhe geboren, verbrachte allerdings praktisch seine gesamte Kindheit und Jugend in Freiburg i. Br. Hier machte er 1893 Abitur und begann sein Studium der Humanmedizin, das er 1898 mit der Promotion abschloß. Er wurde Assistent und innerhalb von zwei Jahren Privatdozent am örtlichen Anatomischen Institut, lehrte jedoch fast nur Anthropologie. Durch seine Forschungsreise im Jahre 1908 in das Dorf Rehoboth (im heutigen Namibia) ging Fischer als *der* Wissenschaftler in die deutschen Konversationslexika ein, der angeblich "die Gültigkeit der Mendelschen Vererbungsregeln für menschliche Rassenmerkmale" bestätigt habe.[4] Die Privatdozentenzeit endete erst 1912, nachdem er ein Semester als Extraordinarius für Anatomie in Würzburg verbracht hatte und als solcher wieder in seine Heimatstadt zurückgerufen wurde. Im Ersten Weltkrieg war er als Chirurg und Chefarzt eines Kriegsversehrtenlazaretts tätig. 1918 wurde er ordentlicher Professor und Direktor des Anatomischen Instituts der Freiburger Universität. Dieses Amt bekleidete er bis 1927: In diesem Jahr wurde er Direktor des neu geschaffenen *Kaiser-Wilhelm-Institutes für Anthropologie,*

---

[4] *Meyers Großes Taschenlexikon* in 24 Bänden, Bd. 7, S. 103, Aktual. Neuausgabe, Mannheim 1983. Stichwort: Fischer, Eugen.

menschliche Erblehre und Eugenik in Berlin-Dahlem sowie Professor für Anthropologie an der Berliner Universität. Er trat 1942 von beiden Ämtern aus Altersgründen zurück und zog wieder in seine badische Heimatstadt. 1944 flüchtete er aus dem zerstörten Freiburg nach Sontra in Hessen, wo er bis 1950 blieb. Die letzten 27 Jahre seines Lebens verbrachte der Anthropologe als geachteter Pensionär in seinem geliebten Freiburg, wo er 1967 starb.

Die entscheidende Zäsur im Leben Eugen Fischers ist seine Berufung nach Berlin im Jahre 1927: In den 15 Jahren seiner Berliner Zeit stand er auf dem Gipfel seiner Karriere und übte einen prägenden Einfluß auf die anthropologische und humangenetische Forschung sowie auf die eugenische Jurisdiktion in Deutschland aus. Allerdings brachte das Dritte Reich auch die unheilvolle Verstrickung des Wissenschaftlers in den deutschen Faschismus. Somit bietet sich das Jahr 1927 als zeitliche Begrenzung für eine Biographie Fischers an.[5]

Wenn im Kapitel G. trotzdem ein biographischer Ausblick über 1927 hinaus getan wird, so hauptsächlich mit der Intention, die in seinem Werk bis 1927 vorhandenen Entwicklungstendenzen *a posteriori* zu verdeutlichen - ohne den Fehler zu begehen, sein Werk quasi *rückwärts* zu interpretieren. Ferner vermag gerade die Öffnung des biographischen Horizonts etwas von der Komplexität eines Charakters, von der Brisanz und Tragik eines Lebenslaufes in vier Gesellschaftssystemen aufzuzeigen.

Die wissenschaftshistorische Forschung beachtete Eugen Fischer seit seinem Tod 30 Jahre lang so gut wie nicht:
Im Gegensatz zu anderen führenden deutschen Eugenikern (z. B. Alfred Ploetz, Ernst Rüdin, Fritz Lenz, Hermann Muckermann u. a.) existierte bis zum Frühjahr 1997 keine Monographie zu Eugen Fischer.[6] Niels C. Löschs Bioergographie, *Rasse als Konstrukt. Leben und Werk Eugen Fischers* Frankfurt/M. 1997, konnte diese Lücke zu großen Teilen schließen. Der Schwerpunkt des vorliegenden Buches liegt, wie gesagt, in Fischers Freiburger Zeit bis 1927. Durch den unterschiedlichen Schwer-

---

[5] Das Jahr 1927 taugt weniger als Zäsur für sein Werk, auch wenn sich m.E. zu diesen Zeitpunkt eine allmähliche Radikalisierung seines eugenischen Engagements abzeichnet - vgl. Kap. F. II.

[6] Zum Teil sehr kurze biographische Skizzen oder wissenschaftshistorische Einordnungen lieferten Spiegel-Rösing/Schwidetzky 1982, Seidler, E. 1993, Massin 1993a und (mit einem 17seitigen Artikel noch am ausführlichsten:) Crips 1993.
Diverse Zeitungsartikel zu Lebzeiten Fischers und Nachrufe erschienen bis 1968. Ein neunseitiger Artikel seines Schülers Otmar v. Verschuer über Fischers Lebenswerk aus dem Jahre 1955 sollte mehr der Verklärung des, als "Altmeister der Anthropologie" (Verschuer 1955:316) apostrophierten Freiburgers dienen und stellt somit eine sehr fragwürdige Quelle dar.

punkt und den späteren Publikationszeitpunkt wurde eine kritische Auseinandersetzung mit einigen Interpretationen Löschs möglich.

Folgende Themen werden nun in dieser Arbeit behandelt:

Das *Hauptkapitel B.* befaßt sich mit Fischers privater Biographie und beruflichem Werdegang bis 1927. Die Dreiteilung des Kapitels orientiert sich an bedeutenden äußeren Wegmarken in Fischers Biographie. Es wird der familiäre, gesellschaftliche und schulisch-universitäre Rahmen untersucht, in dem sich die ersten 53 Jahre seines Lebens abspielten und sich seine akademische Karriere entwickeln konnte. In diesem Hauptkapitel werden auch schon wichtige, Fischer prägende Personen vorgestellt. Fischers Persönlichkeit gewinnt durch eigene prägnante Zitate an Kontur.

Das *Hauptkapitel C.* möchte die bedeutendsten Entwicklungsstränge und Zeitströme in den Wissenschaften aufzeigen, in denen Fischer publizistisch vornehmlich tätig wurde: Anthropologie, Genetik und Eugenik.[7]

In Unterkapitel C. I. werden Anfänge, Forschungsschwerpunkte und die krisenhafte Entwicklung der Physischen Anthropologie am Anfang des Jahrhunderts in Deutschland beleuchtet. Auf problematische Konzepte der zeitgenössischen Anthropologie wird hingewiesen.

Im Unterkapitel C. II. geht es um die Anfänge der Genetik, wobei insbesondere die Auswirkungen der sogenannten *Wiederentdeckung* der *Mendelschen Erbregeln* innerhalb der Humangenetik und auf die Anthropologie interessieren.

Das Unterkapitel C. III. will den Leser (anhand von vier thematischen Abschnitten) in die Komplexität der ideengeschichtlichen Ursprünge, der personellen Vertretung und der inhaltlichen Entwicklung der wohl problematischsten Wissenschaft des 20. Jahrhunderts einführen: Der *Eugenik* oder (in Deutschland:) *Rassenhygiene*.[8]

Das *Hauptkapitel D.* hat eine doppelte Funktion: Im Unterkapitel D. I. wird der biographische Faden erneut aufgenommen - diesmal stehen allerdings nicht der biographische Rahmen, die privaten Höhepunkte und die berufliche Karriere des Anatomen im Blickpunkt, sondern die Entwicklung Eugen Fischers zu einem Anthropologen und Rassenhygieniker. Der erste Abschnitt dieses Unterkapitels wird den anthropologischen Lehrling und Lehrer beschreiben. Im zweiten Ab-

---

[7] Obwohl Fischer 30 Jahre lang an anatomischen Instituten arbeitete, war die Anzahl seiner rein anatomischen Publikationen sehr gering und wenig bedeutend, wie hier schon vorausgenommen werden soll.

[8] Die Begriffe und ihre Ableitungen werden, wie in der Literatur allgemein üblich, synonym verwandt. Eine Definition des Begriffs "Eugenik" und eine kurze Begriffsgeschichte v. a. der "Rassenhygiene" erfolgt im genannten Unterkapitel.

schnitt wird Fischers berühmtestes Werk aus dem Jahre 1913 kritisch untersucht: Sein *Rehobother Bastard*werk.[9] Dabei werde ich aufzeigen, daß Fischer tatsächlich nicht - wie er zeit seines Lebens behauptete - das *Mendeln* der natürlichen menschlichen Körpermerkmale bewiesen hat und beweisen konnte. Im dritten Abschnitt des Unterkapitels wird die weitere anthropologische Entwicklung Fischers beschrieben.

Das Unterkapitel D. II. ist das umfangreichste dieser Arbeit. Der Inhalt des Fischerschen Werkes bis 1927 wird vorgestellt: Dabei werden die Abschnitte 1. bis 4. anthropologische Themen (incl. der komplexen Frage nach dem Verhältnis Fischers zu Juden) untersuchen; die Abschnitte 5. und 6. gesellschaftspolitische und historische Erklärungsmuster Fischers beleuchten; die Abschnitte 7. bis 9. werden schließlich die demographische Untergangs*diagnose*, die sozialanthropologische Lösungs*strategie* und die eugenischen *Therapie*vorschläge Fischers darstellen.

Die Standortbestimmung des Fischerschen Werkes bis 1927 erfolgt im *Hauptkapitel E.*: Dies geschieht im Unterkapitel E. I. im Verhältnis zu populären Rassetheoretikern und nordisch-ariomanischen Rasseschwärmern. Im Unterkapitel E. II. wird der Standort des Fischerschen Werkes in Relation zu Hitlers Weltanschauung gesucht: Es werden die anthropologischen und eugenischen Konzepte Fischers und Hitlers erarbeitet und verglichen - als ein Versuch, Fischers Bedeutung für den Hitlerschen Rassenwahn zu ermessen.

Zwei bedeutende Wirkungsstätten Fischers sind die Themen für das *Hauptkapitel F.*: Im Unterkapitel F. I. wird Fischers angesehene Freiburger Ortsgruppe der *Deutschen Gesellschaft für Rassenhygiene* (des ersten nationalen eugenischen Verbandes der Welt!) in fünf Abschnitten analysiert. Im folgenden Unterkapitel F. II. wird die Entstehungsgeschichte, das Vereinsleben und Fischers Tätigkeit als Landesvorsitzender des Heimatvereins *Badische Heimat e.V.* aufgeschlüsselt, wobei sich bemerkenswerte Parallelen zu seinem wissenschaftlichen Werk ergeben.

Wie erwähnt, wird das *Hauptkapitel G.* einen kurzen biographischen Ausblick wagen. Das *Hauptkapitel H.* schließt in einem Fazit den thematischen Teil der Dissertation ab. In ihm werden die Antworten zu den Kernfragen dieser Arbeit zusammengefaßt.

---

[9] Fischer, Eugen: *Die Rehobother Bastards und das Bastardierungsproblem beim Menschen. Anthropologische und ethnologische Studien am Rehobother Bastardvolk in Deutsch-Südwestafrika*, Jena 1913.

Die Kernfragen lauten:

1. Welche Kennzeichen seines familiären, schulischen und gesellschaftlichen Hintergrundes finden sich in späteren Grundüberzeugungen und Charakterzügen Fischers wieder?
2. Wessen persönlichen oder geistigen Einfluß während seiner universitären Laufbahn hat Fischer die äußere Entwicklung zum Anatomie-Ordinarius und anthropologischen Experten sowie die innere Orientierung zum Eugeniker zu verdanken?
3. Welche inhaltliche Entwicklung innerhalb der Anthropologie vertrat Fischer, welche Bedeutung hatte sein *Rehobother Bastard*-Werk, und wodurch wurde sein Typ der Anthropologie in Deutschland führend?
4. Welche Richtung der Rassenhygiene vertrat Fischer, und welche Position und Bedeutung hatte seine Ortsgruppe innerhalb der rassenhygienischen Bewegung?
5. Wie kam Fischer zu seiner leitenden Stellung in der badischen Heimatbewegung, welche Ziele verfolgte er in ihr, und inwiefern manifestieren sich Aspekte seines Werkes in diesem Engagement?
6. Wie gestaltete sich das Verhältnis Fischers zu populären Rassetheoretikern und nordisch-ariomanischen Rasseschwärmern?
7. Welche Konzepte im Werk Fischers nähern sich den nationalsozialistischen Rassenideologen und rassenhygienischen Forderungen an, welche weichen von diesen ab?
8. Ist dementsprechend v. Verschuers Meinung, Fischer hätte an der "Formung des Rassegedankens" des Dritten Reiches ("der Gegenwart") "als einer geistigen Voraussetzung für die Rassenpolitik des Nationalsozialismus mitgewirkt", berechtigt?

Die *"technischen"* Teile der Arbeit (Quellen und Archive, Personalbibliographie Fischers bis 1927, Literaturverzeichnis, Namen- und Sachregister) sind angehängt: Weitere Erklärungen zu ihrem Aufbau und Besonderheiten erfolgen vor Ort.

B. Fischers private Biographie, Ausbildung und Karriere bis 1927

I. Familiärer Hintergrund, Kindheit, Jugend und Studium (1874-1898)

"Ich, Leopold Franz Eugen Fischer, wurde geboren am 5. Juni 1874. Es soll ein heisser, trockener Sommer gewesen sein, besonders der Monat Juni mit furchtbarer Hitze gesegnet!"

Mit diesen Worten beginnt Fischer als 26jähriger einen Rückblick über sein Leben.[10] In seinem Geburtsort Karlsruhe war Fischers Vater, Eugen Fischer, Mitinhaber der Handelsfirma *Brombacher & Fischer*. Der Großvater väterlicherseits war von Mainfranken nach Baden gezogen und zum großherzoglichen Oberforstinspektor aufgestiegen.[11] Seine Mutter Josephine Fischer, geb. Sallinger, stammte aus Mittelbaden. Eugen Fischer hatte eine sieben Jahre ältere Schwester und zwei jüngere Brüder. Er wurde katholisch getauft. Als Fischer zwei Jahre alt war, zog sich sein Vater aus dem Geschäftsleben zurück[12] und die Familie siedelte nach Freiburg i. Br. um. Zwei Jahre später, 1880, bezog die Familie am westlichen Rand des idyllischen Universitätsstädtchens ein großes Haus: "Freiburg war damals ein kleines Städtchen [...] in unserem Stadtteil kannten sich natürlich alle",[13] beschreibt Fischer rückblickend den Charakter seines Wohnorts. Auch Dienstboten konnte sich die gutsituierte Familie leisten. Ausführlich beschreibt Fischer sein neues Zuhause: Es hatte einen großen Garten[14] mit Gemüsebeeten und diversen Obstbäumen, Pferde-, Hasen- und Hühnerstall, einen Taubenschlag und eine Wagenremise. In diesem kleinen Idyll machte der Junge viele Erkundungen in der Natur und beim Spielen mit den

---

[10] Es handelt sich um den Anfang eines sechsseitigen handschriftlichen, autobiographischen Manuskripts Fischers, geschrieben hauptsächlich im Juni 1900 (mit späteren Nachträgen in Form einer Jahreschronik bis 1906). Sie ist identisch mit der bei Lösch 1997 genannten Quelle "Jahres-Chronik 1874-1906" Im folgenden wird sie als "EF-Nachlaß: J-C" zitiert.

[11] Busse 1934:10.

[12] "seiner Gesundheit wegen". EF-Nachlaß: J-C.

[13] Zitiert aus dem achtseitigen Typoscript Fischers im EF-Nachlaß mit dem Titel: "Haus - Garten und Wilhelmstrasse", geschrieben in der Nachkriegszeit. Diese Quelle werde ich im folgenden mit "EF-Nachlaß: "H-G-W" abkürzen.

[14] "Dort verlebte ich meine ganze, schöne Jugend!". EF-Nachlaß: J-C.

Tieren. Er brachte es zu beachtlichen Fertigkeiten, z. B. im Erkennen von Vogelstimmen, und sammelte "Schmetterlinge, Käfer, Schnecken und Vogeleier."[15] Kennzeichnend für den strengen und dünkelhaften Erziehungsstil der Eltern ist, neben dem Verbot, Dialekt zu sprechen,[16] folgende Bemerkung Fischers:

> "Es war für die damalige Zeit bezeichnend, dass es die Eltern verboten, mit den Buben aus der Zichorienfabrik, Söhne vom Werkmeister oder so - zu spielen, während ein [...] Sohn eines Lokomotivführers, weil er so brav und wohlerzogen sei, eben noch geduldet wurde. Wir waren aber mit den Burschen aus der Fabrik [...] dicke Freunde. Nur in den elterlichen Garten durften wir sie nicht bringen."[17]

Zu Ostern 1880 kam er in die Volksschule und entdeckte bald seine Neigung zur Zoologie:

> "Ich lernte, wie ich von jeher gerne Geschichten mir vorlesen liess, dann selbst las, gerne & leicht. Erinnern kann ich mich noch genau, dass ich besonders in Naturgeschichte immer der Beste sein wollte und war, aber nur Naturgeschichte der 'Tiere'. Botanik mochte ich nicht."[18]

Auch nach der Aufnahme in das *Großherzoglich Badische Bertholds-Gymnasium* in Freiburg im September 1884 hielt der Ehrgeiz von Vater und Sohn an:

> "Auch hier ging es gut. Das Versprechen einer Taschenuhr, falls ich unter den 6 ersten sei an Weihnachten, hatte mich angespornt und ich eroberte mir den 2. Platz, am Ende des Jahres den 2ten Preis."[19]

Die folgende Gymnasialzeit scheint für Fischer - abgesehen von ersten romantischen Erfahrungen in der Pubertät[20] - langweilig gewesen zu sein:

> "Die neun Gymnasialjahre gingen schlecht & recht herum. [...] Ohne mich je anzustrengen passierte ich die Klassen. Terrarien & Streifereien in Feld & Wald & Garten war meine Beschäftigung neben reichlicher Lektüre."[21]

---

[15] v. Verschuer 1955:309.
[16] "[...] war uns verboten als nicht vornehm." EF-Nachlaß: H-G-W.
[17] l.c.
[18] EF-Nachlaß: J-C.
[19] l.c.
[20] In der Quarta war er in einem " Bund, jeder musste eine kleine Flamme haben - o goldne Zeit der ersten Liebe !" l.c.
[21] l.c.

Am 18. Juli 1893 bestand Fischer das Abitur mit der Gesamtnote "gut".[22] Damit hatte er für die damalige Zeit ein hervorragendes Zeugnis bekommen - wenn auch nicht das beste seines Jahrgangs.[23]
Er durfte am 29. Juli 1893 die Abiturrede mit dem Thema "Heinrich von Kleist als nationaler Dichter" halten. Es ist eine offensichtlich stark vom Geist der Zeit geprägte Rede. Der im zeittypischen pathetischen Duktus[24] gehaltene Vortrag enthält deutliche chauvinistisch-hurrapatriotische Passagen. So wird das nahe Frankreich als "Erbfeind" bezeichnet. Und mit beträchtlichem demagogischen Talent beschwört der Abiturient die Größe des Wilhelminischen Deutschland:

"Diese Freiheit und Macht Deutschlands, für die der unglückliche Dichter sang, die Einheit und Größe Deutschlands, die uns die tapferen Thaten unserer Väter erworben, sie zu wahren, für sie freudig jedes Opfer zu bringen, das wird von heute an, wo wir hinaus treten ins Leben, auch unsere schönste Aufgabe sein."[25]

Man kann anhand dieser Abiturrede bereits einige Eckpunkte im Weltbild und Persönlichkeitsprofil des Schulabgängers festmachen: Ein Hang zu Monarchismus,[26] Militarismus und Nationalismus.[27] Es sei dabei nicht vergessen, daß es sich um die aufgeregte, erste *große* Rede eines jungen Mannes handelt, aus einer Epoche, in der Nationalismus Allgemeingut des Bürgertums war. Indes zeigt sie einen Teil der Geisteshaltung und das Ergebnis der Sozialisation des 19jährigen.[28] Ferner bringt sie uns die Rhetorik Fischers näher, die später oft gerühmt wurde.
Die ersten sechs Monate seines einjährigen freiwilligen Militärdienstes leistete der blonde, grauäugige Hüne[29] von Oktober 1893 bis April 1894 ab.[30]

---

[22] Ein Blick in sein Abschlußzeugnis zeigt in allen Fächern, bis auf drei Ausnahmen (z. B. Geschichte: "noch gut"), eine gute Leistung. EF-Nachlaß.

[23] In der Parallelklasse gab es zwei "sehr gut". GLAKA 235, Nr. 13800.

[24] "[...] so steigerte d. Anblick seines Vaterlandes seine Empfindung zu heißem Zorn, tiefem Haß und glühendem Rachedurst gegen die Franzosen, gegen Napoleon.". EF-Nachlaß: Abiturrede.

[25] l.c.

[26] Über Kleists Darst. d. Gr. Kurfürsten: "Streng u. ruhig, d. Hort d. Gesetzes, [...], der unnachsichtige Kriegsherr u. doch d. Güte selbst, [...] - so recht d. Ideal eines deutschen Fürsten." l.c.

[27] "[...] feste Versprechen, wir wollen uns Ihrer würdig zeigen, wollen einstehen für unser Vaterland, wenn es einmal gilt, einstehen mit Leib und Leben, mit Gut und Blut." l.c.

[28] Ganz im Stil der Zeit, bedankt sich Fischer auch artig bei seinen Lehrern: "[...] ewige Andenken an unsere verehrten Lehrer, die tiefe Dankbarkeit und Anerkennung für all ihre Sorgen und Mühe." l.c.

[29] EF-Nachlaß: Seefahrtsbuch.

[30] 1. (Bad.) Companie, 113. Infant. Regiment. EF-Nachlaß: J-C.

In dem laufendem Wintersemester war Fischer bereits an der Albert-Ludwigs-Universität Freiburg immatrikuliert und erhielt die erste Kursbescheinigung,[31] doch besuchte er nach eigenen Angaben erst im folgenden Sommersemester die ersten Vorlesungen.[32] Eugen Fischer wollte ursprünglich Zoologie [!] studieren, doch er gehorchte dem Willen des Vaters, der Humanmedizin *durchsetzte*.[33]

Eugen Fischer jun. fand gleichwohl einen Kompromiß zwischen seinen Interessen und dem Willen des Vaters: Er interessierte sich in der folgenden Vorklinik von allen vorgeschriebenen Fächern nur für zwei: Anatomie bei Robert Wiedersheim (1848-1932; einer Kapazität in vergleichender Anatomie) und Zoologie bei dem Vererbungs-Biologen August Weismann (1834-1914).[34] Jahrzehnte später berichtet Fischer über diese beiden Vorlesungen, mit der Anatomie Wiedersheims beginnend:

"Das war ja zur meiner Überraschung eine Art Zoologie, der Vergleich der Organe vom Fisch über die anderen Wirbeltiere bis hinauf zum Menschen. [...] Neben Wiedersheims waren es die wunderbaren Vorlesungen WEISMANNs, des großen Freiburger Zoologen und Theoretikers, die mich restlos gefangennahmen, seine Keimplasmatheorie hat mir einen Eindruck gemacht und seine Vorlesung über die Deszendenz eine Wirkung ausgeübt, die ich ohne Übertreibung heute noch fühle und der ich viel verdanke. Es war die schönste Vorlesung, die ich je im Leben gehört habe. Der große Eindruck blieb, nachdem ich die Vorlesung noch einmal als junger Assistent und ein drittes Mal als Professor gehört hatte. Im Auditorium saßen zu Hunderten Studenten wirklich aller Fakultäten und zahlreiche Gäste!"[35]

Daß Fischer neben dem ernsten Studium im Sommer regelmäßig nachmittags Tennis spielte,[36] im Winter im Skiclub aktiv war, viele Ausflüge in die Umgebung machte und sich auch anderweitig amüsierte,[37] ergänzt das Bild seines Studentenlebens. Bemerkenswert dabei ist sein Hinweis darauf, daß er weder in den höheren Schulklassen, noch in der Vorklinik einen Freund gehabt habe.[38]

---

[31] EF-Nachlaß: Studien- und Sittenzeugnis der Universität Freiburg I.

[32] EF-Nachlaß: J-C.

[33] Busse 1934:142

[34] "Zoologie bei Weismann & Anatomie bei Wiedersheim begeisterten mich. Alles andere war langweilig." EF-Nachlaß: J-C. Zur Bedeutung Weismanns in der Genetik vgl. Kap. C. II.

[35] zit. n. v. Verschuer 1955:309. Hervorhebung wie im Original.

[36] vgl. EF-Nachlaß: J-C.

[37] "[...] ich kneipte stramm mit der >Ejecta< & war auf dem Wege mich körperlich zu ruinieren. Bald trat ich aus." l.c.

[38] l.c.

In Fischers drittem Semester (Wintersemester 1894/95) lernte er den Sohn seines bewunderten Anatomie-Professors kennen, und dieser brachte ihn in das Wiedersheimsche Haus, "[...] persönlich zu seinem Vater."[39] Im selben Semester hatte er Präparationskurs in der Anatomie. Fischer erinnert sich daran 60 Jahre später:

"Mitte der 90er Jahre waren in einem Präparierkurs kaum 100 Teilnehmer. Eine große Mehrzahl kannte sich gegenseitig, und fast alle waren den Professoren persönlich bekannt. Es war wirklich eine Lust, sich als junger Mediziner in solchem Institut die Grundlage der gesamtem Medizin zu holen. Und fast keiner mußte an >Geldverdienen< denken oder Sorge vor der Zukunft haben."[40]

Wie persönlich und fachlich vorentscheidend einerseits der Kontakt zu den Wiedersheims, andererseits seine guten zoologischen Kenntnisse waren, verdeutlicht ein weiteres Zitat :

"Im 4.S.S. war anatom. Conservatorium, hier lernte mich Wiedersheim kennen, regte mich zu vergleichender Anatomie an, ich wurde 'der' vergleichende Anatom & freute mich hie & da solche Antworten geben zu können - wie ich jetzt sehe, war das der Anfang meiner heutigen Stellung."[41]

Am 30. Juli 1895 besteht Eugen Fischer das Physikum[42] mit "gut" - er hatte sich freilich ein "sehr gut" erhofft.[43] Bei den 58 [!] Vorlesungen und Kursen, die Fischer in den folgenden fünf klinischen Semestern (und in zwei Semesterferien) besuchen wird, lassen sich einige Besonderheiten feststellen:

- Fischer machte bereits im ersten Semester nach dem Physikum wieder Präparierübungen bei Wiedersheim.[44]
- Er besuchte elf gynäkologisch-geburtshilfliche bzw. gynäkologisch-pathologische Veranstaltungen[45] sowie mehrere Vorlesungen über Embryologie und Entwicklungsgeschichte, unter anderem bei Karl Wilhelm Ritter v. Kupffer (1829-1902) und Emil Selenka (1842-1902).
- Bemerkenswert ist, wie stark sich der Medizinstudent für die Geisteswissenschaften, insbesondere für Volks- und Völkerkunde interessiert: Neben einer

---

[39] l.c.

[40] Fischer 1957-2:23.

[41] Dies schrieb Fischer 1900 als Volontärassistent am Anatomischen Institut. EF-Nachlaß: J-C.

[42] Das Zeugnis zeigt wieder die Vorlieben des Kandidaten: In Botanik "genügend", in Anatomie und Zoologie ein "sehr gut". EF-Nachlaß: Physicumszeugnis.

[43] EF-Nachlaß: J-C.

[44] EF-Nachlaß: Studienzeugnisse der Universität Freiburg I.u.II. und der Universität München.

[45] l.c.

philosophischen Vorlesung (bei Alois Riehl [1844-1924]), besuchte er einige philologische Vorlesungen (bei dem Germanisten Friedrich Kluge [1856-1926]) sowie völkerkundlich-kunstgeschichtliche Veranstaltungen (bei dem Philosophen, Kunstgeschichtler und Ethnologen Ernst Carl Gustav Grosse [1862-1927]).[46] Fischer selbst schreibt 1959, er wäre "aus Neigung ein eifriger Hörer" des Freiburger Germanisten und Experten für indogermanische Mythologie, Elard Hugo Meyer (1837-1908), über deutsche Volkskunde gewesen.[47]

- Im Sommersemester 1896 studiert Fischer in München.[48]

In diesem Jahr entschließt er sich, "bei der Anatomie zu bleiben", und wird einer von Wiedersheims "Privatschülern" in dessen Privatlaboratorium, einer Forschungsstelle mit Jungforschern aus der ganzen Welt.[49]

Seinen zoologischen Interessen entsprechend, wählt Fischer für seine Doktorarbeit ein vergleichend-anatomisches Thema.[50] Er beginnt die Arbeiten dazu im Wintersemester 1896/97. Im Sommersemester 1898 besteht er das Medizinische Staatsexamen. Mit einer "summa cum laude" wird er am 6. Mai 1898 Doktor der Medizin - noch vor seiner Approbation, die er am 1. Juli des Jahres mit "sehr gut" erhält. Damit war das Studium beendet und Fischer resümiert:

"[...] manch frohe, tolle Stunde, meist Ernst; Ernst in der Lecture, ernste Arbeit - viel Natur.[51]"

---

[46] Grosse hatte sich 1890 mit einer Arbeit über d. englischen Evolutionsphilosophen Herbert Spencer (vgl. Kap. C. III. 1.) habilitiert. Von 1909 bis 1913 war er als ostasiat. Kunstexperte wissenschaftlicher Mitarbeiter d. kaiserlichen Botschaft in Tokio und später Direktor d. städtischen Kunstsammlungen Freiburgs. In seinem Werk *Kunstwissenschaftliche Studien* (Tübingen 1900), das nach seinen Angaben auf seinen Vorlesungen beruht, finden sich mehrere Motive d. Fischerschen Denkens. Dies wird an diversen Stellen d. Werkanalyse Fischers deutlich werden. Die Namen v. Fischers akad. Lehrern sind auch Busse (1934:142) entnommen, der darauf hinweist, daß Völkerkunde u. Volkskunde zu jener Zeit "nicht in besonderem Ansehen" standen.

[47] Fischer 1959-3:110.

[48] "Hier verlebte ich einen idealen Sommer." EF-Nachlaß: J-C.

[49] Alle Angaben: Fischer 1957-2:22.

[50] *Beiträge zur Anatomie der weiblichen Urogenitalorgane des Orang-Utan*; Med. Diss. Freiburg, 66S., gedruckt: Jena 1898.

[51] EF-Nachlaß: J-C.

II. Vom Volontärassistent zum Bauherrn eines neuen anatomischen Institutes (1898-1917)

Um die Praxis kennenzulernen, machte der gerade approbierte Arzt 1898 Praxisvertretungen bei seinem Studienfreund Dr. Karl Hegar in Sulzburg und Philippsburg.[52] Außerdem heuerte er Ende August in Hamburg auf dem Dampfschiff "Asunçion" als Schiffsarzt an.[53] Die Reise dauerte drei Monate und führte ihn an die Ostküste Südamerikas und auf der Rückfahrt zu den Kanarischen Inseln.[54]

Offiziell schon ab dem 1. Oktober des Jahres war Fischer als sogenannter[55] *Volontärassistent* im Anatomischen Institut beschäftigt, im Präpariersaal "lehrend und lernend", wie er schreibt.[56]

Von März bis September 1899 leistete Fischer den zweiten Teil seines Militärdienstes als "Einjähriger Arzt" in Freiburg und Mannheim ab.

Wieder im Anatomischen Institut, begann er mit seiner Habilitations-Arbeit: Das Thema ist die Morphologie des embryonalen Maulwurf-Schädels.[57] Er habilitiert sich im Sommersemester 1900 mit dieser Schrift[58] für Anatomie "unter besonderer Berücksichtigung der Anthropologie"![59] Die besondere Betonung des angeblich besonderen anthropologischen Charakters der Arbeit (mit einem vergleichend-anato-

---

[52] EF-Nachlaß: J-C; vgl. zu Hegar auch Kap. F. I.

[53] EF-Nachlaß: Schiffahrtsbuch.

[54] Die Route ist im Schiffahrtsbuch dokumentiert: Hamburg - Vigo - Madeira - Rio de Janeiro - Montevideo - Buenos Aires - Ramalho - San Pedro u. zurück via Las Palmas.

[55] "sog." ist der Vermerk in der Standesliste der Personalakte Fischers (UAFR). Offensichtlich war dies ein ungewöhnliches Anstellungsverhältnis bzw. Titel. Fest steht, daß die Arbeit Fischers nicht vergütet wurde.

[56] EF-Nachlaß: J-C.

[57] *Das Primordialcranium von Talpa europaea. Ein Beitrag zur Morphologie des Säugetierschädels*, erschienen in Anatomische Hefte, 1.Abt., Bd.17, H.3/4, 1901 (S.469-548).
Die Arbeit wurde von den beiden Prosektoren des Anatomischen Institutes, Prof. Ernst Gaupp (1865-1916; ein Experte auf dem Gebiet der vergleichenden Anatomie des Schädels; er spielte auch bei anderen sehr frühen Publikationen Fischers eine wichtige Rolle) und Prof. Franz Keibel (1861-1929; vergleichende Embryologie), betreut.

[58] Auszug aus dem Habilitations-Gutachten Wiedersheims: "So erfüllen, Alles in Allem erwogen, die vorliegenden Studien die Ansprüche, die an eine Habilitationsschrift zu stellen sind, nicht nur im vollstem Maße, sondern sie sind auch als eine wesentliche Bereicherung unseres anatomischen Wissens mit Freuden zu begrüßen." EF-Nachlaß: Habilitations-Gutachten.

[59] UAFR: Personalakte Fischer, Brief Wiedersheims an das Badische Kultusministerium vom 30.1.07.

mischen Thema!) verdeutlichte schon früh die Intentionen Fischers und seines Institutschefs. Am 26. Juni hält er seine Probevorlesung über das Thema: "Geschichtlicher Rückblick auf die Lehre vom Aufbau des Wirbeltierschädels".[60]

Im engen zeitlichen Zusammenhang dazu steht ein zweites wichtiges Ereignis im Leben des jungen Privatdozenten, von dem seine ältere Tochter, Prof. Hedwig Fischer, berichtet:[61]

"Als mein Vater seine Habilitationsrede gehalten hatte, [...] riet ihm sein verehrter Chef, jetzt nur nicht so rasch eine Familie zu gründen, sondern einige Jahre intensiv zu arbeiten, um ein wirklicher Gelehrter zu werden, wozu er das Zeug habe.

Mein Vater hatte aber schon die Fahrkarte in der Tasche, um am folgenden Morgen in den Ferienort der Familie Walter zu fahren & sich dort zu verloben!"[62]

Die Verlobung mit Else Walter fand am 11. August 1900 auf dem Rigi (bei Küssnacht) statt,[63] am 7. März 1901 heirateten die Verlobten.

Der Leiter des Anatomischen Institutes der Universität Freiburg, Robert Wiedersheim, traf in jenem Sommer 1900 zwei Entscheidungen für seinen Schüler, die eine wichtige Weichenstellung für dessen weiteren wissenschaftlichen Weg darstellen sollten:

Wiedersheims Vorgänger als Ordinarius für Anatomie, Alexander Ecker (1816-1887),[64] hatte eine umfangreiche anthropologische Schädelsammlung begründet. Diese ruhte jedoch seit Eckers Emeritierung 1883 ungenutzt in den Glaskästen der Anatomie. Wiedersheim gab sie in die Obhut Fischers,[65] mit dem Auftrag, sie wie-

---

[60] EF-Nachlaß: J-C.

[61] Fragebogen an Prof. Hedwig Fischer, Ahrensburg.

[62] Frau Fischer schreibt weiter: "Aber er hat den Rat seines Lehrers befolgt: Sofort & durch meine ganze Kinder- & Jugendzeit beachtet. Ab ½ 9 am Abend sass er an seinem Schreibtisch - nicht mehr ansprechbar - arbeitete bis ½ 12 oder länger, oft viel länger. Sommer & Winter, werktags & Sonntag & in allen Ferien. [...] Dadurch blieb ihm sehr wenig Zeit für persönliche Freundschaften, aber er hatte doch sehr viele Freunde; Schulkameraden, Studienfreunde, Collegen." l.c.

[63] "Was längst sich zu entwickeln begonnen hatte, bei Tanzausflügen und Radeltouren, ward nun vollendet." EF-Nachlaß: J-C.

[64] Der Freiburger Gelehrte war einer der Begründer der Anthropologie in Deutschland. Vgl. Kap. D. I.

[65] Wiedersheim über Fischer: "[...], der schon als Student zu meinen besten und talentvollsten Schülern gehörte,[...]", zit. aus einem Brief Wiedersheims an die Med. Fakultät vom 29.4.01, in der Personalakte Fischer (UAFR).

der zum Unterrichts-Gebrauch herzurichten. Wiedersheim förderte Fischers Spezialisierung in Richtung Anthropologie aus folgender Überlegung:

"War doch dadurch die Aussicht eröffnet, den seit dem Tode Eckers unterbrochenen Unterricht in der genannten Disziplin wieder aufzunehmen und so eine zweckentsprechende Verwertung des kostbaren Materials zu ermöglichen."[66]

Zusätzlich beauftragte er seinen neu gewonnen Privatdozenten, Vorlesungen in Anthropologie zu halten - solche hatte es seit 1883 in Freiburg nicht mehr gegeben. Fischer sollte auf dieses Nebenfach der Anatomie auch deswegen ausweichen, weil keiner der beiden Prosektoren bereit war, Lehrveranstaltungen an Fischer abzugeben.[67]

Fischer begann also im Wintersemester 1900/01 mit der einstündigen Vorlesung "Einführung in die Anthropologie".[68] Schon hier hatte er 24 Hörer, wie sein Chef stolz berichtet.[69]

Erst Mitte November des Jahres 1901 wurde seine Stelle als Volontärassistent in eine etatmäßige Assistentenstelle umgewandelt und er konnte - endlich, nach drei Jahren - sein eigenes Geld verdienen.[70] Ferner stellte ihm Wiedersheim die baldige Übernahme einer Prosektorenstelle in Aussicht - tatsächlich wird Fischer noch elf Jahre darauf warten müssen.[71]

Das Jahr 1902 bringt für Fischer große private Veränderungen:
Am 8. März wird seine Tochter Hedwig geboren. Ende Juli stirbt sein Vater.[72]

---

[66] Brief Wiedersheims an die Med. Fakultät vom 22.1.03, GLAKA 235, Nr. 8020.

[67] Koch 1967:2315; Nauck 1944:3.
Man darf nicht vergessen, daß damals jede Vorlesung nach Hörerbeteiligung vergütet wurde.

[68] UAFR: Vorlesungsverzeichnisse der Albert-Ludwigs-Universität Freiburg. Über die einzelnen Veranstaltungen und deren aufschlußreichen Namensänderungen vgl. Kap. D. I.

[69] UAFR: Personalakte Fischer, Brief Wiedersheims an die Medizinische Fakultät vom 29.4.01.

[70] Neuland 1941:203.
Die Gewährung von M 800,- war anscheinend erst nach dem Abwerbungsversuch durch den Straßburger Anthropologen und Ordinarius für Anatomie, Gustav Schwalbe (1844-1916; vgl. Kap. C. I.), durchsetzbar, der Fischer die zweite Assistentenstelle bei ihm anbot. EF-Nachlaß: J-C sowie Brief Schwalbes an Wiedersheim vom 16.10.01.
Allerdings verdiente ein Assistent an der Universitätsklinik seinerzeit im Durchschnitt das Doppelte. UAFR: B1, 3154.

[71] Nauck 1944:2.

[72] "[...] auch viele Sorgen neben der Trauer, das Vermögen war fast ganz verloren, so dass Mama knapp zu leben hat; mit Bruder Franz überworfen!-" EF-Nachlaß: J-C.

Fischer nimmt im August 1902 in Dortmund zum ersten Mal an einem Anthropologen-Kongreß teil und wird in den folgenden Jahren kaum einer Versammlung fernbleiben. Die immer stärker hervortretende Ausrichtung zur Anthropologie hin wird einerseits deutlich am Forschungsbeginn für eine große Monographie über die anthropologische Ausmessung von Radius und Ulna; andererseits an den regelmäßigen Besuchen Fischers bei dem Züricher Anthropologen Rudolf Martin (1864-1925),[73] um bei ihm die *Anthropometrie* zu lernen.[74]

In derselben Zeit beginnen Fischers erste archäologisch-anthropologischen Ausgrabungen:

Zuerst noch mit seiner Frau, gräbt er im August 1901 in Mahlspüren im Hegau; später alleine und im größeren Maßstab in Bischoffingen bei Freiburg (Januar 1904: der erste neusteinzeitliche Hockergräberfund in Baden);[75] ab 1905 sogar im Auftrag der Stadt Freiburg in Ihringen am Kaiserstuhl (Grabhügel ["Lohbücke"] aus der Hallstattzeit) und bei Hecklingen. Fischer stiftet die Funde der Stadt und wird Leiter des *Museums für Urgeschichte* (1909-12 und 1918-27). Er wurde (spätestens ab 1904) Mitglied der *Gesellschaft für Beförderung der Geschichts-, Altertums- und Volkskunde von Freiburg, dem Breisgau und den angrenzenden Landschaften* und hielt in diesem alteingesessenen Verein Vorträge über seine Ausgrabungstätigkeit.[76] Obwohl das Interesse für archäologische Tätigkeiten sicher auch eine Mode der Zeit darstellte, muß man Fischers besonderes Engagement auch als Ausdruck seines Interesses für Volkskunde, Völkerkunde und Anthropologie sehen - drei Fächer, die seinerzeit noch eng verbunden waren.

Im Jahr 1904 macht Fischer einen weiteren Karrieresprung:

Ende Juli steht er an zweiter Stelle auf der Berufungsliste zum Extraordinariat für Anthropologie in Breslau - aber der Erstgenannte (H. Klaatsch) nimmt an.[77]

Fischer wird jedoch daraufhin am 24. August zum außerordentlichen Professor ernannt - eine Ehrung, die freilich keine, von ihm so bitter benötigte finanzielle Verbesserung darstellt.[78]

---

[73] vgl. Kap. C. I.

[74] Wie im Fragebogen an Prof. Hedwig Fischer dokumentiert, geschah dies in den ersten Jahren des Jahrhunderts an jedem Wochenende.

[75] Nach Fischers (1959-1:8) eigenen Angaben.

[76] Lösch 1997:85f.

[77] Es herrschte im Hause Fischer erst "grosse Aufregung", dann Enttäuschung: "- wir waren in Gedanken schon dort!" zit. aus EF-Nachlaß: J-C.

[78] Die wirtschaftliche Situation Fischers wird in seiner Extraordinariatszeit auch weiterhin so

Auch bei den Studenten hat er guten Erfolg als anthropologischer Lehrer.[79] Indes mangelte es an Geld für die *reanimierte* Anthropologie der Anatomie Freiburgs.[80] Am 6. Juli 1904 gewährte das Ministerium der Justiz, des Kultus und Unterrichts in Karlsruhe, rückwirkend vom Jahresanfang, der Direktion der Anatomie M 200,- für die anthropologische Abteilung.[81] Wiedersheim konnte sich allerdings nicht mit seinem Anliegen durchsetzen, Fischer zum offiziellen Verwalter dieses *Aversums* zu ernennen.[82]

Am 21. Juli 1905 kam die zweite Tochter der Fischers, Gertrud, zur Welt.[83]

Die o.g. Studie über Radius und Ulna des Menschen wird im Mai dieses Jahres abgeschlossen und 1906 als 100seitiger Aufsatz in *der* deutschen anthropologischen Fachzeitschrift abgedruckt, der *Zeitschrift für Morphologie und Anthropologie*.[84]

Der Lohn für diese Fleißarbeit ist im selben Jahr der renommierte *Prix Broca* in Bronze der *Anthropologischen Gesellschaft von Paris*.[85]

Fischer ist allerdings unzufrieden über die Stagnation seiner Karriere.[86] Und auch Wiedersheim wird den im Januar 1907 für Fischer beantragten offiziellen Lehrauftrag für Anthropologie erst im Oktober 1908 erwirken können.[87]

---

schlecht bleiben, daß er sein Vermögen aufbrauchen und Schulden machen wird - zumindest beklagt er dies in einem Brief an das Bad. Kultusministerium vom 8.12.21 (EF-Nachlaß).

[79] "[...] ich freue mich dieses Semester im speciellen 2stg. Colleg 20 Mann zu haben, im Practicum 5 !" SBB: Nachlaß vL: Brief Fischers an v. Luschan vom 8.11.04.

[80] Nauck (1944:5) weist darauf hin, das bis dato Fischer seine anthropologischen Arbeiten auf einem Tischchen im Raum der anthropologischen Sammlung machen mußte.

[81] Wiedersheim hatte schon 18 Monate vorher M 300,- beantragt; GLAKA 235, Nr. 8020: Brief Wiedersheims an das Kultusministerium vom 22.1.03. Der Gesamtetat des Anatomischen Instituts betrug M 7000,-; UAFR: B1 1143.

[82] Das Badische Ministerium lehnte dies ab, mit der Begründung, dem könne "aus prinzipiellen Gründen nicht entsprochen werden, da nach bestehender Uebung nur etatmässigen Professoren die selbständige Leitung und Verwaltung von Universitätsinstituten übertragen wird." GLAKA 235, Nr. 8020, Brief des Ministeriums an den Senat vom 10.11.04.

[83] Im sechsten Schwangerschaftsmonat mußte der Mutter noch eine Eierstockzyste entfernt werden. Die Schwangerschaft blieb ungestört. EF-Nachlaß: J-C.

[84] *Die Variationen an Radius und Ulna des Menschen. Eine anthropologische Studie*; in ZfMoAn, Bd.9, 1906, S.147-247.

[85] Diese Auszeichnung "schätzte er besonders hoch.", wie Schaeuble (1967:92) schreibt.

[86] "Ja sässe ich als Anthropologe in Leipzig oder sonst wo, wo ein Stuhl geschaffen oder frei wird...so aber muss ich daneben Anatomen-Assistenten Dienste thun!", klagt er am 16.10.1906 auf einer Postkarte an von Luschan; SBB: Nachlaß vL.

[87] Antrag Wiedersheim von 19.1.1907 und Genehmigung durch das Bad. Ministerium vom 10.10.08; im UAFR: Personalakte Fischer.

Ebenfalls im Jahre 1908 macht Eugen Fischer die Forschungsreise, die sein weiteres Leben prägen wird: Er reist vom 18. Juli bis zum 18. November zu dem kleinen Ort Rehoboth in Namibia, damals Teil der deutschen Kolonie Deutsch-Südwest-Afrika. Sein Forschungsobjekt ist eine Mischbevölkerung aus Buren und Hottentotten. An ihr hofft er, beweisen zu können, daß auch die normalen menschlichen körperlichen Eigenschaften sich nach den Mendelschen Erbregeln vererben.[88] Fünf Jahre später bedeutet die Veröffentlichung der Ergebnisse dieser Reise in einer 328 Seiten starken Monographie[89] den endgültigen *Durchbruch* des Anthropologen Eugen Fischer. Die Arbeit brachte ihm den "Mies'schen Preis" ein, d. h. eine offizielle Auszeichnung der *Deutschen Anthropologischen Gesellschaft*, die mit 1000,- M. dotiert war.[90] In den Kapiteln C. II. und D. I. wird das Werk und seine Bedeutung genauer beleuchtet. Vier Wochen vor der Abreise findet die erste Besprechung zur Gründung einer Freiburger Ortsgruppe der *Deutschen Gesellschaft für Rassenhygiene* statt.[91]
In den Jahren 1908/09 wird das Freiburger Anatomische Institut umgebaut. Fischer erhält jetzt drei Räume und den Auftrag, ein anthropologisches Laboratorium einzurichten. Im November 1909 kann er bereits eine Mitteilung über die fertige Werkstätte einer Fachzeitschrift zusenden.[92] Damit hatte Freiburg "[...] etwas, das es in dieser räumlichen und inneren Ausstattung im damaligen Deutschland noch nicht gab."[93]
In das Jahr 1910 fallen zwei Ereignisse, die die Verknüpfung von Fischers Rassen-Anthropologie mit der Rassenhygiene (Eugenik) öffentlich machen:[94]
Am 8. Juni hält er vor der *Naturforschenden Gesellschaft Freiburg* den Vortrag "Sozialanthropologie und ihre Bedeutung für den Staat".[95]

Genehmigt wurde ein Lehrauftrag für eine zweistündige Vorlesung in Anthropologie mit einer Vergütung von M 400,- pro Semester.

[88] Daß ihm der Beweis mit seinen Forschungsergebnissen nicht gelang, wird in Kap. D. I. erläutert werden.

[89] Fischer, Eugen: *Die Rehobother Bastards und das Bastardierungsproblem beim Menschen. Anthropologische und ethnographische Studien am Rehobother Bastardvolk in Deutsch-Südwest-Afrika*. 1.Aufl., Jena: G. Fischer, 1913 (2. Aufl. Graz: Akademische Druck- u. Verlagsanstalt, 1961) S.VIII-328.

[90] vgl. Spiegel-Rösing /Schwidetzky 1982:83.

[91] vgl. Kap. F. I.

[92] Fischer 1910-4. vgl. Kap. D. I.

[93] Schaeuble 1967b:92.

[94] Ausführlicher in den Kapiteln D. I. und E. I.

[95] Unter dem selben Titel veröffentlicht in Freiburg bei Speyer & Kaerner 1910 (30 S.).

Ferner wird am 21. Juli des Jahres die schon oben genannte Freiburger Ortsgruppe der *Deutschen Gesellschaft für Rassenhygiene* (neu-)gegründet. Ende Dezember zieht sich Fischer eine schwere Knieverletzung zu,[96] die seine Verwendung im nahenden Weltkrieg beeinflussen und ihn bis an sein Lebensende beeinträchtigen wird. Hermann Fischer, sein einziger Sohn, erblickt am 15. September 1911 das Licht der Welt. Im Januar 1912 bekommt er die Chance, sich finanziell zu verbessern:[97] Die erste anatomische Prosektur in Würzburg wird ihm, unter Beibehaltung des Titels eines Extraordinarius, angeboten.[98] Obwohl er vorerst keine Anthropologie in Würzburg lehren kann, nimmt er kurzentschlossen an.[99] Die Familie Fischer zieht zum Sommersemester in die fränkische Universitätsstadt. Die anfängliche Zuversicht[100] des aufstrebenden Anatomen weicht allerdings rasch der Enttäuschung über seine dortigen Arbeitsmöglichkeiten. Interessant für die Einschätzung von Fischers Prioritäten ist, welche seiner Zielvorstellungen nicht befriedigt wurden:

"Hier anthropologisch zu arbeiten oder gar eugenisch zu wirken ist sehr schwer - Schwärze & alkoholische Selbstzufriedenheit!!! - Na, ich will's versuchen."[101]

Glücklicherweise bekommt noch in diesem Sommersemester 1912 einer der Freiburger Prosektoren einen Ruf nach Königsberg, so daß Fischer die zweite, vergleichend-anatomische Prosektorenstelle in seiner Heimatstadt antreten kann.[102]

---

[95] Unter dem selben Titel veröffentlicht in Freiburg bei Speyer & Kaerner 1910 (30 S.).

[96] Er liegt um die Jahreswende drei Wochen im Krankenbett. UAFR: Nachlaß Schemann, IV B, Brief Fischers an Schemann vom 16.1.10.
Fischer bekam in den 40er Jahren eine Unterschenkel-Prothese. (Persönliche Mitteilung von Waltraud Burger, Marburg).

[97] Man darf nicht vergessen, daß er von seinem Assistenten-Gehalt neben Frau und den drei Kindern auch seine Mutter versorgen mußte.

[98] Ganz überraschend kam dieses Angebot sicher nicht, hatte sich Fischer doch schon 1909/10 für eine Prosektorenstelle dort beworben. EF-Nachlaß: Brief O. Schultzes an Fischer vom 9.1.12.

[99] "Bei der ausserordentlich geringen Zukunft einer anthropologischen Laufbahn, musste ich die rein anatomische Betätigung wieder etwas stärker betonen, so griff ich zu. Ich werde dort privatim Anthropologie sofort wieder in Angriff nehmen." (SBB: Nachlaß vL: Brief Fischers an v. Luschan vom 20.1.12.

[100] "[...] ich glaube es gut getroffen zu haben & bin sehr gerne hier." Zitat Fischers aus SBB: Nachlaß vL: Postkarte Fischers an v. Luschan vom 10.4.12 (Poststempel).

[101] UAFR: Nachlaß Schemann, IV B, Postkarte Fischers an Schemann vom 11.5.12.

[102] "Fbg. bietet mir aber menschlich, dann an Anregung & endlich financiell so viel mehr, daß ich natürlich sofort annahm." SBB: Nachlaß vL, Postkarte Fischers an v. Luschan vom 15.7.12.

Im Jahr 1913 erscheint sein Buch über die *Rehobother Bastards*.
In dieser Zeit treibt Europa in den Krieg und der militärische Stand des Anatomen wird relevant:

Fischer war, nach entsprechenden Übungen, im Juli 1910 zum Stabsarzt der Reserve ernannt worden. Er mußte ausgerechnet im April 1914 wegen oben erwähnter Knieverletzung seinen Abschied erbitten - "mit dem Recht zum Tragen der Uniform"[103], das er sich erwirken konnte. Er tritt zum nicht-aktiven "Landsturm" über.[104]

Das Verhalten Fischers im Ersten Weltkrieg ist aufschlußreich für seine patriotische Gesinnung und Kriegsbegeisterung.[105] Es betont ferner einige andere persönliche Eigenschaften, wie Flexibilität und gutes Organisationstalent:

"So war ich 1. August ohne Ordre. Ich stellte mich telegraph. den Sanit.Amt zur Verfügung & trat als Assistent ins hiesige Diakonissenhaus ein; (wo die Ass. ins Feld rückten.) Dort war ich chir. Ass. bis Mitte Oct., habe täglich assistiert u. operiert (auch Friedensoperationen, Carcinom, Kropf, Bruch etc.)"[106]

Sein Mobilmachungsbefehl erhält er am 18. Oktober und wird zum Reservelazarett Freiburg abkommandiert - "auf Ansuchen der Univ. hier", wie er schreibt. Am 19. Januar 1915 erhält er die von ihm erbetene Reaktivierung als Stabsarzt und meldet sich zum 1. August an die Front.[107]

Fischer verliert schon im ersten Kriegsjahr seinen Bruder Constantin und drei Vettern: "Gott strafe England dafür!",[108] wütet er.

Nicht ohne Stolz schildert er seine chirurgische Arbeit:

"Es macht mir viel Freude, die in nun 17jähriger Anatomie-Thätigkeit erworbene Erfahrung an der Leiche, endlich einmal direkt anwenden zu können! Ich habe eine Reihe Nervennähte, Gelenkoperationen etc. durchgeführt."[109]

---

[103] EF-Nachlaß: Brief Fischers an das Wehrbezirkskommando IX vom 1.12.36 (sic!). In diesem Schreiben erklärt der Zweiundsechzigjährige seine Bereitschaft, im Kriegsfall wieder als Sanitätsoffizier Dienst zu tun.

[104] SBB: Nachlaß vL: Brief Fischers an v. Luschan vom 3.6.15.

[105] "Nur inmitten unseres Volkes erlebt man ja diese gewaltige Zeit richtig mit !" SBB: Nachlaß vL: Brief Fischers an v. Luschan vom 3.6.15.

[106] l.c.

[107] l.c.

[108] NSBGÖ 8° Cod.Ms.philos. 187:7, Nr. 40-53.

[109] SBB: Nachlaß vL: Brief Fischers an v. Luschan vom 3.6.15.

Seine Arbeit als Anthropologe schien für den Wissenschaftler trotzdem wichtiger gewesen zu sein, versuchte er doch, in der Funktion eines Truppenarztes an einer Forschungsreise des Berliner Anthropologie-Professors von Luschan teilzunehmen, was allerdings scheiterte.[110]

Schließlich hatte er schon im Oktober 1914 als Nachfolger Keibels die erste (anatomische) Prosektur an dem Freiburger Institut angenommen.

Fischer machte auch als Militärarzt weiter Karriere:

Mitte April 1916 wird er Chefarzt des Reservelazaretts Offenburg und sechs Wochen später eines großen Reservelazarettes in Ettlingen. Dieses Lazarett war die "Sammelstelle für alle Kriegsbeschädigten des 14.(Bad.) Armeekorps" und noch im Aufbau begriffen als Fischer dort antrat.[111] Er entfaltete eine rege Organisationstätigkeit:

"Ettlingen war eines der grössten Speziallazarette für Verstümmelte, mit Einarmigen-Schule, grossen Orthopädie-Werkstätten und einer Filiale, die ich in der Schweiz einrichtete."[112]

Hedwig Fischer ergänzt, daß ihr Vater auch Hilfe vom Schweizer Rotem Kreuz (z. B. für Rohstoffe für die Prothesen) erhielt und im übrigen "[...] sich bis ins kleinste Detail um alles gekümmert" habe.[113]

Fischers militärischen Verdienste werden durch die Verleihung des *Badischen Kriegsverdienstkreuzes* (9. Sept. 1916) und des *Eisernen Kreuzes II. Klasse* (22.12.1916) an Fischer gewürdigt.

Samstags machte er weiterhin Vorlesungen und Übungen am verwaisten[114] Anatomischen Institut. Am Samstagnachmittag des 14. April 1917 kommt Fischer, mit dem Zug von Ettlingen kommend, in Freiburg an und erfährt:

"'Die Anatomie brennt!' In heißem Schrecken rannte ich zur Albertstraße und fand an meiner geliebten Arbeitsstätte eine rauchende Ruine."[115]

---

[110] l.c.

[111] Fragebogen an Prof. Hedwig Fischer, Ahrensburg.

[112] EF-Nachlaß: Brief Fischers an das Wehrbezirkskommando IX vom 1.12.36.
Das Lazarett hatte 1000 Betten, 17 Lehrwerkstätten und sechs Schulen für Berufsumschulung, insgesamt 1300 Menschen. SBB: Nachlaß vL: Postkarte Fischers an v. Luschan vom 11.9.16 (Poststempel).

[113] Fragebogen an Prof. Hedwig Fischer, Ahrensburg.

[114] Die Anatomie bestände nur noch aus Wiedersheim und ihm, "[...] alle anderen einschl. Hausmeister etc. sind fort!", klagte Fischer. NSBGÖ 8° Cod.Ms.philos. 187:7, Nr. 40-53.

[115] Alle Zitate zu diesem Ereignis aus Fischer 1957-2:26f.

Der einzige englisch-französische Fliegerangriff an diesem Tag in Freiburg hatte das Anatomische Institut zerstört. Fischer eilt zum Hause Wiedersheims und:

> "[...] wurde hinauf in sein Arbeitszimmer gewiesen, ich war ja fast wie zu Hause dort. Und ich fand den Armen trostlos vor seinem Schreibtisch sitzend, mit neuen Tränen, als er mich sah. Die in gut vierzig Jahren persönlich geschaffenen Unterlagen zu seinen ganzen vergleichenden Forschungen waren mit einem Schlag vernichtet und unwiederbringlich verloren."

Fischer versuchte, seinen Lehrer aufzumuntern und bestellte dessen Lieblingswein:

> "[...] und wir tranken zusammen, der Alte und der Junge, uns Trost zu. Und ich brachte den lieben alten Chef doch noch zu einiger Hoffnung auf das Wiedererstehen der Freiburger Anatomie. Aber er meinte, er schaffe das nicht, ich solle es machen."

Eugen Fischer wird diesen Auftrag erfüllen und leitet fortan den Neubau des Anatomischen Institutes. Zu diesem Zweck wird er ab dem 20. September 1917 bis zum Kriegsende vom Kriegsdienst zurückgestellt.

III. Vom Anatomie-Ordinarius zum Direktor eines Kaiser-Wilhelm-Institutes (1918-1927)

Am 2. Mai 1918 gab Wiedersheim vor der medizinischen Fakultät seinen Rücktritt bekannt. Bereits am 17. Juli wurde Eugen Fischer zum ordentlichen Professor der Anatomie und zum Direktor des Anatomischen Instituts der Albert-Ludwigs-Universität ernannt.

Das Berufungsverfahren ging nicht ohne fakultätsinterne Ränke und Konflikte vonstatten:

- Fischer war auf einer ersten Liste der Listenfindungs-Kommission an zweiter Stelle *pari loco* mit Erich Kallius (1867-1935; Breslau) gewesen. Der Erstplazierte, Keibel (jetzt Straßburg), wurde auf der nächsten Fakultätsratsitzung aus Altersgründen vom ersten Platz gestürzt. Jetzt kam, auf einer zweiten Liste, Kallius auf Rang eins und Fischer (allein) auf Rang zwei.[116]

- In dem offiziellen Bericht zur Begründung der Berufungsliste an das Kultusministerium in Karlsruhe wird demzufolge Kallius an erster Stelle vorgeschlagen. Der Erstgenannte wird als angesehener und freundlicher Gelehrter geschildert. Allerdings verweist der Berichterstatter, Dekan Johannes v. Kries (1853-1928), auf die versiegte publizistische Produktivität Kallius'. Dagegen werden Fischers Vorzüge in einer doppelt so langen Passage (z. B. seine Kriegsverdienste, seine Beliebtheit bei den Studenten, seine Bautätigkeit für die Anatomie[117] usw.) gelobt und ein von Fischer aufgesetzter Lebenslauf, samt Publikationsliste,[118] mitgeschickt. Als letztlich ausschlaggebend für Kallius wird lediglich sein größerer Bekanntheitsgrad und Fischers Freiburger Universitäts-Mitgliedschaft angeführt[119]- eine hausinterne Berufung galt und gilt als unschicklich.

- Auf Antrag Alfred Erich Hoches (1865-1943) und in Abwesenheit Wiedersheims, beschließt der Fakultätsrat auf seiner nächsten Sitzung, daß bei der

---

[116] UAFR: B 53/209: Protokollbuch der Fakultätsratssitzungen der Medizinischen Fakultät vom 8.2.16 -15.12.33.

[117] Fischer hätte dabei "ein großes Maß von Umsicht, Tatkraft, praktischen Blick und Organisationstalent bewiesen [...], so daß auch für den bevorstehenden Neubau durch seine Leistung die besten Garantien gegeben sein würden." V. Kries erinnerte daran, daß die großherzogliche Regierung ja auf die Befähigung zur Leitung des Neubaus "entscheidendes Gewicht" legen würde (UAFR: B 1 1222-1223).

[118] V. Kries schreibt: "Wenn ein Teil der Fischer'schen Arbeiten populärer Natur ist, so können wir darin keinen Nachteil oder Vorwurf erblicken [...]"; l.c.

[119] l.c.

"Neubesetzung von Lehrstühlen [...] der ausscheidende Fachvertreter nicht Mitglied der die Beschlußfassung vorbereitenden Kommission" sein darf. Tatsächlich war Wiedersheim Mitglied einer solchen (dreiköpfigen) Kommission zu seiner eigenen Nachfolge gewesen.[120] In Anbetracht von Wiedersheim großer Verbundenheit mit Fischer darf man ein deutliches Eintreten des Anatomen für seinen Schüler vermuten.[121]

Die definitive Entscheidung für Fischer fiel Mitte Juni in Karlsruhe, und die Tatsache, daß Fischer Badener war, war für den Ausgang mitentscheidend.[122]
In den Verhandlungen mit Karlsruhe setzte der neue Ordinarius eine Namensänderung seines Institutes von "Anatomisches und Vergleichend-anatomisches Institutes" in einfach "Anatomisches Institut" durch.[123]
Die besonderen Lehraufträge für topographische Anatomie und Anthropologie fielen weg. Fischer behielt sich jedoch bzgl. des letzteren eine Option über Verhandlungen zur Wiedereinführung des Faches vor.[124]
Außerdem wurde protokolliert, daß er (wieder) die Mitleitung des *Museums für Urgeschichte und Ethnographie* in Freiburg übernehmen soll.
Am 1. Oktober 1918 trat Fischer seine neuen Ämter an und hielt am 16. Oktober des folgenden Jahres die öffentliche Antrittsvorlesung in der Aula der Universität über das Thema: "Die Entstehung des Individuellen im menschlichen Gesicht".
Im Jahr 1919 trat er der national-monarchistischen Deutschnationalen Volkspartei (DNVP) bei. Er bleibt bis 1926 Mitglied.[125]

---

[120] UAFR: B 53/209, Protokollbuch ...
Die Kommission bestand aus Wiedersheim, dem Dekan und Theodor Axenfeld. Letzterer war wie Wiedersheim ein Mitglied von Fischers Ortsgruppe der *Deutschen Gesellschaft für Rassenhygiene* (vgl. Kap. F. I. 2.).

[121] Lösch (1997:112f) vermutet zu Recht, daß das gesamte Berufungsverfahren für die Nachfolge Wiedersheims auf Fischer ausgerichtet war. Auch die hier dargestellten Fakten sprechen für diese These.

[122] SAFR: A 5, 44 (1878-1948).

[123] l.c. auch EF-Nachlaß: Verhandlungsprotokoll.
Eine am Vortag erfolgte Anfrage, ob er einen Ruf nach Erlangen annehmen würde, hat Fischer in den Verhandlungen sicher nicht geschadet. EF-Nachlaß: Brief Gerlachs an Wiedersheim vom 20.6.18.

[124] "[...] falls eine geeignete besondere Lehrkraft vorhanden sein sollte [...]" l.c.

[125] Proctor 1988a:157
Lösch (1997:119) gibt als Ende von Fischers Mitgliedschaft in der DNVP 1927 an. Über den Zeitpunkt und die Motivation zum Parteiein- und -austritt läßt sich nur spekulieren: War der Eintritt eine Reaktion auf den Versailler Vertrag? Hegte er den Wunsch zum politischen

In dem neunjährigen Ordinariat Fischers entwickelt dieser für die Anatomie, die medizinische Fakultät und die Universität Freiburg eine Vielzahl von Aktivitäten:
- Der Baubeginn für den Neubau der Anatomie ist im August 1921; er wird im Laufe des Jahres 1923 fertig.[126]
- Im Wintersemester 20/21 ist er Dekan seiner Fakultät.
- Fischer beteiligt sich 1924 an der Ausarbeitung einer neuen Prüfungsordnung und wird Vorsitzender der ärztlichen Prüfungskommission.[127]
- Der Anatomie-Professor wird im November 1925 Mitglied der Baukommission für den Klinik-Neubau und später dessen Vorsitzender.[128]
- Fischer vertritt seine Fakultät auf Universitäts-Ebene im akademischen Senat vom Sommersemester 1922 bis zum Wintersemester 1923/24.

Fischer hielt gleichwohl in dieser Zeit sein gutes Verhältnis zu den Studenten aufrecht: Das Fischersche Haus bleibt offen für die Studenten - inklusive vieler ausländischer - und seine anhaltende Beliebtheit beim akademischen Nachwuchs bringen ihm den Ruf eines "Studentenvaters" ein.[129]

Der Anatom hat für die Zeit seines Ordinariats in Freiburg drei Abwerbungsversuche dokumentiert:
- Im September 1921 steht er *primo loco* für Anthropologie und Ethnographie an der Philosophischen Fakultät von Wien, für das Sommersemester 1922. Seine finanziellen Forderungen und die, das Institut an die Anatomie anzugliedern, lehnt Wien ab und Fischer bleibt in Freiburg.[130]

Immerhin vermag er dadurch in parallelen Verhandlungen mit dem Karlsruher Ministerium einige finanzielle Zugeständnisse für sein Institut zu erreichen.

Bekenntnis schon lange, fühlte sich aber erst jetzt autonom genug für einen solchen Schritt? War es überhaupt ein demonstrativer politischer Akt? War es evtl. reiner Zweckopportunismus in Bezug auf seine berufliche Zukunft? - Zu Fischers politischen Standpunkt vgl. Kap. D. II. 5.

[126] Da die Inflation die Baumittel dezimiert, wird es nur für einen Anbau reichen und ein ganzer Gebäudeflügel bleibt Blaupause (Nauck 1944:7).

[127] UAFR: B 53/209:Protokollbuch ...

[128] l.c. und Nauck 1944:10.

[129] Busse 1934:146.

[130] vgl. diverse Briefe im EF-Nachlaß.
Der Haushalt eines anatomischen Institutes war ca. dreimal so hoch wie der eines anthropologischen.

- Als Wien im Oktober 1923 erneut anfragt, ist das Resultat ähnlich.[131] Fischer lehnt wiederum ab, erhält aber *dafür* den Lehrauftrag für eine zweistündige Vorlesung über Anthropologie pro Semester vergütet.[132]
- Die Rufe Fischers nach München im Juni und September 1925, seien hier nur kurz erwähnt.[133]

Aus dem in dieser Zeit ansonsten sehr ruhigen Privatleben des Professors ragt nur der Tod seiner Mutter am 15. August 1924 heraus.

Auch die Studienreise 1925 mit seiner Frau auf die Kanarischen Inseln bleibt zu erwähnen. Else Fischer hatte sich dafür extra Kenntnisse in der Anthropometrie der Extremitäten angeeignet und konnte so ihrem Gatten assistierten.[134]

Die Jahre 1926/27 werden für Eugen Fischer, nach denen von 1908 und 1918, zu entscheidenden für seine Karriere:

Am 10. Juni 1926 gibt Fischer im Fakultätsrat bekannt, daß die *Kaiser-Wilhelm-Gesellschaft*[135] ihm angeboten hätte, ein anthropologisches Forschungsinstitut in Berlin-Dahlem zu errichten und zu leiten.[136] Fischer versucht, dieses *Kaiser-Wilhelm-Institut* nach Freiburg zu bekommen. Die Fakultät beschließt, "eine Aktion"[137] zu starten, um ihren Anatomen dabei zu helfen, d. h. ihn in Freiburg zu halten und auch das Institut nach Freiburg zu bringen.[138]

Fischer selbst verhandelt in dieser Zeit mehrmals in Karlsruhe mit den entsprechenden Hochschulreferenten. Die Badische Regierung scheut jedoch die finanzielle Belastung,[139] und auch die *Kaiser-Wilhelm-Gesellschaft*, das Land Preußen und

---

[131] EF-Nachlaß: Briefe O. Abels an Fischer vom 16.10. u. 7.11.23.

[132] SAFR: A 5, 44 (1878-1948).
Ein eigenständiges neues Extraordinariat für Anthropologie für sein Institut hatte Fischer noch im Juni 1921 abgelehnt. Er hatte seinerzeit Angst vor finanziellen Einbußen und der "Einschränkung der freien Benützung des mir unterstellten Forschungs-, d. h. Sammlungsmateriales [...]". (l.c.) angedeutet. Kurz vor seinem Abschied aus Freiburg stimmte er schließlich doch diesem zu. UAFR: B 53/209, Protokollbuch...

[133] UAFR: B 53/209, Protokollbuch ...
Ausführlich behandelt bei Lösch 1997:112f.

[134] v. Verschuer 1955:314.

[135] Die KWG war die Vorläuferin der heutigen Max-Planck-Gesellschaft.

[136] UAFR: B 53/209 , Protokollbuch...

[137] l.c.

[138] Die Fakultätsmitglieder traten in Kontakt mit der Badischen Regierung und dem Präsidium der KWG. l.c.

[139] l.c.

Reichsbehörden halten an Dahlem fest.[140] Ebenso ist der Versuch Fischers, über die Stadtverwaltung Freiburg politischen Druck auf die Landesregierung auszuüben, umsonst - wie er im Juli einsehen muß.[141]

Fischer wird zum 1. September 1927 Direktor (auf Lebenszeit) des *Kaiser-Wilhelm-Institutes für Anthropologie, menschliche Erblehre und Eugenik* in Berlin. Zusätzlich kann er in den Verhandlungen den Lehrstuhl für Anthropologie an der Philosophischen Fakultät der Universität Berlin zum 1. Oktober 1927 erringen.[142]

Eugen Fischer faßt in einem emotionalen Brief an Ludwig Schemann (1852-1938) seine Sicht der Ereignisse zusammen: Die *Kaiser-Wilhelm Gesellschaft* hätte angeblich das Institut nur einrichten wollen ...

> "[...] falls ich die Leitung übernehme. Andernfalls unterbleibt das Ganze, weil niemand Geeignetes da sei. Diese Pistole setzte man mir an die Brust. Ich verlangte, falls ich überhaupt verhandelte, sehr viel! [...] man sagte mir alles zu!
> [Der Transfer des Instituts nach Freiburg...] scheiterte an der unglaublichen Kleinlichkeit des bad. Ministeriums [...]
> Ich will versuchen, für unser ganzes deutsches Volk den wirklichen Rassegedanken & Eugenik fruchtbar zu machen. Ich opfere meine Liebe zur Anatomie & zum Medizinunterricht & meine Arbeit für die 'Badische Heimat' dem grösseren Ziel.-"[143]

---

[140] STADTAFR: VIII/30/3.

[141] l.c.

[142] EF-Nachlaß: "Vereinbarung" mit dem Preuß. Kultusministerium vom 8.6.27 und Vertrag mit der KWG vom 31.10.27.

[143] UAFR: Nachlaß Schemann, IV B, Brief Fischers an L. Schemann vom 11.7.26.

C. Die Physische Anthropologie, Genetik und Eugenik von 1900 bis 1927 in Deutschland

I. Die Physische Anthropologie von 1900 bis 1927

> "Der Naturforscher setzt keine Rangordnung unter den Geschöpfen voraus, die er betrachtet; alle sind ihm gleich lieb und werth. So auch der Naturforscher der Menschheit. Der Neger hat so viel Recht, den Weißen für eine Abart, einen geborenen Kackerlacken zu halten, als wenn der Weiße ihn für eine Bestie, ihn für ein schwarzes Thier hält [...] Am Wenigsten kann also unsere Europäische Kultur das Maß allgemeiner Menschengüte und Menschenwerthes sein; sie ist kein oder ein falscher Maßstab..."
>
> Johann G. v. Herder [144]

Institutionell und personell hatte sich die Anthropologie in Deutschland im "Schutze der Anatomen"[145] entwickelt. Daß sie andererseits lange Zeit "im Schatten der medizinischen Fächer" stand und "vielfach mit der linken Hand von Ärzten oder Anatomen betrieben"[146] wurde, ist eine Interpretation, die auch der beschriebenen Situation am Anatomischen Institut Freiburgs unter Wiedersheim glich. Nichtsdestotrotz traf die Anthropologie auf "großes Interesse im weiteren 'gebildeten Publikum'".[147] Den Schwerpunkt des Faches stellte in Deutschland initial die 1870 gegründete *Deutsche Gesellschaft für Anthropologie, Ethnologie und Urgeschichte* dar. Erst um die Jahrhundertwende konnte sich die Anthropologie langsam auch an den Universitäten etablieren: 1900 gab es im Reich erst drei Lehrstühle für das Fach; zwei Ordinariate (München und Berlin) und ein Extraordinariat (Leipzig).[148] Schließlich konnte in den folgenden drei Jahrzehnten die Anzahl der Institute und Lehrstühle auf insgesamt zehn gesteigert werden.[149]

Die führende Persönlichkeit und der "wichtigste Organisator der institutionellen Anthropologie" in Deutschland war bis 1900 Rudolf Virchow (1821-1902) gewesen,

---

[144] Herder in den "Briefen zur Beförderung der Humanität", Riga 1793-1797 ; 116. Brief ; zit. n. Seidler,H. 1983:56.

[145] Schaeuble 1967a:214.

[146] Schwidetzky 1988:82.

[147] Spiegel-Rösing/Schwidetzky 1982:81.

[148] Schwidetzky 1988:66.

[149] Spiegel-Rösing/Schwidetzky 1982:90.

der die frühe deutsche Anthropologie mit seinem liberalen Humanismus und antirassistischen, pazifistischen Patriotismus dominiert hatte.[150]
Inhaltlich stellte sich die Anthropologie in Deutschland bis zur Jahrhundertwende als eine *kollektive Wissenschaft* dar. Das bedeutet, daß sie einen Fächerkanon umfaßte, wie man ihn heute noch in der angelsächsischen "anthropology" vorfindet. Stocking nennt für diese vier Felder: Physische Anthropologie, Ethnologie (= Kultur- und Sozialanthropologie), Linguistik und prähistorische Archäologie.[151]
Wie v. Verschuer 1938 schrieb, wurden in der Anthropologie der Jahrhundertwende v. a. zwei Gebiete bearbeitet:[152]
Die Abstammungsgeschichte des Menschen (Anthropogenie-Forschung); diese untersuchte man anhand der Fossilgeschichte, d. h. der menschlichen Paläontologie sowie mittels Tierprimaten-Mensch-Vergleichen in der vergleichenden Anatomie.
Der zweite Forschungsschwerpunkt war die Rassenforschung, die zu umfangreichen und differenzierten Rassenbeschreibungen und -klassifikationen führte.
Verschuer nannte nicht ein drittes Feld: die prähistorische Anthropologie, Früh- und Urgeschichte sowie Ethnologie. Der genannte Bereich schloß sich, vom erforschten Zeitraum her, sowohl der Paläontologie an, hatte aber auch Verbindungen zur Rassenkunde (z. B. durch die Zuschreibung von Schädelfunden zu bestimmten Rassen).
Dieses breite Spektrum an Forschungsgebieten in der "Epoche des Sammelns, Beschreibens und Vergleichens"[153] erschien allerdings schon am Ende des letzten Jahrhunderts vielen ihrer Protagonisten als zu weit.[154]
Insbesondere der Anatom Gustav Schwalbe[155] in Straßburg und der Züricher Ordinarius für Anthropologie Rudolf Martin[156] betrieben die Orientierung der zeit-

---

[150] Massin 1993a:392ff.

[151] Stocking 1988:9.

[152] v. Verschuer 1938:137.

[153] Schaeuble 1967a:214.

[154] Schaeuble schreibt rückblickend (1967a:215) : "Die klassische Anthropologie hatte an ihrer unzureichenden Umgrenzung gelitten; die Vielfalt der Gesichtspunkte war Anlaß differenzierender, ja atomistisch wirkender wissenschaftlicher Produktion."

[155] Gustav Schwalbe war seit 1883 Professor für Anatomie in Straßburg. (vgl. Kap. B. II.) Seine Forschungsgebiete waren v. a. die Morphologie, Rassenkunde und phylogenetische Erforschung des Menschen. Eugen Fischer, der bei ihm lernte, nennt ihn in seinem Nachruf den "Begründer der neuen Palaeoanthropologie" (Fischer 1917-1:VI). Massin (1993a:398) kennzeichnet ihn als "anthropologue darwinien majeur."

[156] Rudolf Martin studierte erst Jura, dann Philosophie in Freiburg. Er hörte ferner Weismanns

genössischen Anthropologie in Deutschland zu einer *reinen* Naturwissenschaft, d. h. weg von ihren geisteswissenschaftlichen Aspekten, wie Ethnologie, Linguistik oder Archäologie.

Als deutliches Zeichen dieser Zielrichtung der Auflösung des Fächerverbundes gründete Schwalbe 1899 die *Zeitschrift für Morphologie und Anthropologie*. Er verstand die Anthropologie als Zweig der Anatomie.[157] Martin definierte Anthropologie als "Naturgeschichte der Hominiden". Er entwickelte die *Anthropometrie*[158] zur Perfektion. Diese Menschenmeßlehre war eine Erweiterung der im 19. Jahrhundert die Anthropologie beherrschenden und sie vereinseitigenden Kraniologie,[159] also der metrischen Erfassung von Schädelformem in Form von Indices und Winkeln. Für Eugen Fischer (und für wahrscheinlich viele andere jüngere Anthropologen) war diese Technik zur "öden Messerei" entartet.[160] Höhepunkt dieser Entwicklung war Martins *Lehrbuch der Anthropologie* (Jena 1914, 2.A. 1918), das eher ein Lehrbuch der Anthropometrie darstellte.[161]

Den nun folgenden Prozeß beschreibt der Anthropologie-Historiker Robert Proctor:

"Martin was Germany's foremost anthropologist in the early post-war period. Yet, already by the end of the war, Martin's anthropology had begun to appear

---

Vorlesungen über Deszendenzlehre und präparierte in der Anatomie Wiedersheims [!]. 1887 promovierte er in Freiburg über "Kants philosophische Anschauung in den Jahren 1762-1766". 1893 folgte die Habilitation an der Philosophischen Fakultät der Universität Zürichs über die "physische Anthropologie der Feuerländer" anhand von fünf in Zürich verstorbenen Menschen dieser Ethnie. 1899 wurde für ihn dort ein Extraordinariat geschaffen und 1905 wurde er ordentlicher Professor und Direktor des neugegründeten Anthropologischen Instituts. Er entwickelte neue anthropometrische Instrumente. 1917 wurde er Nachfolger J. Rankes als Ordinarius für Anthropologie in München, wo er 1925 verstarb. Die biographischen Daten entnahm ich Fischers Nachruf über ihn (1926-7) und Spiegel-Rösing/Schwidetzky 1982:89. Fischer lernte bei ihm die Anthropometrie: vgl. Kap. B. II. und D. I.

[157] Spiegel-Rösing/Schwidetzky 1982:83.

[158] "Anthropometrie ist die Lehre von der Messung und den Maßverhältnissen des menschlichen Körpers." Holle Greil in Kirschke 1990:44.

[159] Mühlmann 1984:58. "Die Meßtechnik am Schädel wurde ständig vervollkommnet, und im Jahre 1890 kam der ungarische Anthroploge A. v. Török auf rund 5000 an einem Schädel zu nehmende Maße. Die Sackgasse war damit erreicht."(l.c.:98). Auch Massin (1993a:398) spricht in diesem Zusammenhang von einer "wissenschaftlichen und erkenntnistheoretischen Sackgasse" ("impasse scientifique et épistémologique") der Anthropologie.

[160] Fischer 1955-1:275.

[161] Martin hatte zur Abfassung seines Werkes 1917 seine Professur in Zürich aufgegeben. (Spiegel-Rösing/Schwidetzky 1982:89).

out of step with contemporary movements in the sciences. By the third decade of the twentieth century, many of Martin's younger colleagues were no longer satisfied with a science that confined itself to the measurement and description of human physical forms."[162]

Mitte der 20er Jahre kam es zu einem gewissen Wendepunkt in der Entwicklung des Faches, dessen Ausdruck im April 1926 die Gründung der *Deutschen Gesellschaft für Physische Anthropologie* in Freiburg war. Nach Proctor bedeutete dieser Akt zweierlei : Einerseits den letztendlichen Abschluß der organisatorischen Trennung des physischen Teils der Anthropologie von ihren geisteswissenschaftlichen Bereichen; andererseits den Beginn des Endes der auf Messungen fußenden Physischen Anthropologie, wie sie von Martin ausgeführt wurde.[163]

Man kann vier *neuralgische* Punkte der frühen (Rassen-)Anthropologie herausarbeiten:

Die Frage der Wertungen innerhalb der Rassenklassifikationen; der Rassenbegriff; die zeitgenössischen Vorstellungen zu Fragen der Rassenmischung sowie die inhärente *Logik* der anthropologischen Forschung.

Rassenaufteilungen mit inhärenten negativen Bewertungen von fremden Rassen sind schon so alt wie die Anthropologie selbst:

Die ersten Rassen*beschreibungen* findet man schon bei Aristoteles, Hippokrates, Herodot, Strabon und Lucrez.[164] Die erste Rassen*klassifikation* des französischen Arztes und Reisenden François Bernier (1620-1688) aus dem Jahre 1684 enthält klare Wertungen.[165] Auch der große Biologe Carl v. Linné (1707-1778) korrellierte in seinen Klassifikationen nicht nur die Rassen mit der Humoralpathologie, sondern schrieb ihnen jeweils wertende Charaktereigenschaften zu.[166] Ähnliches muß für den, "Vater der Anthropologie" genannten, Johann Friedrich Blumenbach (1752-1840) festgestellt werden.[167] Das, was Haller zu Linnés Rassencharakteren feststellt, gilt wahrscheinlich für viele dieser Wertungen:

---

[162] Proctor 1988a:142.

[163] l.c.:154.

[164] Glowatzki 1976:15.

[165] Querner 1986:285.

[166] Stocking 1988:5.

[167] Seidler, H. 1983:54.

"These 'insights' into what Linnaeus divined as racial character [...] were transmitted into subsequent attempts at a science of classification and became more fixed than the races themselves."[168]

Es gab eine Kontinuität von Rassenvorurteilen innerhalb der Diskontinuität von Rassenordnungen.

Schwidetzky stellt fest, daß ab den 1870er Jahren die Anzahl der rassenbeschreibenden Literatur langsam anstieg und "um die Jahrhundertwende einen ersten Gipfel" erreichte.[169] Das lag sicherlich nicht nur an dem quantitativen "Höhepunkt der großen Forschungsreisen in den beiden Jahrzehnten vor und nach dem I. Weltkrieg". Zwei Werke aus den Jahren 1934 und 1941 hätten letztendlich die "Periode der Rassenklassifikationen zur höchsten Blüte, aber auch zum Abschluß" gebracht.[170] Besonders in Deutschland fand ein Verlagerung "from *Anthropologie* to *Rassenkunde*" statt:

"By the 1920s, race had become *the* single most important concept in German anthropology, which was well on the way to redenomination as *Rassenkunde* [...]"[171]

Ein weiteres problematisches Konzept der Anthropologie der Zeit war der damalige Rassenbegriff: Er war

"[...] t y p o l o g i s c h ausgerichtet. Es werden anhand der Felduntersuchungen, der Merkmalskarten und des vorhandenen Bildmaterials Rassentypen beschrieben, die die wesentlichsten Merkmale eines regionalen Bevölkerungskomplexes zu beschreiben versuchen."[172]

Diese Methodik ist theoretisch plausibel und wissenschaftlich korrekt. In Realität barg diese Vorgehensweise allerdings viele theoretische und praktische Probleme bzw. Fehler:

Wo gab es "reine" Rassen? Welche Merkmale waren "typisch" für eine Rasse? Welche Merkmalskombination für eine Rasse war richtig? Was war überhaupt ein Ras-

---

[168] Haller 1971:4.

[169] Schwidetzky 1988:98.

[170] l.c.:97 u. 98.

[171] Proctor 1988a:148.

[172] Schwidetzky 1988:98, gesperrter Begriff im Original fett.
Zur Differenzierung sei darauf hingewiesen, daß es auch schon in den frühen Zeiten institutionalisierter Anthropologie weniger bedeutende Anthropologen gab (z. B. F. Weidenreich; später: K. Saller), die einen "dynamisch konzipierten Rassenbegriff" (Weingart/ Kroll/Bayertz 1992:372) vertraten.

senmerkmal und was *nur* Umweltwirkung? Konnte man von der Zugehörigkeit eines Menschen zu einer bestimmten geographischen Gruppe auf den Rassentyp oder seinen "Mischungsgrad" schließen?

Diese "definitorischen und methodologischen Probleme"[173] hatten ihre Ursache in erkenntnistheoretischen Fehlern der Rassenkunde:

> "'Rasse' wurde in der deutschen Anthropologie als theoretische *Grundannahme* und zugleich als zu operationalisierendes *Erkenntnisziel* gebraucht. Mit anderen Worten: Der Begriff 'Rasse' wurde *deduktiv* und *induktiv* benutzt. [...] Als deduktive Kategorie war der Rassenbegriff empirisch unbrauchbar, als induktive nur schwer verifizierbar."[174]

Freilich war das anerkannte Wissenschaft zu seiner Zeit. Kritik, daß Rassentypen Generalisierungen waren und daß "die Bevölkerungsvariabilität ein Kontinuum ist, in das keine festen Grenzlinien eingezogen werden können", erstarkte erst nach dem Zweiten Weltkrieg - auf diese "Wende vom Typus zur Population"[175] werde ich nochmals in Kapitel C. II. zurückkommen.

Rassenmischungen wurden seinerzeit allgemein als schädlich erachtet.[176]
Für die Mitglieder der wissenschaftlichen Gemeinde galt noch in der Zeit von 1900 bis ca. 1924 folgendes als fundierter Wissenstand :

> "From the published literature they could only conclude that geneticists possessed scientific evidence indicating strongly that human races differed hereditarily in intelligence and that wide human race crosses were dangerous at best, and probably should be avoided. [...] This conclusion was good science at the time, though not at the present."[177]

Erst ab 1925 begannen einzelne Stimmen an der Gültigkeit der *Beweise* für die Erb-

---

[173] Weingart/Kroll/Bayertz 1992:360.

[174] l.c.:359. Kursive Teile wie im Original.

[175] Beide Zitate Schwidetzky 1988:98. Dobzhansky schreibt dazu 1965: "Der verhängnisvolle Fehler der Rassentypologien besteht darin, daß man zu morphologischen Typen durch eine Art von Intuition gelangt, was bedeutet, daß sie auch dann willkürlich herausgegriffen werden, wenn dies von erfahrenen Forschern getan wird. Keine noch so sorgfältige und differenzierte Statistik kann diesen Fehler überwinden." zit. n. Glowatzki 1976:19.

[176] Die Ursprünge dieser Überzeugung sind alt. So schrieb z. B. Immanuel Kant 1789 in der Schrift *Anthropologie in pragmatischer Hinsicht*: "Soviel ist wohl mit Wahrscheinlichkeit zu urteilen: daß die Vermischung der Stämme (bei großen Eroberungen), welche nach und nach die Charaktere auslöscht, dem Menschengeschlecht, alles vorgeblichen Philanthropismus ungeachtet, nicht zuträglich sei." zit. n. Seidler, H. 1983:55.

[177] Provine 1986:870.

lichkeit geistiger Rassenunterschiede zu zweifeln.[178] Die Kritik wurde v. a. in den angelsächsischen Ländern erhoben. Die These der physischen Dysharmonien wurde Anfang der 30er Jahre in den USA für Jahrzehnte *ad acta* gelegt - was in Deutschland nicht der Fall war.[179]
Ein weiterer Paradigmenwechsel in der Entwicklung der deutschen Anthropologie weist bereits über dieses Kapitel hinaus:
Die Frage der inneren *Logik* der Wissenschaft, die bei manchen Forschern sogar die Motivation und Zielsetzung ihrer Tätigkeit darstellte.
Proctor weist darauf hin, daß sich in Folge des Versailler Vertrages und des Verlustes aller Kolonien in der deutschen Anthropologie die Forschungsschwerpunkte veränderten: Die deutschen Anthropologen wurden auf das Studium der "inneren Anderen" ("internal other") - darunter verstanden sie "Zigeuner" und Juden - und das der inneren "Unsrigen" ("internal 'us'") - also der Rassen Europas - zurückgeworfen.[180]
Diese inhaltliche Umorientierung traf sich mit einer neuen *Logik* der Anthropologen: Von einer "Rettungs- und Bewahrungslogik einer indirekt-imperialistischen Ordnung"[181] zu einer "'therapeutischen' Logik der inneren gesellschaftlichen Steuerung."[182] Proctor beschreibt diese Logik:

"[...] a logic directed towards the rescue of the German races from a host of perceived threats - enemies from 'within', and enemies from 'without'."[183]

Benoit Massin beschreibt bezüglich politisch-ideologischer Tendenzen innerhalb der deutschen Anthropologie eine Wende um 1900 vom "Humanismus zum Anti-Humanismus unter den Anthropologen":[184] Insbesondere mit dem Berliner Ordinarius für Anthropologie, Felix v. Luschan (1854-1924), erlitt die Anthropologie in Deutschland eine Schlagseite in Richtung Kolonialismus, Sozialdarwinismus und Rassenhygiene.[185]

---

[178] l.c.:872.

[179] nach Weingart/Kroll/Bayertz 1992:496.

[180] Proctor 1988a:139. Mühlmann (1984:100) nennt diese Beschränkung "eine gewisse provinzielle Verengung des Gesichtsfeldes."

[181] Meine Übersetzung von "'salvage' logic governing the anthropology of indirect imperial rule" (Stocking 1982).

[182] Meine Übersetzung von "'therapeutic' logic of internal social management".

[183] Proctor 1988a:139.

[184] Massin 1993a:391.

[185] Massin 1993a:395f. Zu Fischers Kontakten zu v. Luschan vgl. Kap. F. I.

II. Anfänge der Genetik und ihr Einfluß auf die Anthropologie

> "Durch Vererbung sind wir, Vererbung ist Leben und Leben ist Vererbung."
>
> Eugen Fischer[186]

Im vorangegangenen Unterkapitel wurde die Entwicklung einer "erkenntnistheoretischen Sackgasse" innerhalb der "klassischen physischen Anthropologie" beschrieben.[187] Der Anthropologie-Historiker Wilhelm Mühlmann beschreibt anschaulich die Problematik dieser Situation:

> "Für die menschliche *Rassenkunde* war die Zeit von 1850 bis etwa 1914 [...] im großen und ganzen steril. [Die anthropologische Forschung...] [...] führte zu einer Anhäufung zahlreicher Tatsachen, deren biologischer Deutungswert fraglich blieb; man trieb Rassen-Anatomie, -Physiologie, sogar gelegentlich -Psychologie, - aber man glaubte im Grunde nicht an die biologische Realität der Rassen."[188]

Was beendete diese "sterile" Phase in der Anthropologie? Mühlmann gibt selbst die Antwort: Es waren die neuen Ideen der "Erblichkeitslehre", wie die neue Wissenschaft bis zur Einführung der modernen Bezeichnung "Genetik"[189] oder "Erblehre"[190] in Deutschland genannt wurde.

Der Beginn der modernen Genetik wird auf das Jahr 1900 datiert: Innerhalb der ersten sechs Monate dieses Jahres veröffentlichten die Botaniker Hugo de Vries (1848-1935), Carl Correns (1864-1933) und Erich v. Tschermak (1871-1962) die Untersuchungsergebnisse zu ihren Kreuzungsexperimenten: Die Erbgesetze des Augustinerabts Johann Gregor Mendel (1822-1884) aus dem Jahr 1865 wurden wiederentdeckt und bestätigt.

Damit endete eine lange vorwissenschaftliche Vorgeschichte der Genetik. Im 19. Jahrhundert hatte in den Publikationen vieler Autoren zur Vererbung noch eine unauflösbare Mischung "wahrer Fakten und falscher Konzepte" vorgeherrscht, wie Vogel und Motulsky bemerken:

---

[186] Fischer 1925-2:201.

[187] Beide Begriffe in Massin 1993b:211 u. 214.

[188] Mühlmann 1984:100.

[189] W. Bateson (1861-1926) führte den Begriff "genetics" 1906 ein (Weingart/Kroll/Bayertz 1992:323).

[190] Nach Proctor (1988b:106) prägte Eugen Fischer diesen Ausdruck durch seine Namensgebung des Kaiser-Wilhelm-Institutes in das "für Anthropologie, menschliche Erblehre und Eugenik."

"This state of affairs was typical for the plight of a science in its prescientific state. Human genetics had no leading paradigm. The field as a science was to start with two paradigms in 1865: biometry [...] and Mendelism."[191]

Mit seinen Erbregeln begründete Mendel das *Genkonzept*, welches zum führenden Paradigma der Genetik bis in unsere Zeit wurde.[192]

Ferner schlossen die Mendelschen Erbgesetze eine Lücke in der Evolutionstheorie: Konnten sich erworbene Eigenschaften weitervererben (Lamarcks Evolutionsmodell) oder fand die "natürliche Zuchtwahl" (Darwins Selektionstheorie) über das Erbgut statt?

Der von Fischer verehrte (vgl. Kap. B. I.) Weismann war 1882 schon aus theoretischen Überlegungen zu der Einsicht gekommen, daß es eine "Kontinuität des Keimplasmas" geben müsse, d. h. daß der Genotyp sich unabhängig von den Veränderungen im Phänotyp vererbe (wobei letztere Begriffe erst 1909 geprägt wurden).[193] Erst die Wiederentdeckung der Mendelschen Erbgesetze und ihre Bestätigungen durch botanische und zoologische (z. B. anhand der Fruchtfliege Drosophila melanogaster) Experimente bestätigten die Theorien Weismanns.[194] Schwidetzky beschreibt die paradigmatische Wende innerhalb der Biologie:

"Ein Punkt war in der DARWINschen Theorie noch ungeklärt geblieben: die Vererbung der Variationen, an denen die Selektion ansetzte: Dieser Punkt wurde nach der Jahrhundertwende mit dem Aufschwung der Genetik geklärt. Erst jetzt [...] wurde die Evolutionstheorie zu einer breiten Grundlage der Biologie. Sie wird gelegentlich Neodarwinismus, häufiger M u t a t i o n s - S e l e k t i o n s t h e o r i e oder synthetische Evolutionstheorie genannt."[195]

---

[191] Dieses und vorangehendes Zitat: Vogel/Motulsky 1986:11.

[192] "The laws of Mendel [...] have been of almost unlimited fruitfulness and analytic power" (Vogel/Motulsky 1986:11).

[193] Nach W. Lenz 1968:91. Weismanns Theorie stand im Gegensatz zur *Pangenesis*-Theorie, wonach "von allen Körperteilen und Organen beständig Keime abgegeben würden, die zur Konstitution der Samen- und Eizellen beitrügen." (Kröner/Toellner/Weisemann 1991:8). Weismanns Vorlesungen faszinierten nicht nur Fischer. Weismanns Schwager [!] Wiedersheim schrieb: "Es gehörte sozusagen zum guten Ton, die Weismannsche Vorlesung über Deszendenztheorie gehört zu haben." (Wiedersheim 1919:80).

[194] Weismann selbst war "wegen einer Augenkrankheit an induktiv-praktischer Forschung verhindert" (Weingart/Kroll/Bayertz 1992:323).

[195] Schwidetzky 1988:91. Hervorhebungen wie im Original.

Über "Lamarckismus oder Mendelismus"[196] bestand allerdings bis Mitte der 20er Jahre innerhalb der *scientific comunity* kein Konsens:

"Wenn die Entwicklung der Genetik als Siegeszug des Mendelismus über den Lamarckismus erscheint, darf nicht die lange Übergangszeit übersehen werden, in der beide Lehren um die Anerkennung konkurrierten."[197]

Die Länge dieser Übergangszeit wird auch durch das Wissen um die politischen Implikationen und weltanschaulichen Konsequenzen dieser Konzepte nachvollziehbar[198] - am Ende dieses Kapitels dazu mehr.

Das zweite im obigen Zitat von Vogel und Motulsky erwähnte, für die Genetik essentielle Paradigma war die Biometrie, begründet von Francis Galton (1822-1911). Galton führte die Statistik in die Genetik ein und ersetzte somit die "allgemeinen Eindrücke durch die wissenschaftliche Prüfung".[199] Freilich gilt er auch als Begründer der Eugenik und soll deshalb im folgenden Kapitel in dieser Hinsicht genauer behandelt werden.

Folgende Fragen, die besonders Anthropologen und Mediziner interessierten, waren in der Anfangszeit der Genetik unentschieden: Galten diese neuen Erbregeln auch für den Menschen? Galten sie neben den krankhaften Genen auch für die gesunden Erbmerkmale, also auch für die Unterschiede zwischen den Rassen?

Die Versuche zur Beantwortung dieser Fragen führte auch zu einer unterschiedlichen Arbeitsteilung zwischen Medizinern und Anthropologen:

"Bei der Entwicklung der Humangenetik war zunächst eine deutliche Zweiteilung gegeben: Die quantitativ überwiegende klinische Humangenetik war eine Sache von Medizinern; die Genetik normaler menschlicher Merkmale, deren Variabilität von Anthropologen untersucht wurde, lag zu einem wesentlichen Teil in deren Händen [...]"[200]

Zuerst wurde der Nachweis des *Mendelns* menschlicher Merkmale anhand von *Erbkrankheiten* erbracht, so z. B. für die Alkaptonurie durch Archibald E. Garrod (1857-

---

[196] Der "Mendelismus" wurde bezeichnenderweise seinerzeit (vgl. Kühl 1997:30 FN 49) und wird noch heutzutage (vgl. Proctor 1988b:33) auch "Weismannismus" genannt.

[197] Weingart/Kroll/Bayertz 1992:326).

[198] "In the early years of the twentieth century, the question of Lamarckian versus Mendelian inheritance took on political overtones. At root was the question of the relative importance of heredity (or race) and environment (or socialization) in the growth and expression of human character and institutions." (Proctor 1988b:33).

[199] "general impressions to scientific scrutiny", meine Übersetzung aus (Vogel/Motulsky 1986:12).

[200] Schwidetzky 1988:101.

1936) im Jahre 1902[201] oder für die Brachydaktylie (Kurzfingrigkeit) durch W. C. Farabee im Jahre 1903.[202]

Bald folgten Versuche für einzelne *normale* menschliche Merkmale, wie die Augenfarbe (im Jahr 1907 bzw. 1908), Haarform (1908) und Haarfarbe (1909).[203] Auch bei diesen versuchte man ihre erbliche Determiniertheit und, wo möglich, ihr *Mendeln* anhand von Familienuntersuchungen nachzuweisen. Im Sommer 1908 schließlich unternahm Eugen Fischer die schon erwähnte Forschungsreise nach Rehoboth (vgl. Kap. B. II.). Damit war Fischer der erste Wissenschaftler, der versuchte, die Mendelschen Prinzipien in einer großen Untersuchung von Rassenmischung menschlicher Populationen, anzuwenden![204] Zur Bedeutung dieses Schrittes schreibt Mühlmann in seiner *Geschichte der Anthropologie* über Fischer: Dieser stellte klar...

"[...] daß auch die menschlichen Rassenmerkmale in der Vererbung den *Mendel*-schen Regeln mehr oder weniger folgen. Es ergaben sich freilich auch gewisse Abweichungen von dem klassischen *Mendel*-Schema, und entscheidend war zunächst auch nicht die exakte Festlegung des Erbganges einzelner Merkmale, sondern die schlagartig gewonnene Einsicht, daß zur Klassifikation von Rassenunterschieden ausschließlich erbliche Eigenschaften herangezogen werden dürften [...]"[205]

Eine kritische Würdigung von Fischers *Rehobother Bastards* wird noch in Kapitel D. I. erfolgen. An dieser Stelle sei nur auf die Bedeutung des Vorgangs, nämlich des zu diesem Zeitpunkt erfolgten *Einbruchs* der Genetik in die Anthropologie und seine Auswirkungen auf Rassenfragen, hingewiesen.

Die Anthropologie begann - langsam - ihr Gesicht zu wandeln. Bis zum Ende der 20er Jahre belegte sie z.T. so neue Forschungsfelder wie die Zwillingsforschung,

---

[201] Vogel/Motulsky 1986:13. Die Alkaptonurie gehört zur Gruppe der angeborenen Stoffwechselkrankheiten ("inborn errors of metabolism"), die Garrod als Pionier erforschte. Sie wird rezessiv vererbt.

[202] Becker 1988:170. Sie wird dominant vererbt.

[203] Augenfarbe: C. und G. Davenport und C. C. Hurst. Haarform und Haarfarbe: C. und G. Davenport
Daß Charles B. Davenport 1911 auch die Gültigkeit von Mendels Gesetzen anhand der "Eigenschaften" Wandertrieb und Kriminalität nachgewiesen haben wollte, mag uns als absurd erscheinen (Weingart/Kroll/Bayertz 1992:495). Tatsächlich spiegelt dieses "Forschungsergebnis" seine Aktivitäten als "führender amerikanischer Eugeniker"(Kröner 1980:29) wider.

[204] Proctor 1988a:145.

[205] Mühlmann 1984:163. Die Zweifel Mühlmanns bezüglich der Beweisführung sind unübersehbar: In Kap. D. I. wird erläutert werden, daß Fischer das *Mendeln* der von ihm untersuchten Eigenschaften tatsächlich nicht nachgewiesen hat und dies auch schlecht konnte.

Konstitutionslehre, Erbpsychologie und -pathologie, Vaterschaftsgutachten und Blutgruppenforschung.[206] Auch mit der jungen Biometrie und Populationsgenetik ergaben sich vielseitige Verknüpfungen, wobei deren Ergebnisse oft primär nur von Botanikern und Zoologen perzipiert wurden[207] bzw. in Deutschland keinen Niederschlag im anthropologischen und insbesondere rassenhygienischen Denken fanden.[208] Propping nennt dies einen "Rückstand in der genetischen Theoriebildung" und weist auf ihre politischen Konsequenzen hin :

"Die Tatsache hat weitreichende Bedeutung für die verheerende politische Entwicklung im NS-Staat gehabt, weil viele führende Biologen und Mediziner die genetische Unhaltbarkeit der eugenischen Ziele gar nicht durchschauten. Diese Geschichte ist gleichzeitig ein Schulbeispiel dafür, daß der schlechte Entwicklungsstand eines Wissenschaftsgebietes politischen Fehlentwicklungen Vorschub leisten kann."[209]

Der Ende der 20er Jahre in Deutschland führende Anthropologe, Eugen Fischer, sah anscheinend besagten Entwicklungsrückstand und die selektive Rezeption der populationsgenetischen Ergebnisse nicht, sondern vermerkte mit Stolz:

"Die *Einführung der Erblehre* bedeutete also den großen Schritt *von der beschreibenden und vergleichenden Anthropologie zur biologischen.*"[210]

---

[206] Proctor 1988a:156.
V. a. die Blutgruppenforschung stellte, Ilse Schwidetzky zufolge, eine "enge Beziehung" zur Humangenetik dar; zit. n. Weingart/Kroll/Bayertz 1992:357.

[207] Schwidetzky 1988:103.

[208] Darauf gehen insbesondere Weingart/Kroll/Bayertz (1992:337-344) ein. Die Beschränkungen eines mechanistischen mendelistischen Denkens hätte z. B. durch den Nachweis der Existenz von multifaktorieller Vererbung (*Polygenie*: Ein Merkmal kann durch viele Gene beeinflußt sein) und der *Pleiotropie* (Ein einzelnes Gen kann mehrere Merkmale kodieren) deutlich werden müssen (vgl. l.c.: 545). Auch das die Populationsgenetik begründende Theorem, das *Hardy-Weinberg-Gesetz* (aus dem Jahr 1908!), hätte zur Differenzierung beitragen können: Das Gesetz erläuterte, warum ein dominant vererbtes Gen in einer zufällig gemischten (*panmiktischen*) Bevölkerung in seiner Häufigkeit nicht von Generation zu Generation zunimmt. Die daraus ableitbare *Entwarnung* bzgl. einer befürchteten stetigen Zunahme von krankhaften Genen - ein von Eugenikern gern verbreitetes *Horrorszenario* - fand, bewußt oder unbewußt, kaum ein Echo unter Genetikern, Anthropologen und Eugenikern (nach l.c.:339).

[209] Propping 1992:124.
Ich würde die Gültigkeit des letzten Satzes insoweit einschränken bzw. ergänzen, als daß auch eine Wissenschaft auf der Höhe ihrer Entwicklung kein Hinderniss für "politische Fehlentwicklungen" und eugenische Gedankenspiele ihrer Vertreter oder von Politikern darstellen muß.

[210] Fischer 1955-1:277. Hervorhebungen im Original gesperrt.

Fischer nannte diese neue Anthropologie auch "Anthropo-Biologie". Die Vereinigung von Anthropologie und Humangenetik[211] fand ihren institutionellen Ausdruck 1927 in Fischers *Kaiser-Wilhelm-Institut für Anthropologie, menschliche Erblehre und Eugenik* in Berlin.

Eine letzte Problematik der Perzeption der Mendelschen Gesetze von vielen Anthropologen soll erörtert werden: Die Verstärkung eines Erblichkeits-Denkens und die "Vorstellung einer durch Selektion über viele Generationen herausgebildeten harmonischen Genkombination".[212]

Als die Genetiker ein ums andere mal vorher als unlösbar erachtete Probleme in der Erblehre zu lösen begannen, "wuchs entsprechend ihr Vertrauen in die weite Anwendbarkeit und Bedeutung der Genetik."[213] Ähnliche Schlüsse zogen die Anthropologen für ihren Bereich, den der Rassenforschung:

> "The rediscovery of Mendelian genetics in 1900 offered anthropologists a new theoretical framework for the interpretation of racial differences. Along with August Weismanns doctrine of the 'continuity and permanence of the germ plasm' [...] Mendelian genetics lent weight to the belief that 'nature' was more important than 'nurture' in the development of human character and institutions."[214]

Die uralte Frage, was den Menschen bestimme - seine Natur (= *nature*, also Gene, Abstammung, "Blut" oder "Rasse") oder seine Erziehung (= *nurture*, also Pflege, Umwelt oder Milieu)[215] - schien in diesen frühen Zeiten der Genetik für die meisten Genetiker und Anthropologen zweifelsfrei zugunsten des Erbgutes entschieden. Damit schienen allerdings auch ebenso alte Vorurteile eine wissenschaftliche Berechtigung zu erhalten.[216] Eines dieser wiederbelebten und von interessierten Krei-

---

[211] nach Spiegel-Rösing/Schwidetzky 1982:99.

[212] Weingart/Kroll/Bayertz 1992 :496.

[213] Meine Übersetzung von Provine 1986:865.
"Initially, the rediscovery of Mendel's principles of heredity simply reinforced hereditarian thinking, which was carried on in individualistic unit character terms by geneticists who were frequently racialists and often were associated with the eugenics movement." (Stocking 1988:13).

[214] Proctor 1988a:145.

[215] Vogel/Motulsky (1986:10) zufolge hatte u. a. bereits Demokrit diese Frage anklingen lassen. W. Lenz (1968:86) vermerkt dazu : "Die Gegenüberstellung von 'nature' und 'nurture' geht wohl auf *Shakespeare* zurück. In 'Sturm' sagt Prospero von Caliban : 'A devil, a born devil, on whose nature nurture can never stick.'"

[216] "Mendelian genetics had provided an alternate rationale for prejudices that had existed long before the twentieth century; it transformed the anthropological tradition by allowing the

sen kolportierten Dogmen funktionierte nach einem einfachen von Mühlmann verdeutlichten "Syllogismus":

"1. Rassenanlagen sind Erbanlagen;
2. Die moderne biologische Vererbungsforschung hat (zum Beispiel durch die Zwillingsuntersuchungen) festgestellt, daß die Erbanlagen wichtiger sind als die Milieueinflüsse;
3. Folglich ist festgestellt, daß auch *die Rasse* wichtiger ist als alles andere."[217]

Ein weiteres Beispiel für vereinfachtes Evolutions-Rassen-Denken war die Annahme, daß die über Generationen wirkende Selektion eine für jede Rasse besonders harmonische Kombination von Erbmerkmalen geschaffen habe. Es wäre "wider die Natur" solche von ihr so perfekt ausgestalteten Merkmalskombinationen durch Rassenmischung zu stören. Damit war man wieder bei der angeblichen "Schädlichkeit von Rassenmischungen", wie ich sie im letzten Kapitel beschrieben habe.

Wenn man den Einfluß der Genetik auf die Anthropologie mit den Entwicklungssträngen in der Anthropologie korreliert, kann man resümierend folgender Einschätzung zustimmen:

"Zwei Besonderheiten kennzeichneten also die deutsche Anthropologie: einerseits die Orientierung an vererbungstheoretischen Erkenntnissen, andererseits die starke rassentheoretische Ausrichtung. Der Bezug zum Wissensstand der genetischen (Grundlagen-) Forschung bildete das 'fortschrittliche' Element. Der Rassenbegriff erwies sich hingegen als unmodern und antifortschrittlich."[218]

Beide genannten Besonderheiten kennzeichnen recht gut den Fischerschen Typ der Anthropologie.

---

explanation of cultural as well as physical traits as the product of (supposedly) fixed physical elements" (Proctor 1988a:175). Viele, auch psychische Merkmale, wurden in die "Mendel'sche Zwangsjacke" gesteckt (Vogel/Motulsky 1986:15).

[217] Mühlmann 1984:199.

[218] Weingart/Kroll/Bayertz 1992:359.

III. Die Entwicklung der Eugenik in Deutschland: Rassenhygiene

> "Der Mensch ist eine Einheit, und nicht einmal die Schizophrenie kann ihn 'aufspalten'. Der Mensch ist aber auch eine Ganzheit und keine Nation kann ihn 'aufsaugen'."
>
> E. v. Frankl[219]

> "Der Kosmos ist kein Bild des Menschen und der Mensch ist kein Bild der Welt. [...] Es gibt keine andere Ähnlichkeit des Lebens als wieder das Leben."
>
> R. Virchow[220]

1. Rahmenverhältnisse und Vorläufer

Die wissenschaftliche Eugenik[221] ist ein Kind des 19. Jahrhunderts.[222] Bezüglich des zeitgeschichtlichen Hintergrund, sei stichpunktartig an die Verwerfungen der Industriellen Revolution mit Entstehung und breiter Marginalisierung

---

[219] Diskussionsbeitrag in Koestler/Smythies 1970.

[220] zit. in Mann 1988:728.

[221] Zur ersten Orientierung sei hier ein Auszug der gegenwärtigen Definition des Begriffs "Eugenik" im *Pschyrembel - Klinisches Wörterbuch* (Berlin et al. 1994 257.A.) zitiert: "Eugenik (gr. *eugenes* wohlgeboren) f: (engl.) eugenics; historische Bezeichnung für die Anwendung der Erkenntnisse der Humangenetik auf Bevölkerungen; durch die Begünstigung der Fortpflanzung 'Gesunder' (Frühehe, hohe Kinderzahl) und die Verhinderung der Fortpflanzung 'Kranker' (Empfangnisverhütung, Sterilisation) sollten die Erbanlagen in der Gesamtbevölkerung langfristig verbessert und erblich bedingte Krankheiten vermindert werden [...]" Es folgt eine kurze geschichtliche Würdigung.

[222] Zur Geschichte der Eugenik vgl.:

- P.E.Becker: *Zur Geschichte der Rassenhygiene - Wege ins Dritte Reich* Stuttgart et al. 1988.
- H.-P.Kröner: *Die Eugenik in Deutschland von 1891-1934* Univ.Diss. Münster/Westf. 1980.
- S.Kühl: *Die Internationale der Rassisten. Aufstieg und Niedergang der internationalen Bewegung für Eugenik und Rassenhygiene im 20. Jahrhundert* Frankfurt/M.; New York 1997.
- R.Proctor: *Racial Hygiene - Medicine under the Nazis* Cambridge/Mass. et al. 1988.
- H.-W.Schmuhl: *Rassenhygiene, Nationalsozialismus, Euthanasie - Von der Verhütung zur Vernichtung 'lebensunwerten Lebens', 1890-1945* Göttingen 1992,1987.
- P.Weindling: *Health, race and German politics between national unification and Nazism, 1870-1945* Cambridge/Engl. 1989.

Meine Darstellung wird sich hauptsächlich an folgendem Standardwerk orientieren:

- Weingart, P./Kroll, J./Bayertz, K.: *Rasse, Blut und Gene - Geschichte der Eugenik und Rassenhygiene in Deutschland*; 1. Taschenbuchausgabe; Frankfurt/M. 1992.

der Industriearbeiterschaft sowie an die massiven Folgen der Urbanisierung erinnert. Das letzte Drittel des Jahrhunderts war die Epoche des Imperialismus und eines immer aggressiver werdenden Nationalismus in den europäischen Staaten. Der "Rauschstimmung" über den Sieg im Deutsch-Französischen Krieg 1870/71 und über die Bismarcksche Reichsgründung folgte "die Gründerkrise von 1873 bis 1879" und - trotz intermittierender Aufschwünge - ein Bewußtsein der "großen Depression" zwischen 1880 und 1895 in weiten Teilen des deutschen Bürgertums.[223]

Zwei Phänomene überlappen sich:
- die Degenerationsangst und das kulturgeschichtliche Motiv der *décadence*.
- die aus den Naturwissenschaften, insbesondere der Biologie, entstandene Strömung des Biologismus sowie seine Wandlung zum Sozialdarwinismus.[224]

Eindrucksvoll beschreibt Heinz Schott (1992:20) die Stimmung des *Fin de siècle*:

"Die Angstvision von der allgemeinen Dekadenz, Degeneration und vom biologischen Verfall der modernen Gesellschaft steigerten sich zu einem apokalyptischen Untergangsgefühl. Die sozialen Verwerfungen der modernen Gesellschaft schienen Brutkästen des Untergangs zu sein: Alkoholismus, Erbkrankheiten, sexuelle Ausschweifung, Geschlechtskrankheiten, Elendsquartiere, politische Umtriebe schienen den gesunden, leistungsfähigen, fortpflanzungswürdigen Volksgenossen auszulöschen. [...] Je destruktiver und krankmachender der Fortschritt der Zivilisation erschien, um so notwendiger wurde eine grundsätzliche Umorientierung des gesellschaftlichen Lebens."[225]

Der Topos der *décadence* in Literatur und Philosophie[226] wurde einerseits als Steigerung der Empfindungsfähigkeit bewertet, war andererseits Ausdruck eines Kulturunbehagens und der Sehnsucht nach einer *natürlichen* Einfachheit.

---

[223] nach Baader 1989:24.

[224] Unter Sozialdarwinismus wird im Folgendem die Übertragung der Idee einer natürlichen Selektion im Tier- und Pflanzenreich auf die Entwicklung von und innerhalb von Gesellschaften verstanden. Grundlegend sind die Prämissen der Ungleichheit der Menschen und deren Auf- oder Abstieg in einem sozialen Kampf als angeblicher Ausdruck ihres *Wertes*.

[225] Schott weist im folgenden auf die massenpsychologische Akuität dieses Bewußtseins hin: Da die Untergangsangst "für die meisten Menschen dieselbe *psychische* Realität besaß, wie unsere ökologische Untergangsangst gegen Ende des 20. Jahrhunderts. Die zunehmende Degeneration schien wissenschaftlich ebenso einwandfrei festzustehen, wie das wachsende Ozonloch und der Treibhauseffekt heutzutage." (l.c.:21) Dabei wehrt d. Medizinhistoriker sich allerdings explizit ggn eine Relativierung d. NS-Verbrechen oder e. Verleugnung d. ökolog. Tatsachen.

[226] Zum Beispiel Friedrich Nietzsche: "Nietzsche war *der* Theoretiker des Verfalls, und seine Bedeutung für die Vorbereitung eugenischer Gedanken besteht darin, daß er das vermittelnde

In der Orientierung an *dem Natürlichen* wird der Übergang zum Biologismus deutlich. Der Begriff wurde von dem Philosophen H. Rickert um 1900 eingeführt und will die Zeitströmung beschreiben, welche "biologische Gedanken, Tatsachen, Bilder und Modelle, wie wir heute sagen, auf andere Seins- und Wissensbereiche" übertrug.[227]

Diese Analogisierung wird besonders deutlich im Sozialdarwinismus, den Baader (1989:26) "als Ideologie des deutschen Imperialismus" kennzeichnet. Ferner gehört die Eugenik "weltanschaulich in den größeren Zusammenhang des Sozialdarwinismus"[228], weshalb letzterer hier gestreift werden muß.

Charles R. Darwins (1809-1882) revolutionäres Werk aus dem Jahr 1859 *On the Origin of Species by means of Natural Selection, or the Preservation of Favoured Races in the Struggle for Life* [sic] enthält zwei zentrale Ideen: Die Idee der Evolution und die Idee der Auswahl (Selektion).[229] Den Evolutionsgedanken hatten schon andere vor ihm geäußert, u. a. Jean-Baptiste Lamarck (1744-1829); ebenso war das Motiv eines "struggle for existence", Thomas R. Malthus (1766-1834), nicht neu.[230] Darwins "bleibende Leistung ist die empirische Begründung des Prinzips der biologischen Selektion"[231] - Selektion als Motor der Evolution. Dieser Selektionsgedanke schien eine geradezu hypnotische Wirkung auf die wissenschaftliche und allgemeine Öffentlichkeit auszuüben.

Die Selektionstheorie Darwins muß streng getrennt werden vom Sozialdarwinismus[232] - dieser stellt den in seiner Konsequenz inhumanen Transfer des biologischen Selektionsprinzips auf menschliche Gesellschaften dar und muß ideenge-

---

Glied zwischen dem ästhetischen Begriff der Dekadenz und dem biologischen Begriff der Degeneration schuf."(Weingart/Kroll/Bayertz 1992:66). Er legte auch einen konkreten eugenischen Maßnahmenkatalog vor. Die genannten Autoren weisen darauf hin, daß Nietzsche "in Deutschland die Wende zu einem antidegenerativen Aktionismus herbeigeführt" hätte. (l.c.:72).

[227] Mann 1988:726.

[228] Kröner 1980:145.

[229] nach Stein 1988:53.

[230] Mühlmann 1984:91.

[231] Mühlmann 1984:95.

[232] Darwin selbst äußerte sich sehr vorsichtig zur "Übertragung des Selektionsprinzips auf die menschliche Gesellschaft" (Weingart/Kroll/Bayertz 1992:80). Im Gegensatz zu den Sozial"darwinisten" betonte er z. B. die *Auslese* der menschlichen Solidarität [!] (Mühlmann 1984:95). Somit werde in der Benennung des inhumanen Sozialdarwinismus nach dem großen Naturforscher "in einer geradezu erbarmungslosen Tradition Charles Darwin Unrecht getan", wie Horst Seidler (1983:59) zu Recht mahnt.

schichtlich als Voraussetzung sowie integraler Bestandteil der nationalsozialistischen Ideologie gesehen werden. Freilich weist Mühlmann (1984:111) zu Recht darauf hin, daß man bei der Bewertung des Sozialdarwinismus nicht vorschnell heutige Maßstäbe anlegen dürfe: "Was uns heute als reaktionär erscheint, war damals genau umgekehrt avantgardistisch."

Bereits ein Jahr nach dem Erscheinen von Darwins Werk wurde der sozialdarwinistische Analogie-Schluß von dem englischen Physiologen J. W. Draper gezogen.[233] Der deutsche Zoologe und Philosoph Ernst Haeckel (1834-1919) und der englische Philosoph Herbert Spencer (1820-1903) vereinfachten und verdrehten den Darwinismus weiter und propagierten ihn als Sozialdarwinismus. Sowohl H. Seidler, als auch Mühlmann plädieren folgerichtig für die Bezeichnung des Sozialdarwinismus als "Sozialspencerismus".[234]

Ernst Haeckel - als "der führende Vertreter des Darwinismus in Deutschland"[235]- verband später seinen "wissenschaftlichen Evolutionismus" mit "romantischem Volkstum".[236] Das Ergebnis war ein monistischer "Selektionismus".[237]

Haeckel wurde aus drei Gründen hier genannt : Erstens repräsentiert er als Naturwissenschaftler die Popularität des Sozialdarwinismus und Biologismus innerhalb der deutschen Intelligenz des späten 19. und beginnenden 20. Jahrhunderts. Zweitens wird die Propagierung seines Verständnisses des Darwinismus (als ein rassistischer Sozialdarwinismus) als Beitrag zur Entwicklung der nationalsozialistischen Ideologie gesehen.[238] Drittens finden sich von Haeckel mühelos Verbindungen zu

---

[233] Baader 1989:22.

[234] H. Seidler 1983:56 und Mühlmann 1983:108.
Zumal Spencer schon vor Darwin das Motiv des "survival of the fittest" gebrauchte. Er bezog den Begriff im Gegensatz zu Darwin auf Individuen und verwendete ihn im Sinne von "best" (Mühlmann 1984:108/111).

[235] Eckart/Gradmann 1995:167.

[236] "romantic folkism synthesized with scientific evolutionism" (Stein 1988:54), eigene Übersetzung.

[237] Seidler, E./Nagel 1973:98.

[238] "His evolutionary racism; his call to the German people for racial purity and unflinching devotion to [...] his belief that harsh, inexorable laws of evolution ruled human civilization and nature alike, conferring upon favored races the right to dominate others [...] His brave words about objective science - all contributed to the rise of Nazism." (S. J. Gould, in *Ontogeny and Phylogeny* Cambridge/Mass. 1977 zit. n. Bergman 1992:110).
Nach Stein (1988:54) verkaufte sich Haeckels populärstes Buch *Die Welträtsel* aus dem Jahr 1899 über eine halbe Millionen mal bis 1933 und wurde in 25 Sprachen übersetzt.

weiteren berühmten Vertretern der *Ahnenreihe* eugenischer Vordenker: zu George V. de Lapouge (1854-1936) und Joseph A. de Gobineau (1816-1882). Der Anthropologe George Vacher de Lapouge übersetzte (wie sein Bibliothekarskollege Jules Soury [1842-1915]) Werke Haeckels ins Französische.[239] Er gilt als der wichtigste französische Sozialdarwinist und stellt ferner eine Brücke zu deutschen "Sozialanthropologen" (z. B. Otto Ammon [1842-1915],[240] Ludwig Woltmann [1871-1907],[241] Ludwig Wilser [1850-1923][242]) und Rassisten (v. a. Ludwig Schemann [1852-1938][243]) dar.[244] Neben einem fanatischen Antisemitismus und Rassismus vertrat Lapouge einen umfangreichen und radikalen eugenischen Forderungskatalog.[245]

Als Vorläufer Lapouges wird Joseph Arthur Comte de Gobineau bezeichnet.[246] Gobineau lagen eugenische Programme fern. Sein Degenerationskonzept galt den

---

[239] Seidler, E. 1969:365.

[240] Der Karlsruher Ingenieur und Journalist Otto Ammon arbeitete eng mit Lapouge zusammen, war aber unabhängig von diesem zu ähnlichen Theorien gelangt (Seidler,E. 1973:104). Er führte 1895 selbst den Begriff "Sozial-Anthropologie" für seine Mischung aus anthropometrischen Erhebungen, soziologischen Tautologien und nordisch-sozialdarwinistischen Geschichtsinterpretationen ein. Er formulierte indessen keine Züchtungsprogrammme oder andere drastische eugenisch-sozialdarwinistische Forderungen (nach Kröner 1980:40-47). Er wurde hier nur kurz kategorisiert, da seine Weltanschauung Einfluß auf Ploetz (s.u.) und Fischer hatte. Vgl. Kap. E. I.

[241] Der Arzt Ludwig Woltmann wird als eigentlicher Schüler Lapouges (Seidler, E. 1973:104) bzw. Gobineaus (Proctor 1988a:143), bezeichnet. Er versuchte, den Marxismus seiner Studienzeit mit arischem Rassismus und Darwinismus in Einklang zu bringen. Ferner versuchte er, anhand von zeitgenössischen Gemälden und Plastiken, die Errungenschaften der italienischen und französischen Renaissance auf den Einfluß von Vertretern der nordischen Rasse zurückzuführen (Field 1977:524 u. Hammer 1979:141). Er gab die *Politisch-Anthropologische Revue* heraus (s.u.).

[242] Der Arzt Ludwig Wilser hatte bis 1897 in Karlsruhe praktiziert - zeitweise zum Stadtarzt ernannt (Lichtsinn 1987:6) - und war später Privatgelehrter in Heidelberg. Er war Freund und zeitweise Mitarbeiter Ammons (Schemann 1925:296). In seinem Hauptwerk *Die Germanen* (Eisenach, Leipzig 1903) betont er, daß "alle höheren Rassen aus dem Norden gekommen sind, der Heimat der weltbeherrschenden Kulturvölker." (obige Angaben u. Zitat nach Hammer 1979:56,57,63).

[243] Ludwig Schemann, erst Bibliothekar in Göttingen und ab 1891 Privatgelehrter in Freiburg, war mit Ammon und Lapouge befreundet. Sein Einfluß auf Fischer wird eingehender in Kap. E. I. untersucht.

[244] Nagel 1975:63 u. Nagel-Birlinger 1979:1.

[245] Seidler, E./Nagel 1973:102.

[246] Nagel-Birlinger 1979:1.
Gobineaus Werke wurden von Schemann ins Deutsche übersetzt und in Deutschland propagiert.

sich als Wissenschaftler verstehenden Eugenikern "bestenfalls als Vorarbeiten, die den Schritt zu einer eigentlich wissenschaftlichen Analyse noch nicht vollzogen hatten."[247] Allerdings prägte er durch seinen "am ehesten als sozialästhetisch zu charakterisierenden Versuch, die Rasse zur Triebfeder jeglicher Geschichtsentwicklung"[248] und die "Rassenmischung als Ursache des Niedergangs der Kulturvölker"[249] zu erklären, wichtige Argumentationsmuster für den ariomanischen und rassistischen, somit auch "gobinistisch" zu nennenden, Flügel der Eugenik. Ihn der geistigen Urheberschaft des nationalsozialistischen antisemitischen Arier- und Germanenkultes zu bezichtigen, geht nach überwiegender Forschungsmeinung hingegen zu weit.[250]

2. Protagonisten und Eckdaten

Francis Galton (1822-1911) war der "eigentliche Begründer" der Eugenik.[251] Der Cousin Darwins hatte sich in den 1860er Jahren, als einer der Pioniere der Intelligenzforschung, theoretisch mit der Erblichkeit und Verteilung intellektueller Fähigkeiten innerhalb von Gesellschaften und zwischen Rassen auseinandergesetzt.[252] In dem selben Zeitraum formulierte er seine ersten eugenischen Gedanken. Galton prägte den Begriff "eugenics" im Jahre 1883.[253] Er verstand darunter

"the science which deals with all influences that improve the inborn qualities of a race; also with those that develop them to the utmost advantage"[254]

---

[247] Weingart/Kroll/Bayertz 1992:67.

[248] Seidler, E. 1984:123.

[249] Weingart/Kroll/Bayertz 1992:94.

[250] z. B. Nagel-Birlinger 1979:2; Seidler, E. 1984:124; Mühlmann 1984:82-8; Straub 1982.

[251] Weingart/Kroll/Bayertz 1992:36. Das Adjektiv "eigentlich" ist insofern berechtigt, weil er einzelne Vorläufer in utopischer oder philosophischer Literatur hatte (s.o.).

[252] Er begründete auch die biometrische Genetik, wie schon in Kap. C. II. erwähnt. Der viktorianische Gelehrte war ein vielseitiger, wenn wohl auch etwas kauziger Zeitgenosse: Er studierte u. a. Medizin, schrieb über seine Erfahrungen als Afrika-Entdeckungsreisender und muß aufgrund seiner Zählleidenschaft (er versuchte z. B., die Wirksamkeit von Gebeten zu quantifizieren) wohl auch ein Zahlenfetischist genannt werden (Gould 1983:75).

[253] In seinem Buch *Inquieries into human faculty and its development* London 1883, zit. n. Farral 1978:11. Außerdem erfand er den schon angeklungenen Terminus "nature/nurture controversy" (Kröner 1980:20).

[254] Galton 1905:45.

Galton wollte vor allem die englische *upper class* zu größerer Fruchtbarkeit bewegen. Aufgrund der "nationalen Bedeutung" ("national importance") der Eugenik plante er folgenden Dreierschritt:

1. Die Eugenik auf die wissenschaftliche Tagesordnung ("academic question") zu setzen.
2. Die Propagierung des Faches als eines, das ernsthafte Beschäftigung zur praktischen Durchführung ("practical development") erfordert.
3. Den eugenischen Gedanken zu einer "neuen Religion", zu einem "religiösen Dogma" werden zu lassen.[255]

Tatsächlich könnte man die Aktivitäten der Eugeniker auch in Deutschland nach dieser Strategie interpretieren.

Sein Ziel war, daß die Menschheit ihre Evolution in die eigene Hand nähme:

"What Nature does blindly, slowly, and ruthlessly, man may do providently, quickly, and kindly. As it lies in his power, so it becomes his duty to work in that direction; just as it is his duty to succour neighbours who suffer misfortune."[256]

Zwei Ärzte begründeten in den 1890er Jahren die Eugenik in Deutschland:[257] Wilhelm Schallmayer (1857-1919) und Alfred Ploetz (1860-1940).

Von Spencer beeindruckt,[258] aber ohne von Galton zu wissen, hatte Schallmayer 1886 eine kleine eugenische Schrift verfaßt, die er allerdings erst 1891 als Broschüre veröffentlichen konnte.[259] Diese wurde freilich kaum bekannt. Einer größeren Öffentlichkeit wurden seine Gedanken erst aufgrund des Kruppschen Preisausschreibens aus dem Jahr 1900 zum Thema "Was lernen wir aus den Prinzipien der Deszendenztheorie für die innenpolitische Entwicklung und Gesetzgebung der

---

[255] Galton 1905:50.

[256] l.c.

[257] Eine vergleichende Darstellung der Entwicklung der Eugenik in den verschiedenen industrialisierten Ländern dieser Epoche kann, so aufschlußreich sie auch sein mag, im Rahmen dieser Arbeit nicht geleistet werden. Vgl. dazu Kühl 1997.

[258] Eckart/Gradmann 1995:317.

[259] *Über die drohende körperliche Entartung der Kulturmenschheit und die Verstaatlichung des ärztlichen Standes.* Nach Kröner (1980:8) war diese Schrift "das erste deutsche Werk, das in Theorie, Problematik und Programmatik den damaligen Ansprüchen einer wissenschaftlichen Eugenik, wie sie Galton in England forderte, nahekommt."

Staaten?" bekannt - Schallmayer errang mit einer überarbeiteten Version seines Werkes von 1891 den mit 30.000,- M dotierten 1. Preis.[260]
Zwar war Schallmayer Mitglied des von Haeckel gegründeten *Monistenbundes* und wurde von diesem gefördert;[261] zwar pflegte auch er biologistische und letztlich sozialdarwinistische Vorstellungen - trotzdem ist ihm wohl, wie Kröner das tut, aus folgenden Gründen eine Sonderstellung im Spektrum der Eugeniker einzuräumen:[262]

- Schallmayer war immer gegen Antisemitismus und machte sich über den Nordischen Kult Woltmanns lustig;[263]
- Er sympathisierte mit manchen sozialistischen Ideen;[264]
- Er kämpfte gegen die Sozialanthropologen (z. B. Ammon) und Gobinisten (z. B. Schemann);
- Schließlich vertrat er ein "eugenisches Minimalprogramm" mit Beschränkung auf die unterstellte körperliche Entartung.[265]

In seinem Anspruch auf Wissenschaftlichkeit, seinem Drang zur praktischen Durchführung eugenischer Vorstellungen und in seiner, im Gegensatz zur engli-

---

[260] Einige Fakten zu diesem für die Verbreitung eugenischer Gedanken wichtigen Ereignis:
- Ausgeschrieben war der Wettbewerb u. a. von Haeckel [!] und *gesponsort* vom Stahl- und Rüstungsmagnat F. A. Krupp, der auch dilettierender Biologe war (Field 1977:527).
- Die ca. 60 eingereichten Arbeiten waren nur in der Minderheit von Universitätsgelehrten verfaßt, statt dessen überwogen bei weitem ariomanische und *nordische* Elaborate von Mittelklasse-Halbgebildeten (l.c.).
- Woltmanns *Politische Anthropologie* erhielt einen Preis ohne Rangzuordnung (Kröner 1980:64), den er allerdings unter Protest und Verzicht auf das Preisgeld von 2.000,- M. ablehnte (Weindling 1989:119).
- Die zehn bestprämierten Arbeiten wurden in unregelmäßiger Reihenfolge unter dem Titel *Natur und Staat* bis 1918 veröffentlicht (Kröner 1980:64) - wodurch das Preisausschreiben eine gewisse Langzeitwirkung erhielt.

[261] Weingart/Kroll/Bayertz 1992:191; Kröner 1980:40.

[262] Kröner 1980:52.

[263] Weingart/Kroll/Bayertz 1992:497.
Schallmayer: "Die Begünstigung der nordischen Rasse vor anderen Rasseelementen des deutschen Volkes gehört nicht in das Programm der Eugenik." zit.n. Seidler,E. 1984:128.
Schallmayer und Woltmann waren seit dem Kruppschen Preisausschreiben Intimfeinde (Weindling 1989:119f).

[264] Weingart/Kroll/Bayertz 1992:105.

[265] Kröner 1980:51,52.

schen Tradition stehenden, Medikalisierung der Eugenik traf sich Schallmayer mit Ploetz.²⁶⁶

Ploetz hatte Galton gelesen, war aber mehr vom Sozialismus und gleichzeitig von der Sozialanthropologie Ammons beeinflußt.²⁶⁷ Er führte mit seinem 1895 erschienen Werk *Die Tüchtigkeit unserer Rasse und der Schutz der Schwachen - Versuch über Rassenhygiene und ihr Verhältnis zu den humanen Ideen, besonders zum Sozialismus* (Berlin 1895) erstmalig den Terminus "Rassenhygiene" für Eugenik in Deutschland ein.²⁶⁸ Auf zwei Besonderheiten sei bezüglich dieser Wortschöpfung hingewiesen: Erstens deutet die Benutzung des Begriffs "Hygiene" den schon erwähnten medizinisch-wissenschaftlichen Anspruch an. Zweitens begründete der Wortteil "Rasse" eine Diskussion und Tradition der deutschen Eugenik, "die ihr inhaltliches Schicksal mitbestimmen sollte."²⁶⁹ Tatsächlich löste der Begriff "Rassenhygiene" unter ihren Vertretern einen Kampf um die Benennung des Faches aus, der bis in die 30er Jahre dauern sollte: Es ging letztlich um folgenden Zielkonflikt: Sollte nur eine Gruppe innerhalb der menschlichen Art (also eine "Systemrasse", z. B. die *weiße Rasse*) *aufgeartet*, oder aber die gesamte *menschliche Rasse* (also die Spezies Mensch) verbessert werden?²⁷⁰

---

²⁶⁶ Weingart/Kroll/Bayertz 1992:198.

²⁶⁷ Kröner 1980:146: "Durch Ammon bekam die deutsche Rassenhygiene über Ploetz und dessen Schüler, Fritz Lenz, einen Hang zur nordischen Rassenlehre, von der sich am energischsten unter den deutschen Rassenhygienikern Wilhelm Schallmayer distanzierte." Ammon hatte ebenfalls schon in den 1890er Jahren auf Galton hingewiesen (Günther 1927:14).

²⁶⁸ Weingart/Kroll/Bayertz 1992:197.

²⁶⁹ Weingart/Kroll/Bayertz 1992:41. Mühlmann (1984:198) nennt die Bezeichnung schlicht "denkbar unglücklich".

²⁷⁰ Im Gegensatz zum "gobinistischen Flügel" (Kröner) bevorzugte Schallmayer "Rassehygiene" oder "Nationalbiologie"; v. Behr-Pinnow "Aufartung" oder "Volksaufartung"; H. F. K. Günther "Erbgesundheitspflege" oder "-forschung"; die "Linksabweichler" (Saller) schließlich "Eugenik" oder "Fortpflanzungshygiene" (Grotjahn).
Ploetz selbst beschrieb "Rasse" als "schlechtweg die Einheit des dauernden Lebens" (in *Die Begriffe Rasse und Gesellschaft und die davon abgeleiteten Disziplinen* in ARGB, 1 [1904], S. 8 ,zit. n. Kröner 1980:102). Er verstand darunter meistens die "Vitalrasse", also die biologische Einheit, die wir heute Art oder Spezies nennen. Andererseits legte er sich nicht auf einen der letztgenannten Begriffe fest, sondern wollte den Begriff für allgemein positive Wertungen offen lassen - also auch für den anthropologischen Rassenbegriff, der "Systemrasse" (Kröner 1980:102,103). Ferner wechselte er ständig die Kriterien für die Bezeichnung einer Rasse oder von Rassen (Nationalität, Kultur, Sprachen, Geographie, Körpermerkmale). Hier wird etwas Generelles deutlich: "Diese Unklarheiten und Widersprüche in der Begriffsdefinition waren keineswegs zufällig; sie waren Ausdruck des Vorurteilscharakters des Rassenbegriffs." (Weingart/Kroll/Bayertz 1992:92).

Ploetz sah die Rassenhygiene im Widerspruch zu den humanen, non- bzw. kontraselektiven Idealen und Systemen wie den "modernen christlichen Sozialismus", den "Socialliberalismus", die "Socialdemokratie" oder den "Malthusianismus".[271] Trotzdem trat er für einen gesellschaftlichen Schutz der "Schwachen" ein. Er strebte letztlich eine "Iatrokratie" von durch einen Bürgerbrief autorisierten Ärzten ein, die die Fortpflanzung *der* Rasse regeln sollten.[272] Die "Westarier" (="homo europaeus"), als "hervorragendste Culturrasse", war die rassenhygienische Zielgruppe, die *schwarze Rasse* hatte eine Stellung zwischen Gorillas und Weißen;[273] seinen privaten Antisemitismus - ließ er vorsorglich nicht in seinen Publikationen erscheinen.[274] Die Bedeutung Ploetz für die Geschichte der Eugenik liegt in drei Punkten:[275] Er prägte für sie einen umstrittenen, aber auch programmatischen Namen. Ferner faßte er die Problematik und Programmatik des jungen Faches zusammen. Drittens hatte er eine wichtige Initialfunktion bei der Propagierung, Etablierung und Institutionalisierung der eugenischen Bewegung in Deutschland:
Er gründete 1904 mit der Zeitschrift *Archiv für Rassen- und Gesellschaftsbiologie* das deutsche wissenschaftliche Organ der Rassenhygiene.[276] Ferner gründete er am 22.6.1905 den ersten eugenischen Verein der Welt, die *(Berliner) Gesellschaft für Rassenhygiene*. In den Folgejahren initiierte er die Gründung vieler weiterer Ortsgruppen der späteren (1910) *Deutschen Gesellschaft für Rassenhygiene*[277] - eben auch die der Freiburger Ortsgesellschaft.[278]
Damit wären die wichtigsten *Gründerväter* der Eugenik vorgestellt.

---

[271] Kröner 1980:53,61. Unter Malthusianismus verstand man verkürzt die Kontrolle des Bevölkerungswachstums, v. a. durch Förderung von antikonzeptionellen Maßnahmen.

[272] Kröner 1980:53,62.

[273] Zit. n. Kröner 1980:54 und Weingart/Kroll/Bayertz 1992:92.

[274] nach Weindling 1989:136.

[275] nach Kröner 1980:62.

[276] Das zweite im weitesten Sinne rassenhygienische Periodikum der frühen Zeit war die von Woltmann zwei Jahre vorher gegründete *Politisch-Anthropologische Revue*, die allerdings mehr auf ein populäres Publikum ausgerichtet war und zum Sprachrohr der Gobinisten und nordischen Rassisten wurde.

[277] "Auch wenn die Mitgliederzahlen sie nie zu einer Massenbewegung werden ließen - im September 1931 waren es in der Gesellschaft 1085 Mitglieder: vornehmlich Ärzte, Lehrer der verschiedenen Schularten, Seelsorger, Juristen und Sozialbeamte - war die Rassenhygiene ihrem Selbstverständnis nach eine auf Wissenschaft gegründete sozialreformerische Bewegung." (Weingart/Kroll/Bayertz 1992:215).
In Großbritanien wurde 1908 die *English Eugenics Society* unter dem Vorsitz Galtons gegründet.

[278] Vgl. Kap. F. I.!

Zwei weitere bedeutende Repräsentanten einer wissenschaftlichen Eugenik seien noch kurz hinzugefügt. Ihre Vorstellung soll verdeutlichen, wie weit - trotz ähnlicher praktischer eugenischer Forderungen - das politische Spektrum der Eugeniker war: die beiden Ärzte Alfred Grotjahn (1869-1931) und Fritz Lenz (1887-1976). Grotjahn war von 1921-24 Mitglied des Reichstags für die SPD. Er verstand Eugenik als Teil von Sozialhygiene und wollte sie an Erbkrankheiten orientieren. Daß diese Medikalisierung nicht unbedingt Mäßigung in praktischen eugenischen Forderungen (z. B. Sterilisierungen, Asylierungen von "Minderwertigen") bedeutete, sei hier nur angedeutet.[279] Obwohl er sich nicht mit dem gängigen Selektionismus seiner Eugenik-Kollegen identifizierte, blieb er doch biologistischen Wert- und Gesellschaftsvorstellungen verhaftet.[280]

Fritz Lenz ist eine der schillerndsten Figuren der Geschichte der Rassenhygiene. Lenz bezeichnete Ploetz als seinen "eigentlichen geistigen Führer",[281] verkündete aber seinen Hang zum Sozialdarwinismus und völkisch-nationalistischen Überzeugungen offener als dieser.[282] Lenz wurde "in der Weimarer Republik der profilierteste Theoretiker der Rassenhygiene".[283] Der philosophisch geschulte Denker hatte die "Rasse zum Wertprinzip", unabhängig von allen naturwissenschaftlich-anthropologischen Ergebnissen, erklärt.[284] In der Überwindung des individualistischen Menschenbildes konnte er dementsprechend eine "Wesensverwandtschaft" der Rassenhygiene mit dem Nationalsozialismus erkennen. Er war bereit, aus diesen theoretischen und sachopportunistischen Gründen mit diesem zu kooperieren.[285] Sein Typ der Rassenhygiene stellte den "Höhe- und Endpunkt der Entwürfe eugenischer Sozialtechnologien" dar. Lenz forderte vornehmlich "positive" Eugenik, d. h. er strebte eine vermehrte Fortpflanzung der "Tüchtigen" an. Andererseits vertrat er die Position, daß man theoretisch ein Drittel der Bevölkerung von der Fort-

---

[279] Weingart/Kroll/Bayertz 1992:151. Weindling (1989:126) veranschaulicht, wie das Krankengut und die massiven Gesundheitsschädigungen (durch Alkoholismus und grassierende Geschlechtskrankheiten) in Grotjahns Berliner Großstadtpraxis am Ende des Jahrhunderts seine Degenerations-"diagnose" induziert haben mag.

[280] Weingart/Kroll/Bayertz 1992:156,172,363.

[281] zit. n. Saller 1961:75.

[282] Weingart/Kroll/Bayertz 1992:152 und Kröner 1980:150.

[283] Eckart/Gradmann 1995:230.

[284] Weingart/Kroll/Bayertz 1992:103.

[285] Weingart/Kroll/Bayertz 1992:302,152.

pflanzung ausschließen müsse. Er war nur aus taktischen Gründen gegen Zwangssterilisationen.[286]

Er war Student Fischers in Freiburg gewesen und gründete mit Fischer 1908 bzw. 1910 die Freiburger Ortsgruppe der Ploetzschen *Gesellschaft für Rassenhygiene*.[287] Ploetz machte ihn zum Redakteur seines *Archivs*. 1923 wurde er der erste a. o. Professor für Rassenhygiene, am hygienischen Institut der Medizinischen Fakultät der Universität München. Schließlich war er einer der drei Autoren des humangenetischen und eugenischen Standardwerkes *Baur-Fischer-Lenz*.[288]

Wenn man die Funktion der vier hier besprochenen deutschen Rassenhygieniker betrachtet, erkennt man, daß Ploetz "mehr Organisator und Propagandist" war, dagegen Schallmayer, Grotjahn und Lenz die "Theoretiker" darstellten.[289] Mit der Beschränkung auf die Darstellung dieser wissenschaftlich-geschulten Eugeniker sollen nicht der starke Einfluß von und die inhaltlichen Gemeinsamkeiten mit Dilettanten sowie biologistischen, rassistischen und völkischen Schwärmern innerhalb der eugenischen Bewegung vergessen werden.[290] Ein Beispiel seien die Utopien der Züchtung einer blonden, blauäugigen Herrenrasse eines Willibald Hentschel oder Lanz von Liebfels, die die wissenschaftlichen Eugeniker wegen ihrer Weltfremdheit belächelten, doch auch schon mal "in warmer Sympathie" (Ploetz) die Hand drückten.[291]

Der Evolutionsbiologe und Biologiehistoriker Ernst Mayr faßt eindrücklich die idealistische Motivation führender Eugeniker der ersten Stunde, wie auch die menschenverachtende historische Entwicklung ihrer Sozialutopien zusammen:

> "Wenn man die Schriften dieser frühen Anhänger der Eugenik liest, so ist man von ihrem Idealismus und ihrer Menschlichkeit beeindruckt. Für sie war Eugenik ein Mittel, mit dem man noch größere Verbesserungen als mit Erziehung und einer Anhebung des Lebensstandards erzielen konnte. Zunächst war kein politisches Vorurteil mit der Eugenik verbunden, und die Unterstützung dieses

---

[286] Weingart/Kroll/Bayertz 1992:287,169,298.

[287] Ausführlicher in Kap. F. I.

[288] E. Baur, E. Fischer, F. Lenz: *Grundriß der menschlichen Erblichkeitslehre und Rassenhygiene* München 1921; Lenz schrieb Band II dieses Werkes mit dem Titel "Menschliche Auslese und Rassenhygiene". Hier veröffentlichte er ungehemmt auch "'rassenbiologische' Spekulationen" und trat so in die "Gesellschaft von Autoren wie Gobineau, Chamberlain, Grant, Stoddard, Woltmann und sogar Günther" (Weingart/Kroll/Bayertz 1992:161). Mehr zu diesem Buch in Kap. D. I.

[289] Kröner 1980:150.

[290] Vgl. Field 1977:528.

[291] Kröner 1977:131.

Gedankens kam aus allen Meinungsquadranten, von der extremen Linken bis zur extremen Rechten. Doch das dauerte nicht lange. Binnen kurzem wurde die Eugenik zu einem Werkzeug von Rassisten und Reaktionären [...], und bald wurden ganze Menschenrassen ohne das geringste Anzeichen eines Beweises als überlegen oder minderwertig abgestempelt. Im Endergebnis führte sie zu dem Schrecken von Hitlers Holocaust."[292]

3. Vorstellungen und Forderungen

Die Eugeniker gingen, auf der Grundlage des schon besprochenen Darwinismus und der beschriebenen diffusen Untergangsangst, von der Degeneration der zivilisierten Völker und *Rassen* aufgrund fehlender Auslese durch die Natur aus.[293]
Zu der Feststellung des Geburtenrückgangs in den industrialisierten Ländern[294] kam die Beobachtung einer seit den 1870er Jahren erkennbaren *differentiellen Geburtenrate*, d. h. der verminderten Fortpflanzung der sozial höheren Klassen im Vergleich zu den niederen Klassen. Ferner ängstigte manchen Eugeniker im Zeitalter des Imperialismus die niedrigere Geburtenrate in den mittel- und westeuropäischen Ländern im Vergleich zu den *slawischen* oder südeuropäischen Ländern. Dies bedeutete für die sozialdarwinistisch und rassistisch-nationalistisch denkenden Rassenhygieniker automatisch eine Abnahme der "wertvollen Rassenelemente" - also ein "'Aussterben der Eliten'".[295]
Viele Autoren generalisierten den schlechten Gesundheitszustand des Industriearbeiterproletariats auf die gesamte Bevölkerung.[296]
Schon Galton hatte die Gefahr der *Entartung* durch Idioten, Kriminelle, Arme und *niedere* Rassen beschworen und hatte, dem biologistischen Selektionsschema fol-

---

[292] Mayr 1984:501.

[293] "Die Aussicht auf eine technische Kontrolle des generativen Prozesses versprach die Lösung des Widerspruchs zwischen Degenerationsfurcht und Fortschrittsoptimismus." (Weingart/ Kroll/ Bayertz 1992:91)

[294] Tatsächlich sank der Geburtenüberschuß im Deutschen Reich nur von 1,36% im Jahre 1910 auf 1,13 % (oder 739.495 Personen) im Jahre 1911 (Weingart/Kroll/Bayertz 1992:217)

[295] Spiegel-Rösing/Schwidetzky 1982:117.

[296] Nach Weingart/Kroll/Bayertz 1992:56.
"So wie die Sozialdarwinisten die soziale Hierarchie der Gesellschaft biologisierten, so deuteten die Eugeniker die soziale Ungleichverteilung von Krankheit und Gesundheit biologisch. Die Konsequenz war - gewollt oder ungewollt - eine Verschleierung der gesellschaftlichen Ursachen sozialer Probleme und damit die Apologetik der bestehenden gesellschaftlichen Verhältnisse."(l.c.:122).

gend, vor den *negativen* Auswirkungen von Sozialhilfe, "Erbgiften" (z. B. Syphilis, Alkohol) und Kriegen gewarnt.[297]

Schließlich wurde, im Appell an dumpfe Egoismen und quasi archetypischen Ängste, der drohende Bankrott der Staatsfinanzen, speziell des Gesundheitssystems, durch die Finanzierung der Pflege Geistes- und chronisch Kranker an die Wand gemalt.[298]

Die Eugeniker befürchteten die Degeneration, die *Entartung*, von menschlichen Populationen (Spezies, Rassen, Völker oder Schichten) durch aufgehobene *natürliche* Auslese nach *außen* (z. B. *europäische* vs. *außereuropäische Rassen*) und *innen* (durch die *differentielle Geburtenrate*, soziale Fürsorge, *Erbgifte* oder Erbkrankheiten).

Den Ausweg aus diesen *Bedrohungen* zeigten die Eugeniker auf zwei Ebenen auf:

"Von Anfang an war die Eugenik durch zwei Paradigmen der strategischen Verhaltenssteuerung gekennzeichnet: das selektionstheoretische, das auf die Veränderung gesellschaftlicher Institutionen nach Maßgabe ihrer eugenischen bzw. dysgenischen Funktionen abzielte, und das medizinisch-genetische, das an einem Begriff von Erbkrankheiten und deren 'Ausmerzung' orientiert war."[299]

Was waren die konkreten Forderungen der Rassenhygieniker?

1. Verbot bzw. Einschränkung des Alkohol- und Nikotinkonsums durch Steuererhöhungen;[300]

2. "Wehrpflichtersatzsteuer";

3. "Bekämpfung aller die Fortpflanzungsfähigkeit bedrohenden Schädlichkeiten, insbesondere der Gonorrhoe und der Syphilis, der Tuberkulose, des Alkoholismus, der gewerblichen Vergiftungen und der Berufsschädlichkeiten für die erwerbstätige Frau";

4. "Förderung der inneren Kolonisation [d. h. neue Siedlungsräume; Anm. d. Verf.];

---

[297] nach Kröner 1980:27.

[298] Ein Beispiel für die Konjunktur derartiger Überlegungen war ein Preisausschreiben im Jahr 1911 in der Zeitschrift *Umschau, Wochenschrift für die Fortschritte in Wissenschaft und Technik*, die für die Beantwortung der Frage "Was kosten die schlechten Rassenelemente den Staat und die Gesellschaft?" ein Preisgeld von immerhin 1.200,- M. auslob. Unter den Preisrichtern war auch ein angesehener Eugeniker. (nach Weingart/Kroll/ Bayertz 1992:259).

[299] Weingart/Kroll/Bayertz 1992:144.

[300] Die Punkte 1.) bis 10.) sind aus den *Leitsätzen der Deutschen Gesellschaft für Rassenhygiene* aus dem Jahr 1914 übernommen. (ARGB, 11 [1914-15]: 134-136,135).

5. "Schaffung von Familienheimstätten für kinderreiche Familien (Gartenstädtische Siedelung [...] Laubenkolonien u. a. m.)";
6. Wirtschaftliche Förderung kinderreicher Familien (Erziehungsbeiträge für eheliche Mütter, Kindergeld für Beamte und Angestellte);
7. "Aussetzen großer Preise für ausgezeichnete Kunstwerke, [...] in denen das Mutterideal, der Familiensinn und einfaches Leben verherrlicht werden";
8. "Erweckung einer opferbereiten nationalen Gesinnung und des Pflichtgefühls gegenüber den kommenden Geschlechtern";
9. Gesetzliche Regelung von Schwangerschaftsabbrüchen und Sterilisationen;
10. "Obligatorischer Austausch von Gesundheitszeugnissen vor der Eheschließung";
11. "Vermehrung der *tüchtigen* Volkselemente" und "Verminderung der rassenuntauglichen Elemente, die einen großen Teil der Volkskraft und des Volksvermögens verbrauchen" (sic);[301]
12. Zur Unterbindung der Fortpflanzung Kranker und "Minderwertiger" sollten "von Staats wegen geprüfte und vereidigte Eheberater bestellt werden, von deren Gutachten die Zulässigkeit der Eheschliessung abhängig gemacht werden soll";
13. "Erhaltung der für die Volksgemeinschaft wertvollen Erbstämme in allen Volksschichten", da "eine rein quantitative Bevölkerungspolitik [...] zur Abnahme der Rassentüchtigkeit" [aufgrund der vermehrten Fortpflanzung ...; Anm. d. Verf.] "der minder Leistungsfähigen" führe;[302]
14. Verkürzung der Ausbildungszeiten zur Verhinderung der "Spätehe". "Mit etwa 25 Jahren sollte in jedem Berufe das Einkommen die Heirat ermöglichen";
15. Änderung der Erbschaftssteuergesetze zugunsten kinderreicher und bäuerlicher Familien;
16. "Eine Erweiterung der Eheverbote aus rassenhygienischen Gründen ist für eine spätere Zukunft anzustreben, erscheint aber vorläufig noch nicht durchführbar." Dagegen wären "pflichtmäßige Untersuchungen aller Ehebewerber ohne Eheverbot [...] sofort" durchzusetzen.;

---

[301] Punkt 11.) und 12.) sind Teile der *Leitsätze betreffend ärztlichen Ehekonsens und Eheverbote der Kommission zur Beratung von Fragen der Erhaltung und Mehrung der Volkskraft des Ärztlichen Vereins München* aus dem Jahr 1918 (Ein Kommissionsmitglied war u. a. Ploetz). zit. n. Weingart/Kroll/Bayertz 1992: 226.

[302] Nr. 13.) bis 23.) aus *Leitsätze der Deutschen Gesellschaft für Rassenhygiene*, ARGB, 1922, 14:372-375. (Kursiv-gedrucktes im Original gesperrt.)

17. Da für die "zwangsmäßige Unfruchtbarmachung geistig Minderwertiger und sonst Entarteter [...] die Zeit noch nicht gekommen" schien, juristische Regelung der "Unfruchtbarmachung krankhaft Veranlagter auf ihren eigenen Wunsch oder mit ihrer Zustimmung";
18. "Absonderung in Arbeitskolonien [...] unsozialer oder sonst schwer entarteter Personen";
19. Einrichtung von "Sachverständigenausschüssen aus verschiedenen Berufskreisen" zur Beurteilung Betroffener von Nr. 17 u. 18.;
20. "Führung von Gesundheitslisten für die gesamte Bevölkerung mit Untersuchungen in angemessenen Abständen";
21. "Einführung rassenhygienischen Unterrichts an den Hochschulen", den Mittelschulen und als Prüfungsfach für alle Lehreranwärter;
22. Staatliche Forschungsinstitute für Rassenhygiene;
23. "Von entscheidender Bedeutung ist die *Erneuerung der Weltanschauung*. Das Blühen der Familie bis in ferne Geschlechter muß von allen Einsichtigen als ein höheres Gut gegenüber der persönlichen Bequemlichkeit erkannt werden..."[303]

Einige Forderungen, Argumentationsmuster und Motive wird man bei Fischer wiedererkennen.

4. Verhältnis zu Medizin, Genetik und Anthropologie

Die Geschichte der Eugenik ist nicht nur durch ihre Programmatik, sondern auch durch die Tatsache, daß sehr viele (und die profiliertesten) Eugeniker Ärzte waren bzw. Medizin studiert hatten, ein unverzichtbarer Teil der Medizingeschichte. Das konservative Gesellschaftsmodell,[304] der kurativ-*therapeutische* Anspruch aufgrund einer Degenerations*diagnose* und die Aussicht auf professionspolitische Aufwertung

---

[303] Darüber hinaus wurden von einzelnen Eugenikern vertreten:
- Schallmayer: Die Verstaatlichung des Ärztestandes, um sie in ihrer geplanten quasi-richterlichen Funktion unabhängig zu machen (vgl. Weingart/Kroll/Bayertz 1992:166);
- Schallmayer: "Heimstätten für heimkehrende Krieger" mit evtl. Erlaubnis zur Doppelehe (vgl. Weingart/Kroll/Bayertz 1992:164);
- Grotjahn (u. a.): Staatliche Elternschaftsversicherung (vgl. Weingart/Kroll/Bayertz 1992:169);
- Lenz: "Bäuerliche Lehen", d. h. vom Staat an ausgewählte ländliche Familien beliehene Grundstücke zur gesicherten "Aufzucht" vieler Kinder (vgl. Weingart/Kroll/Bayertz 1992:169).

[304] Nach Baader 1989:28.

sowie Erweiterung ihres Aufgabenspektrums, muß die Ärzte fasziniert haben. So war vor allem in Deutschland die Propagierung der Eugenik durch Ärzte typisch. Schließlich gewann die Eugenik auch in der Ausbildung der Ärzte in den 20er und 30er Jahren zunehmend an Einfluß.

Das Verhältnis der Rassenhygiene zur Genetik war differenzierter: In den Anfängen der Humangenetik war international ihr Bezug zur Eugenik sehr stark.[305] In Deutschland hatten einerseits die prominentesten Eugeniker 1921 die Gründung einer eigenen *Gesellschaft für Vererbungswissenschaft* mit vollzogen, andererseits "existierten beide Gebiete in bemerkenswerter Unabhängigkeit voneinander" jahrelang ohne eine klare Abgrenzung nebeneinander her. Das bedeutet, daß eine "klare Grenzlinie zwischen einer 'wissenschaftlichen' Genetik und einer 'pseudowissenschaftlichen' Rassenhygiene" die historischen Verhältnisse nicht trifft![306] Anderes gilt für die Beziehung zwischen Rassenhygiene und Anthropologie. Hier waren die personellen und inhaltlichen Kongruenzen groß,[307] insbesondere zur Rassenanthropologie, was ein "Spezifikum" der deutschen Rassenhygiene darstellte. Der Anthropologie kam dabei insofern eine "Schlüsselstellung" zu, als sie "der Rassenhygiene zu einer verlängerten Existenz verhalf und deren Ende hinauszuzögern vermochte."[308] Doch nicht nur darin bestand der strategische Vorteil einer engen Bindung an die Anthropologie:

"Durch die enge inhaltliche wie personelle Nähe zu ihr erhielt die Rassenhygiene eine Basis in der Grundlagenforschung, die zumindest zunächst naturwissenschaftlichen Erkenntnisfortschritt und methodisch-klassifikatorische Exaktheit vortäuschte."[309]

---

[305] In den USA kam es Anfang der 20er Jahre v. a. aus politischen Gründen (die intensive Diskussion um die Immigrations-Gesetzgebung) zur Distanzierung, in den 30er Jahren endlich zur "offenen Gegnerschaft zur Eugenik" (Weingart/Kroll/Bayertz 1992:346,351).
In England war der Zusammenhang zwischen Eugenik und Biometrie durch ihre Galtonsche Tradition stark gewesen. Nach dem Ersten Weltkrieg verfestigte sich unaufhaltsam der Trend zur institutionellen und personellen Trennung der beiden Fächer, bis sie - spätestens 1933 - abgeschlossen war. (Weingart/Kroll/ Bayertz 1992:349).

[306] Beide Zitate aus Weingart/Kroll/Bayertz 1992:355.

[307] So war z. B. Ploetz schon 1894 in die Berliner anthropologische Gesellschaft eingetreten und "wurde auch von vielen Anthropologen geschätzt." (Schwidetzky 1988:107).
Anthropologen waren führende Personen in der *Gesellschaft für Rassenhygiene*, z. B. Felix v. Luschan, Richard Thurnwald, Johannes Ranke, Fritz Lenz und Eugen Fischer (Proctor 1988a:144).

[308] Alle Zitate Weingart/Kroll/Bayertz 1992:100,355,360.

[309] Weingart/Kroll/Bayertz 1992:362.

In den 30er Jahren sollte sich diese wechselseitige Bezugnahme und Bestätigung von Eugenik und einer dezidierten Rassen-Anthropologie in Deutschland zwar institutionell, professionspolitisch und wirtschaftlich bezahlt machen, doch geriet die Eugenik in Deutschland spätestens dadurch international ins wissenschaftliche und politische Abseits. Eugen Fischer war ab Mitte der 20er Jahre *der* Exponent und Organisator einer eugenisch orientierten Rassenanthropologie bzw. einer rassistisch orientierten Eugenik. So hatte er den im folgenden Zitat angedeuteten Kurs und die (Fehl-) Entwicklung größtenteils zu verantworten:

> "Die disziplinäre Weiterentwicklung wurde nicht nur gebremst, sondern die institutionelle Vormachtstellung der Fischerschen Schule, die sich in einem wechselseitigen Legitimierungsverhältnis mit den Rassenideologen und -popularisierern befand, zementierte den erreichten Stand geradezu."[310]

Deutlich sichtbares Zeichen und sicher auch ein verstärkendes Moment dieser Entwicklung war die Gründung des *Kaiser-Wilhelm-Institutes für Anthropologie, menschliche Erblehre und Eugenik*, dessen erster Direktor Eugen Fischer wurde.[311]

Daß die genannte krisenhafte Entwicklung der Rassenhygiene in Deutschland - ideologische Ausrichtung an einer rassistischen Rassenanthropologie, Sozialdarwinismus und fehlende wissenschaftliche Weiterentwicklung - schon von zeitgenössischen Eugenikern gesehen wurde, zeigte sich bereits bei der Eröffnung des Institutes:

Auf dem rechtzeitig zur Eröffnung von Fischers *Kaiser-Wilhelm-Institut* stattfindenden *V. Internationalen Kongreß für Vererbungsforschung* in Berlin 1927 kennzeichnete der amerikanische Bevölkerungswissenschaftler und Eugeniker Raymond Pearl die Literatur der Eugenik mit treffenden Worten: Sie sei ein

> "vermischtes Durcheinander von schlechtbegründeter und unkritischer Soziologie, Ökonomie, Anthropologie und Politik geworden, voll von emotionalen Appellen an Klassen- und Rassenvorurteile, weihevoll als Wissenschaft vorgetragen und unglücklicherweise als solche von der allgemeinen Öffentlichkeit akzeptiert."[312]

---

[310] Weingart/Kroll/Bayertz 1992:362.

[311] Weingart/Kroll/Bayertz (1992:244) zitieren Fischer mit den Äußerungen, dieses wäre ein "'rein theoretisches Institut'", das "'natürlich auf rein naturwissenschaftlicher Grundlage und frei von andersartigen Gedankengängen'" arbeiten werde. Ich habe an der für dieses Zitat ausgewiesenen Quelle keine Zuordnung Fischers als Autor dieser Worte gefunden.

[312] ZIAV, 1928, Suppl.1, 261-282; zit.n. Weingart/Kroll/Bayertz 1992:317.

Pearl reichte diesen Text ins Verhandlungsprotokoll des Kongresses ein. Später wurde der Text u. a. unter dem Titel "Eugenics" in der *Zeitschrift für induktive Abstammungs- und Vererbungslehre* veröffentlicht.

D. Entwicklung Fischers zum Anthropologen und Eugeniker sowie Inhalt seines Werkes bis 1927

I. Wichtige Stationen auf Fischers Werdegang zum Anthropologen und Rassenhygieniker

1. Fischers anthropologische Lehrjahre

Mit 26 Jahren begann Fischers Karriere als Anthropologe. Wie bereits im Kapitel B. II. erwähnt, fiel die Entscheidung dazu im Sommer 1900 durch Fischers *Chef* in der Anatomie, Robert Wiedersheim.
Fischer erinnert sich:

> "Als ich, damals Assistent, mit meinem verehrten Lehrer etwaige Habilitationsaussichten besprach, erklärte er rundweg: 'Sie müssen Anthropologie lesen und das Eckersche Werk fortsetzen.'"[313]

Diese Wegweisung[314] drückte sich noch im selben Jahr in drei Tatsachen aus: Erstens wurde Fischer mit seiner genannten Schrift über den embryonalen Maulwurfschädel zwar für Anatomie, aber "unter besonderer Berücksichtigung der Anthropologie" habilitiert - ein Zusatz, der sich strenggenommen nicht aus dem Thema der Arbeit ableiten läßt.
Zweitens übergab Wiedersheim die anthropologische Schädelsammlung Alexander Eckers,[315] die seit 17 Jahren in den Glaskästen der Anatomie ihr wenigbeachtetes Dasein fristete, in die Obhut des ehrgeizigen Jungdozenten.

---

[313] Fischer 1926-2:104.
Wiedersheims Vorentscheidung fußte, wie im genannten Kapitel angedeutet, auf grundsätzlichen, aber auch rein pragmatischen Überlegungen: Einerseits bot ihm sein junger Assistent die Möglichkeit, das Spektrum der Lehre seines Instituts zu vergrößern und an die große anthropologische Tradition in der Freiburger Anatomie anzuknüpfen. Andererseits mußte für seinen vielversprechenden neuen Mitarbeiter ein Betätigungsfeld und Lebensunterhalt außerhalb der von den Prosektoren Gaupp und Keibel besetzten Bereiche gefunden werden.

[314] Es soll freilich nicht der Eindruck erweckt werden, Wiedersheim hätte Fischer die Anthropologie gänzlich gegen seine eigenen Neigungen *aufgedrückt*: Fischer berichtet 1907, er hätte schon "als einjähriger Arzt [also 1899; Anm. d. Verf.] zahlreiche, sicher über 200 Rekruten und zur Reserve Eingezogene" auf ihre Haarfarbe "beobachtet, aber keine Ziffern aufgeschrieben" (Fischer 1907-5:143).

[315] Alexander Ecker wurde schon in Kap. B. II. kurz erwähnt.
1850 hatte dieser die Professur für Physiologie, Zoologie und vergleichende Anatomie in Freiburg übernommen, die er sieben Jahre später gegen die für Anatomie und vergleichende

Drittens begann Fischer bereits im Wintersemester 1900/01 mit einer einstündigen *Einführung in die Anthropologie*-Vorlesung, mit der beachtlichen Anzahl von 24 Hörern.
Die Lehrtätigkeit Fischers am Anatomischen Institut spiegelt die Entwicklung des Mediziners hin zur Anthropologie, "Sozialanthropologie" und Prähistorie wider und gibt uns einige Hinweise auf institutsinterne Absprachen und Machtverhältnisse:

- Ab Sommersemester 1901 liest Fischer in jedem Sommer über *Allgemeine Physische Anthropologie* mit dem Untertitel *Vorgeschichte und Variationslehre des Menschen*. Ab Sommersemester 1909 taucht der Begriff "Sozialanthropologie" im Untertitel auf. Damit gehörte Fischer zu den ersten Universitätslehrern, die über Rassenhygiene lasen. Er schreibt selbst im Jahre 1942 dazu:

  "Es wird vielleicht den heutigen Rassenhygienikern interessant sein, wenn ich erzähle, daß mir als Privatdozent meine eigene medizinische Fakultät eine Vorlesung 'Rassenhygiene', die ich 1909 lesen wollte, verbot, da das die Sache des Hygienikers sei. Ich las dann mit bewußter Anlehnung an das Buch von *Otto Ammon* 'Sozialanthropologie', inhaltlich dasselbe, was ich mit Rassenhygiene gewollt hatte - Sozialanthropologie wurde dem Dozenten für Anthropologie erlaubt."[316]

- Alternierend dazu las er in den Wintersemestern ab 1902/03 über *Specielle Physische Anthropologie*, eine Veranstaltung, die bald auf zwei Stunden mit dem Zusatz *Grundzüge der Rassenanatomie* erweitert wurde. Ab Wintersemester 1907/08 trug sie im Titel die Bezeichnung *mit besonderer Berücksichtigung der Bevölkerung unserer Kolonien*.

- Ein erst ein-, dann zweistündiges Anthropologisches Praktikum (Anthropometrie und Osteometrie) kam 1902 hinzu.

Anatomie eintauschte. Im Jahr 1865 erschien sein Werk *Crania Germaniae meridionalis occidentalis*, also "Schädel Südwestdeutschlands" der Völkerwanderungszeit. Fischer würdigt in einer Biographie Eckers (Fischer 1942-6:299-303; aus ihr sind sämtliche Daten dieser Fußnote entnommen) diese Arbeit als "die erste auf Schädelstudium begründete Rassenkunde dessen, was man heute nordische Rasse nennt." Ecker schuf 1866 die erste anthropologische Fachzeitschrift (das *Archiv für Anthropologie*) und 1870 die *Deutsche Gesellschaft für Anthropologie, Ethnologie und Urgeschichte*. Wiedersheim war Prosektor unter ihm und führte als sein Nachfolger die zoologische sowie vergleichend-anatomische Forschungsrichtung fort. Wiedersheims Nachfolger Fischer sah sich in Eckers anthropologischer Tradition und schreibt mit Stolz, daß er "noch das Glück hatte, als Knabe im Hause seiner Tante [...] dem alten Geheimrat die Hand geben zu dürfen, nicht ahnend, daß ihm einstmals das noch viel größere Glück beschieden sei, seines geistigen Erbes weiterwalten zu dürfen [...]" (l.c.).

[316] Fischer 1942-5:271 FN. Kursives i. O. gesperrt.

- Ab Sommersemester 1918 machte er eine einstündige, öffentliche und unentgeltliche Vorlesung über *Vererbung beim Menschen* bzw. *Familienforschung und Vererbung*, abgehalten freilich mit fünfsemestrigen Intervallen.
- Über die *Praehistorische Bevölkerung und Kultur der Oberrheingegend* las er in den Sommersemestern 1907 und 1908.[317]
- In den ersten acht [!] Semestern am Anatomischen Institut wird Fischer im Vorlesungsverzeichnis ohne eine einzige klassische anatomische Veranstaltung verzeichnet. Erst ab Sommersemester 1904 gibt er im Einjahresrhythmus zweistündig *Anatomie des Menschen für Nichtmediziner*. Als regulärer Dozent am studentischen Anatomie-Unterricht konnte er ab dem Wintersemester 1905/06 fungieren. Und erst mit der Übernahme der Prosektorenstelle von Gaupp im Wintersemester 1912/13 wird der mittlerweile 38jährige voll in den regulären anatomischen Lehrstundenplan integriert.[318]

Zu den Hörern seiner Vorlesungen bzw. Teilnehmern an den anthropologischen Praktika in Freiburg gehörten, unter vielen anderen, spätere Anthropologen wie Egon Frhr. v. Eickstedt (1892-1965), Rassenhygieniker wie Fritz Lenz (1887-1976), aber auch Rassenschwärmer wie Hans F. K. Günther (1891-1968).[319]

Fischers Fortbildung in den eingangs benannten Feldern war gut geplant und wurde von ihm mit großem Fleiß vorangetrieben. Er lernte regelmäßig in Zürich die Anthropometrie bei dem berühmten Rudolf Martin und in Straßburg vornehmlich Paläoanthropologie bei Gustav Schwalbe,[320] worin ihn Wiedersheim bestärkte. Auch der Karlsruher *Landeskonservator* und Direktor der *Vereinigten Badischen Sammlungen für Altertumskunde und Völkerkunde*, Ernst Wagner (1832-1920), muß für die prähistorische Ausbildung Fischers erwähnt werden. Hinzu kamen enge Kontakte des Karlsruher Sozialanthropologen Otto Ammon zur Freiburger Anatomie und Fischer.[321] Erinnert sei darüber hinaus an die Bedeutung des Freiburger Anatomen und Pioniers der Anthropologie Alexander Ecker, des Freiburger Vererbungstheo-

---

[317] Zu dieser Zeit war Fischer bereits an leitender Stelle in zwei Heimatvereinen aktiv, vgl. Kap. F. II.

[318] Alle Angaben: UAFR: Vorlesungsverzeichnisse...

[319] Busse 1934:146.

[320] vgl. Kap. B. II. und C. I.

[321] vgl. Fischer 1926-2:104. Ammon erhielt 1904 von der Freiburger Medizinischen Fakultät den Titel Dr. h.c. für seine anthropologischen Untersuchungen an badischen Rekruten (Eckart/Gradmann 1995:19). Auf seinen Einfluß auf Fischer werde ich noch in E I. eingehen.

retikers August Weismann,[322] des Freiburger Ethnologen Ernst C. G. Grosse[323] und des Freiburger Gobineau-Propagandisten Ludwig Schemann.[324] Somit deutet sich hier eine historisch sicher einmalige Konstellation in der elsässisch-badisch-schweizerischen Grenzregion an, in die Fischer hineingeboren wurde.

Weitere bedeutende Stufen bei Fischers Spezialisierung für Anthropologie waren:
- Im Jahr 1904 200,-M. für die *anthropologische Abteilung*[325] der Freiburger Anatomie;
- 1906 der *Prix Broca* in Bronze für die Fleißarbeit über *Die Variationen an Radius und Ulna des Menschen. Eine anthropologische Studie* [sic];[326]
- 1908 die Gewährung eines offiziellen Lehrauftrags für eine zweistündige Vorlesung in Anthropologie;[327]
- 1908/09 die Einrichtung eines anthropologischen Laboratoriums;[328]
- ab 1909 schließlich die Leitung des kleinen Freiburger *Museums für Urgeschichte*[329]

Daß diese Entwicklung und Spezialisierung zur Anthropologie fast unumkehrbar wurde, wird an der Tatsache deutlich, daß Fischer nach 1905 keine explizit anatomische Arbeiten (bis auf eine Ausnahme)[330] mehr veröffentlichte - ungeachtet seines ordentlichen Lehrstuhls für Anatomie von 1918-1927.

---

[322] vgl. Kap. C. II.

[323] vgl. Kap. B. I.

[324] vgl. Kap. C. III. und E. I.

[325] Die Bezeichnung ist ein grotesker Euphemismus, bedenkt man, daß in diesen Jahren die Abteilung aus einem jungen, schlecht-bezahlten Privatdozenten, einem kleinen Arbeitstisch (vgl. Nauck 1944:5) und einer großen Schädelsammlung bestand - vgl. Kap. B. II.

[326] l.c.

[327] l.c.

Fischer hatte seit längerem schon mehr als vier Semesterstunden unterrichtet.

[328] l.c.

Im Jahre 1909 war dies ein absolute Rarität in Deutschland. Die drei existierenden Lehrstühle für Anthropologie (die ordentlichen Professuren in München und Berlin sowie der außerordentlicher Lehrstuhl in Breslau) hatten eine schlechtere Ausstattung. Fischer war von Wiedersheim "die spezielle Ausarbeitung der Pläne und die Überwachung der Inneneinrichtung übertragen" worden, und bei der Betrachtung der Pläne muß man seiner stolzen Einschätzung zustimmen, daß "hier in Freiburg ein völlig modern und gut eingerichtetes Laboratorium" entstanden war (Alle Angaben aus Fischer 1910-4). Nach dem Wiederaufbau des anatomischen Instituts in den Jahren 1919-21 konnte die Abteilung nochmals erweitert werden (vgl. Fischer 1926-2:105).

[329] vgl. Kap. B. II.

[330] Die Untersuchung über *Hirnfurchen des Schimpansen* = Fischer 1921-3.

Innerhalb der anatomisch-zoologischen Fachgemeinde und ihrem kleinen anthropologischen Zirkel dürfte ihm auch die Abfassung der *Jahresberichte für Physische Anthropologie* der Jahre 1904 bis 1912, als Teil der von Schwalbe herausgegebenen *Jahresberichte über die Fortschritte der Anatomie und Entwicklungsgeschichte*, wissenschaftliche Reputation eingebracht haben: Erwähnte, referierte oder kommentierte er doch in diesen Übersichtsartikeln bis zu 540 Veröffentlichungen pro Referatsjahr. Einen großen Überblick über die internationale anthropologische Fachliteratur der Zeit hat er sich sicher damit erworben.

2. Die *Rehobother Bastards*

Mit einer Forschungsreise ist Eugen Fischer in die Geschichte der Anthropologie und Genetik eingegangen: Die Untersuchung der "Rehobother Bastards" in *Deutsch-Südwest-Afrika* im Jahre 1908.

Aus drei Gründen benutzte Fischer den, aufgrund seines Gebrauches in der Alltagssprache, problematischen Begriff "Bastard": Erstens waren die Begriffe "Bastard, -generation, Bastardierung" usw. eine in der genetischen Fachterminologie gängige Begriffsgruppe für Mischungsverhältnisse botanischer und zoologischer Rassen. Zweitens nannte sich das Mischvolk von Buren und Hottentotten selbst "Nation der Bastards". Darauf weist Fischer hin. Drittens dürfte die Geringschätzung dieser und anderer ethnischer Mischungen (s.u.) ihn in der Verwendung bestärkt haben. Dabei halte ich Crips' Einschätzung, daß Fischer aus politischem Kalkül den zweideutigen Begriff gewählt habe, für sehr wertvoll, wenn auch schlecht beweisbar. Crips schreibt (1993:11), daß es ein "Geniestreich" ("trait de génie") Fischers gewesen wäre, "sehr früh das politische Interesse geahnt zu haben, die anthropologischen und sozialen Bedeutungen der Begriffe 'Bastard' und 'Bastardierung' zu verquicken", was ihm erlaubt hätte, "die Vorstellungen von Rassenmischung und Minderwertigkeit zu verschmelzen" (meine Übersetzung). Dagegen spricht allerdings, daß Fischer in den *Rehobother Bastards* auch "unsere zentraleuropäische Bevölkerung" - also auch das von ihm geliebte deutsche Volk - ein "völlig unausgeglichenes Bastardgemenge" nennt (1913-1:190).[331]

---

[331] Ich werde aus historischen, stilistischen oder praktischen Gründen trotzdem hauptsächlich Fischers Terminologie beibehalten. - Eine Distanzierung des Verfassers von rassistischen Gedanken Fischers ist dabei selbstverständlich. Dies gilt auch für den Gebrauch des Namens "Hottentotten" statt der heutigen Bezeichnung "Nama" (vgl. Ullrich 1994) im Text.

Die fünf wichtigsten Fragen der Forschungsreise waren:
1. Vererben sich Rassenmerkmale nach den Mendelschen Regeln?
2. Haben Rassenmischungen negative Auswirkungen auf kommende Generationen?[332]
3. Ändert sich das Geschlechtsverhältnis[333] in Mischbevölkerungen?
4. *Schlägt* eine Rasse vermehrt *durch* (präpotente Rassenvererbung)?
5. Entstehen neue Rassen durch Rassenkreuzung?

Bevor ich zu Fischers Antworten auf diese Fragen komme, werde ich einige Aspekte der Entstehungsgeschichte, der Durchführung und der Material-Auswertung dieses Forschungsprojektes darstellen:

Fischer beschreibt selbst recht anschaulich seine emotionale und wissenschaftliche Ausgangslage im Vorfeld dieser Reise:

"Und ich war recht unbefriedigt über deren [gemeint ist die Anthropologie; Anm. d. Verf.] [...] rein deskriptiven Charakter, über die Ergebnisse von Messungen und Beschreibungen der Unterschiede innerhalb der Menschheit. Mit lebhaftem Interesse für die neuen glänzenden Ergebnisse der Botanik und Zoologie war ich natürlich überzeugt, daß auch für alle Eigenschaften des Menschen der Nachweis ihrer Mendel'schen Vererbung gelingen müsse - aber wie?"[334]

Die methodischen Probleme lagen darin, daß forschungstheoretisch wünschenswerte Menschenkreuzungsexperimente ethisch und technisch undurchführbar waren und *in natura* die großen Fallzahlen fehlten bzw. die Mischungsverhältnisse nicht bekannt waren.

Fischer las wenige Monate vor der Reise eine Abhandlung eines deutschen Kolo-

---

[332] Besonders diese Frage war Gegenstand der wissenschaftlichen und politischen Diskussion. Im Jahr 1908 verabschiedete der Reichstag ein Gesetz, daß alle Mischehen zwischen Deutschen und der indigenen Bevölkerung *Deutsch-Südwests*, unter Androhung der Aberkennung bürgerlicher Ehrenrechte, verbat und die bereits bestehenden Ehen für null und nichtig erklärte (vgl. Proctor 1988b:136 und Müller-Hill 1984:11).

[333] Gemeint ist das fast gleich große numerische Verhältnis von Mädchen- und Knabengeburten.

[334] Fischer 1959-4:44. Sein in Baden geborener Studienfreund (und spätere Autorenkollege des *Baur-Fischer-Lenz*, s.u.) Erwin Baur (1875-1933), zu der Zeit einer der führenden Genetiker, spielte bei der Auseinandersetzung Fischers mit vererbungstheoretischen Fragen eine entscheidende Rolle: Er schickte ihm eine seiner Arbeiten über Experimente am Gartenlöwenmäulchen (Antirrhinum majus), in denen er das Mendeln der Pflanzen bestätigte und erläuterte. In Fischer erweckte bzw. bestärkte dies den Gedanken, daß ein solcher Nachweis auch an Menschen möglich sein müßte (nach v. Verschuer 1955:310).

nialoffiziers über das namibische Mischvolk[335] und spielte gedanklich mit der Möglichkeit eines Nachweises der Mendel-Vererbung.[336] Fischer verhehlte kaum seinen Glauben an eine schicksalshafte Fügung, als er später schrieb:

> "Neuer Zufall: Am folgenden Tag traf ich in einer Abendgesellschaft einen alten lieben Schulkameraden, der als Offizier eben auf Urlaub aus Südwestafrika zurückgekommen war, [...] Meine erste Frage bei dem frohen Wiedersehen war, ob er die 'Nation der Bastards' kennengelernt habe."[337]

Der alte Bekannte erzählt ihm von auffälligen Kombinationen von einzelnen Merkmalen der "Bastards". Man beachte die emotionale und prämissive Bedeutung dieser Nachricht für den Anthropologen, wenn folgt:

> "In mir jubelte es: Hier liegen deutlich Mendel'sche Vererbungen vor. Auf dem Heimweg von jener Gesellschaft sagte ich zu meiner Frau, die darob fassungslos wurde, 'ich fahre in zwei Monaten nach Südwestafrika!' - Und das geschah. Eine ausführliche Darlegung und Begründung meines Plans verschaffte mir von der Königl. Preuß. Akademie der Wissenschaften das Reisegeld."[338]

Die organisatorische Leistung in der kurzen Vorbereitungs- und Durchführungsphase der viermonatigen Feldstudie ist eindrucksvoll:

- Fischer nahm vorsichtshalber Reitstunden zur Vorbereitung.[339]
- Er mußte neben persönlichem Gepäck sämtliche wissenschaftlichen Hilfsmittel (anthropometrisches Instrumentarium, Photoapparat und Filmplatten, Erhebungsbögen usw.) für die mehrwöchige Reise sicher verpacken und den Transport organisieren.
- Er erreichte Rehoboth (ca. 100 km südlich von Windhoek) erst nach "mehrwöchiger Seefahrt auf einem kleinen Frachtdampfer und mehrtägiger beschwerlicher Reise auf Ochsenkarren."[340]

---

[335] Bayer, Maximilian: *Die Nation der Bastards* in *Koloniale Abhandlungen*, H.1 (Berlin) 1907. Es handelt sich um eine 23seitige, reich bebilderte Abhandlung eines "Hauptmann im Gr. Generalstab der Schutztruppe für Südwest-Afrika". Sie behandelt vornehmlich die Frage einer militärischen Verwendbarkeit der "Bastards" und wartet mit krachledernen Gefechtszoten, *typischer* kolonialer Arroganz und diversen rassistisch-chauvinistischen Beschreibungen auf. Trotzdem ist ihr ein *gutsherrenmäßiges* Wohlwollen und Interesse für das Volk nicht abzusprechen. Fischer bezieht sich i. d. *Rehobother Bastards* nicht nur öfters direkt oder indirekt auf diese Schrift, sondern scheint auch eine ähnliche Attitüde gegenüber den "Bastards" eingenommen zu haben.

[336] vgl. Fischer 1959-4:46.

[337] l.c.

[338] l.c.

[339] SBB: Nachlaß vL: Brief Fischers an v. Luschan vom 11.7.08.

[340] v. Verschuer 1955:311.

- Fischer vermaß im genannten Zeitraum 310 Individuen anthropologisch und machte 300 Photos (samt Entwicklung und Kopierung vor Ort) sowie eine große Menge Aufzeichnungen anderer Art.[341]

Somit ist es unschwer nachvollziehbar, daß Ploetz (1936:86) bemerkte, die Untersuchung sei "körperlich und geistig eine ganz außerordentlich große Anstrengung" gewesen.

Die Monographie Die Rehobother Bastards und das Bastardierungsproblem beim Menschen. Anthropologische und ethnographische Studien am Rehobother Bastardvolk in Deutsch-Südwest-Afrika... erschien 1913 im G. Fischer-Verlag Jena, eine zweite Auflage 1961 in der Akademischen Druck- und Verlagsanstalt in Graz. Das 328seitige Buch enthält 23 Stammbäume, 19 Tafeln, einige Tabellen und 36 hervorragende photographische Aufnahmen.

Fischer hatte aus Afrika "*vollkommen* unverarbeitetes Material" mitgenommen.[342] Die Auswertung des Materials und die Abfassung des Werkes werden ihn bis mindestens Ende August 1912 beschäftigen.[343]

Fischer faßte die Hauptergebnisse "dieser ersten größeren Bastardstudie" (Fischer) auf zwei Seiten in Leitsätzen zusammen:

1. "Die Vererbung der beiderseitigen Rassenmerkmale erfolgt alternativ und zwar nach den *Mendel*schen Regeln. Das konnte für Haarform, Haar-, Augen-, Hautfarbe, Nasenform, Nasenindex, Form der Lidspalte, Stirnbreite u. a. nachgewiesen, für viele andere Merkmale wahrscheinlich gemacht werden."[344]
2. "Die Mischbevölkerung ist gesund, kräftig, sehr fruchtbar."
3. "[...] das Geschlechtsverhältnis [ist] nicht geändert."
4. "Eine präpotente Rassenvererbung gibt es nicht."[345]
5. "*Als Ergebnis einer Rassenkreuzung gibt es keine neuen Rassen*, rein durch Bastardierung niemals. Die Merkmale spalten nach der *Mendel*schen Regel wieder auf [...]"

Wie kam Fischer zu diesen Ergebnissen?

---

[341] Fischer 1913-1:58.

[342] Fischer 1913-1:142. Im Original gesperrt. Er machte diesen Hinweis wohl als Beleg für die Unvoreingenommenheit seiner Beobachtungen und Messungen.

[343] Fischer schrieb zu diesem Zeitpunkt das Vorwort.

[344] Alle Zitate aus dem Hauptergebnisteil sind den Seiten 305 und 306 der Originalausgabe entnommen. Die kursiv markierten Teile sind im Original gesperrt gedruckt. Die Nummerierung ist, zur besseren Vergleichbarkeit, mit den o.g. Ausgangsfragen von mir hinzugefügt und die Reihenfolge der Zitate diesen angeglichen worden.

[345] "*Einzelmerkmale sind dominant, nicht Rassen*" (Fischer l.c.).

Fischer untersucht unter den 310 vermessenen Individuen in der Mehrzahl solche der F3- und F4-Generation.[346] Er findet kaum noch regelmäßige F2-Vertreter und vermißt nur ganze sechs Individuen der F1-Generation. Von den ursprünglichen Ahnen (P) lebt keiner mehr und so vermißt Fischer zu Vergleichszwecken in Rehoboth 15 "Hottentotten" und - zurück in Freiburg - 200 "Badener".[347] Innerhalb der Mischlingspopulation unterscheidet er drei Gruppen von "Bastards":

a. solche, die mehr Europäer als Vorfahren haben (= "Eu-Gruppe");
b. solche, die mehr Hottentotten als Vorfahren haben (= "Hott-Gruppe") und schließlich
c. eine mittlere Gruppe (= "Mitt-Gruppe").

Die einzelnen Gruppen sind unterschiedlich groß, und in der letztgenannten Gruppe vermischt er ganz unterschiedliche Ahnen-Zahlenverhältnisse.[348] Der "Meeter" (= "Messer"), wie Fischer bald genannt wurde,[349] stellt im Kapitel *Der Nachweis der Mendelschen Regeln* 21 Merkmale vor. Von diesen behauptet er:

- für zwei Merkmale (Augenfarbe und Haarfarbe) den Mendelschen Erbgang an einzelnen Familien - nicht in der gesamten Untersuchungsgruppe - zahlenmäßig erwiesen zu haben.

   Für diese Merkmale hatten schon andere Forscher vor ihm den Mendelschen Erbgang versucht nachzuweisen.[350] Heute wissen wir außerdem, daß diese Merkmale nicht einfachen Erbgängen (wie den Mendelschen) folgen.[351]

- für elf Merkmale[352] die Aufspaltung[353] der Merkmale "sicher erwiesen" zu haben.

---

[346] Fx-Generation bedeutet die x-te Generation nach einer festgelegten Eltern(=P)-Generation, in diesem Fall also die Ur-(=F3) und Ururenkel(=F4) der Ehen zwischen Buren und Nama.

[347] Die methodischen Schwächen dieser Vorgehensweise sind offensichtlich:
- Fischer vermißt nur 15 Vertreter des einen Teils der Elterngeneration (P).
- Er vermißt 200 "Badener" statt "Buren".
- Die theoretisch zu fordernde *Reinrassigkeit* kann weder von der wirklichen P-Generation (die *Gründerväter* und *-mütter*), noch für die *Ersatz-P-Gruppe* ("Hottentotten" und "Badener") angenommen werden.

[348] In der Mitt-Gruppe befinden sich z. B. bzgl. der F3-Generation Vertreter mit 4, 6 bzw. 7 burischen und dabei 10, 8 bzw. 7 hottentottischen Ahnen, aber auch F4-Individuen mit 8 burischen und 22 hottentottischen Ahnen.

[349] Fischer 1913-1:286.

[350] Vgl. Kap. C. II.: Haarfarbe: Davenport 1908; Augenfarbe: Hurst 1908 und Davenport 1909. Indes weist Fischer selbst in der Einleitung des Unterkapitels auf diese Arbeiten hin.

[351] Nach Knußmann (1996:82,89) reicht für beide Merkmale selbst das Modell einer komplizierteren) monogenen multiplen Allelie nicht aus.

Dazu ist folgendes zu bemerken:

Von Sicherheit kann keine Rede sein: Erstens weist er selbst auf "gewisse Unklarheiten" (S.172) und "Wahrscheinlichkeitshinweise" (S.154) bei einzelnen Merkmalen hin. Zweitens wertet er Nicht-Passendes schnell als "Ausnahmen" oder als durch "Dominanzwechsel" (S. 173) bedingt. Drittens verwendet er durchgehend zu kleine Probandenzahlen.

Tatsächlich kann Fischer nur für eines dieser Merkmale (Augenspaltenform) das Aufspalten quantifizieren. Doch der alleinige Nachweis von Aufspaltung beweist kein Mendeln. Mayr (1984:577) schreibt zu diesem Phänomen:

"phänotypische Spaltung in der F2-Generation war [...] natürlich von vielen Vor-Mendelisten gefunden worden [...] Aufspaltung allein ist nicht die Essenz des Mendelismus."

- für die verbliebenen acht "Merkmale"[354] eine "wahrscheinliche" oder "sehr wahrscheinliche" Spaltung bzw. er vermerkt lakonisch "vielleicht!".

Bei diesen Merkmalen blieb Fischer jeglichen Beweises schuldig, und der spekulative Charakter seiner Thesen ist offensichtlich.

Es sollte durch diese Aufstellung weniger kritisiert werden, daß Fischers Arbeit - auch aufgrund des damaligen Standes der Genetik und Biometrie - diese Fehler enthielt. Vielmehr verwundert das Ausmaß der Mängel, das schon Zeitgenossen aufgefallen sein müßte. Fischer verschwieg bei der Vorstellung der Hauptergebnisse in der Zusammenfassung Unzulänglichkeiten und Zweifel, auf die er im Hauptteil oft noch hingewiesen hatte.

Daß Fischer also die Mendelschen Regeln mit dieser Untersuchung wirklich an Rassenmischungen bewiesen hätte, kann nicht behauptet werden. Einerseits *konnte* er es anhand der untersuchten Merkmale nicht beweisen. Andererseits ignorierte oder vertuschte er Mängel, Fehler und Ungenauigkeiten - selbst und gerade wenn man die Maßstäbe seiner Zeit zugrundelegt. Und dies alles zum Zweck einer vorgeblichen Bestätigung einer schon vorher angenommenen Schlußfolgerung.

---

[352] Hautfarbe, Körpergröße, Längen-Breiten-Index, Gesichtsindex, Index fronto-jugularis, Morphologische Gesichtshöhe, Physiognomische Obergesichtshöhe, Jochbogenbreite, Haarform, Augenspaltenform und Nasenindex.

[353] Aufspalten: "die Merkmale vererben sich einzeln, 'spalten' auf und die reinen elterlichen Merkmale treten wieder hervor." (Fischer 1913-1:224).

[354] Hautton, Gliederproportionen, Augenspaltenbreite, Lippendicke, Nasenlöcherform, Nasenrückenform, Physiognomie und "Geistige Eigenschaften" [!].

Im ethnographischen Teil des Buches (*Ergologie der Rehobother Bastards*) kann man ethnologisch sehr interessante, stellenweise einfühlsame und bisweilen sogar poetische Passagen entdecken. Gleichwohl sind auch sie von sozialdarwinistischen und rassistischen Vorurteilen geprägt:[355]
Da wird dem "europäischen Blut"(S. 236) a priori "Energie, Voraussicht, Tüchtigkeit"(l.c.) zugesprochen, ferner auch eine Überlegenheit an "Charakter, nicht *nur* im Sinne von gut [...], sondern im Sinne von homogen, konsequent, sich selbst getreu."(S. 296).
Dazu kontrastiert die Beurteilung der "Bastards":
Der "Bastard" müsse "entschieden als faul bezeichnet werden, v. a. der Mann"(S. 272), sein "Gefühlsleben" wäre "stumpf, lau"(S. 292). Dem "Augenblicksmensch" wird "mangelhafte" Voraussicht (l.c.), "stumpfsinnige Trägheit"(S. 295) oder schlicht "Eitelkeit"(S. 293) unterstellt. Selbst "Phantasie, Kunstsinn und Kunstbetätigung" wären "schwach entwickelt"(S. 295). Kurz - der Bastard wäre "kulturell, nach geistiger Leistungsfähigkeit gegen die reinen Weißen *minderwertig*"(S. 296).
Es soll nicht unterschlagen werden, daß den "Bastards" - insbesondere im Vergleich zu den "reinrassigen Eingeborenen" - auch positive Eigenschaften zugestanden werden:
Sie wären nicht "unmoralisch"(S. 268), sondern "gerecht", "gutmütig und gefällig"(S. 294). Bei nicht geringer Intelligenz wäre ihnen gar ein "gewisser Ernst" und eine "gewisse Würde"(S. 293) zuzugestehen.
Fischer hängt seinem Hauptwerk das Kapitel *Die politische Bedeutung der Bastards* an:[356] Vor dem Hintergrund seiner Einschätzungen der "Bastards" hält er sie für nützlich genug, um "bei *geeigneter Behandlung, Leitung, weiterer Erziehung*, [...] ganz gut zu einer eingeborenen Arbeiterschicht" (S. 300) zu werden. Allerdings solle man sie weiterhin als "Eingeborene" behandeln (S. 301):

"Also man gewähre ihnen eben das Maß von Schutz, was sie als uns gegenüber minderwertige Rasse *gebrauchen*, um dauernd Bestand zu haben, nicht *mehr* und *nur* so lange, als sie uns nützen - sonst freie Konkurrenz, d. h. hier meiner Meinung nach Untergang!"(S. 302)

---

[355] Im folgenden wird bei den Zitaten wieder nur kurz die Seitenzahl in Klammern gesetzt und das im Original Gesperrte kursiv markiert.

[356] Keineswegs zufällig fehlt der Anhang in der ansonsten unveränderten zweiten Auflage aus dem Jahr 1961: Der Verleger begründet dies damit, daß er "heute irrelevant"(S.IV) sei.

Fischer wiederholt vor einem (dem Anspruch der Monographie folgend) internationalen wissenschaftlichen Publikum eine Überzeugung, die noch in Kapitel D. II. 7. näher erläutert wird:

> "Ausnahmslos jedes europäische Volk [...], das Blut minderwertiger Rassen aufgenommen hat - und daß Neger, Hottentotten und viele andere minderwertig sind, können nur Schwärmer leugnen - hat diese Aufnahme minderwertiger Elemente durch geistigen, kulturellen Niedergang gebüßt."(S. 302)

Zwar wäre dem Anthropologen, wie kaum jemanden, "unser Bastardvölkchen so ans Herz gewachsen", aber "es sind Eingeborene und müssen solche bleiben und nie sollte einer oder eine aufgenommen werden in unsere Rasse."(S. 304)

Fischer beendet diesen Anhang über die *politische Bedeutung* des *Bastardvolkes* mit der Vision einer Art *Apartheid* in der deutschen Kolonie. In ihr sollen Ovambo und Herero als Landarbeiter, die "meiner Meinung nach am wenigsten taugenden" Hottentotten als Viehhüter fungieren (S. 305). Für die "Bastards" entwirft er wichtigere Aufgaben:

> "als eingeborene Handwerker und Handarbeiter [...], als Polizeileute, d. h. kleine Beamte, als Leiter und Führer des gesamten Trosses und Fuhrparkes von Regierung, Truppe und Privaten, z.T. als kleine Farmer in ihrem Bastardland, in das auch alle Ausgedienten zurückkehrten - ein sich wohlfühlender kleiner, uns treu ergebener Stamm, auch nach Generationen: die Nation der Bastards."(S. 305)

Die Publikation der Arbeit "fit sensation et établit la réputation de son auteur."[357] Mit ähnlichen Worten erweitert Proctor (1988a:146) diese Gedanken über die *Rehobother Bastards* und ihre Bedeutung für Fischers Karriere. Es wäre:

> "[...] a work widely regarded as the first successful demonstration of Mendelian principles in (normal) human populations. The book earned him a reputation as one of Germany's leading young anthropologists, and began his grooming as successor to Felix v. Luschan in the chair of anthropology at the University of Berlin. Fischer was subsequently hailed as 'the founder of human genetics' [...]"

Seine Schüler feierten das Werk in einer Festschrift zu seinem 80. Geburtstag als Beginn einer neuen Epoche ihrer Wissenschaft...:

---

[357] Vallois 1968:183. Der Anthropologe äußert sich in seinem Nachruf allerdings nicht über die Berechtigung dieser Tatsache.

"[...] durch welches er die in der Metrik erstarrte Anthropologie in eine lebendige *Anthropobiologie* umwandelte. Mit seiner Schule hat er einen bedeutenden Beitrag zum Aufbau der heutigen Humangenetik gegeben."[358]

Derselbe v. Verschuer hatte 1942 einen anderen wichtigen Aspekt der Rezeptionsgeschichte des Werkes dargestellt:

"Fischers Werk ist Grundlage und Programm einer neuen Wissenschaft, ja einer neuen Zeit geworden. [v. Verschuer meint damit die "Rassenbiologie" und den nationalsozialistischen Staat; Anm. d. Verf.] [...] So war *Gobineaus* geniale Idee von der Ungleichheit der Menschenrassen wissenschaftlich noch nicht fundiert. Diese Grundlage ist erst durch die Erblehre und im besonderen durch *Fischers* Werk über die Rehobother Bastards geschaffen worden."[359]

Vielleicht war es dieser *Applaus von der falschen Seite* oder aber die aufgezeigten inhaltlichen Mängel, die die unterschiedliche Aufnahme der *Rehobother Bastards* hervorrief. Der mit Fischer befreundete, völkische Heimatdichter Hermann Eris Busse (1891-1947)[360] berichtet darüber:

"Seine Arbeit [...] erfuhr im Ausland erfreuliche Beachtung, in Frankreich und Italien vor allem, während die deutschen Anthropologen die ihnen wohl abenteuerlich erscheinende Feststellungen des jungen Forschers ablehnten, zum mindesten nicht beachteten."[361]

Noch 1961 wurde das Werk in seiner zweiten Auflage als "klassisches Werk der anthropologischen Literatur" sowie als *"wissenschaftliches Grundlagenwerk der Humangenetik"* gefeiert, worin "erstmalig der exakte Nachweis erbracht [wurde], *daß normale menschliche Eigenschaften im Erbgang den Mendelschen Regeln folgen."*[362] Ähnliche Würdigungen vertraten in ihren Nachrufen auf Fischer, also 1967, noch Gerhardt Koch, Johann Schaeuble und Ilse Schwidetzky.[363]

---

[358] v. Verschuer 1954:111. (i.O. gesperrt). Spiegel-Rösing/Schwidetzky (1982:91) bezeichnen es als "in wissenschaftlicher Beziehung zweifellos das Kernstück der Verehrung Fischers durch seine Schüler."

[359] v. Verschuer 1942:239. (i.O. gesperrt). Auch Crips (1993:8) sieht d. Tragweite der Fischerschen Rassenbiologie in den *Rehobother Bastards* ähnlich: Sie hätte "la démonstration 'scientifique' de l'infériorité' intrinsèque des métis et la justification d'une politique coloniale active" geliefert.

[360] Vgl. auch Kap. F. II.

[361] Busse 1934:144f. Höchstwahrscheinlich stammt diese Interpretation von Fischer selbst.

[362] Vorwort (S.III,IV) v. Hans Biedermann, in 2.A. (1961) v. Fischer 1913-1 (i.O. gesp.). Auch Fischer betonte noch 1959 mehrmals, daß er den "ersten einwandfreien Nachweis" erbracht hätte (Fischer 1959:75).

[363] Koch 1967:2316; Schaeuble 1967b:90 und Schwidetzky 1967:110, letztere am wenigsten deutlich.

Widukind Lenz (1919-1995) gebührt das Verdienst, 1968 endlich der Fischerschen Arbeit die ihr zustehende Bewertung zukommen zu lassen: als einen "Versuch [sic!] des Nachweises der Mendelschen Gesetze in einer Mischbevölkerung beim Menschen" und er schreibt weiter:

"Weder die logischen Vorraussetzungen noch Material und Methoden der Fischerschen Arbeit erlauben die Schlüsse, die er gezogen hat. Unberücksichtigt blieb die Heterogenie der 'Ausgangsrassen', das unbekannte Zahlenverhältnis, mit dem sie in die Mischpopulation eingegangen sind, das fast völlige Fehlen von Beobachtungen an F1-Mischlingen, der Einfluß der Klassifizierung variabler Merkmale auf die Ergebnisse, die Möglichkeit intermediärer Genwirkung usw. Diskrepanzen zwischen Hypothese und Erwartung wurden als Beobachtungsfehler oder mit dem schlecht definierten Wort 'Dominanzwechsel' wegerklärt oder ohne Kommentar als 'Ausnahmen' registriert.[364]

In der Folgezeit mußten die "heutigen deutschen Humangenetiker"[365] dieser neuen Bewertung zustimmen.

3. Die Zeit nach der Rehobother Forschungsreise

Die Hinwendung des Anthropologen zur Rassenhygiene kann auf die Jahre 1908-10 datiert werden, genauergesagt auf den Besuch des führenden Eugenikers Alfred Ploetz 1908 in Freiburg. Wahrscheinlich in einem gewissen Überschwang[366] gründet Fischer, knapp vier Wochen vor seinem Aufbruch nach Rehoboth, die dritte Ortsgruppe der *Deutschen Gesellschaft für Rassenhygiene* in Deutschland (die zweite Konstituierung zwei Jahre später hatte größeren Bestand).[367]
Das zweite Zeichen besagter Wende ist der Vortrag *Sozialanthropologie und ihre Bedeutung für den Staat* im Juni 1910.[368] In dem 30seitigen Vortrag muß ein weiteres Hauptwerk Fischers gesehen werden, finden sich doch in ihm Gedanken und Überzeu-

---

[364] Lenz, W. 1968:93f.

[365] Spiegel-Rösing/Schwidetzky 1982:91. In derselben Arbeit kritisieren die Autorinnen Mängel von Fischers Arbeit. Ähnlich Freye 1990:62 und Müller-Hill 1984:120f.

[366] Fischer hätte Ploetzens Gedanken "mit Begeisterung" aufgenommen: "Aus der Erblehre heraus wurde ihm jetzt (um 1910) die Notwendigkeit der Rassenhygiene offenbar [...]"
(Busse 1934: 145).

[367] Ausführlicher in Kap. F. I.

[368] vgl. Kap. B. II.
Sechs Wochen nach dem Vortrag kam es zur zweiten Gründung der rassenhygienischen Ortsgesellschaft.

gungen formuliert, die er in den folgenden vier Jahrzehnten immer wieder aufgreifen wird.[369]
Fischers erste Publikation in einer eugenisch-genetischen Fachzeitschrift - Ploetzens *Archiv für Rassen- und Gesellschaftsbiologie* - datiert ebenfalls aus dem Jahre 1910.[370]
Im Juni 1911 wird Fischer auf der 83. Versammlung der *Gesellschaft Deutscher Naturforscher und Ärzte* in Karlsruhe zum Vorsitzenden der drei Fachsitzungen der Abteilung für Anthropologie, Ethnologie und Prähistorie gewählt - eine große Auszeichnung für den 37-Jährigen.[371]
Fischer verfaßt in den Folgejahren (1912-14) dreizehn Artikel in dem enzyklopädischen *Handwörterbuch der Naturwissenschaften*[372] - was zweifellos ein großes Forum zur Propagierung seines Verständnisses der Anthropologie und "Sozialanthropologie" darstellte. Er behandelte die Begriffe "Anthropogenese" - "Anthropologie" - "Fossile Hominiden" - "Gehirn. Anthropologisch" - "Rassen und Rassenbildung" - "Rassenmorphologie" - "Rassenpathologie" - "Rassenphysiologie" - "Schädellehre und Skelettlehre" - "Sozialanthropologie" - "Haar. Anthropologisch" - "Haut. Anthropologisch" - "Körperformen des Menschen. Anthropologisch".[373]
1917 übernahm Fischer als Nachfolger und auf Wunsch Schwalbes die Herausgabe und Schriftleitung seiner *Zeitschrift für Morphologie und Anthropologie*.[374]
Im Jahr 1921 erscheint die erste Auflage des *Baur-Fischer-Lenz*. Das zweibändige Lehrbuch mit vollem Titel *Grundriß der menschlichen Erblichkeitslehre und Rassenhygiene*[375]

---

[369] Die Kontinuität des Fischerschen Denkens wird deutlich in der Tatsache, daß er 16 Jahre nach seinem Vortrag in Freiburg vor der Kaiser-Wilhelm-Gesellschaft in Berlin eine längere Passage seiner *Sozialanthropologie* wörtlich wiederholte; vergleiche Fischer 1910-2:25 und 1926-3:754. Im Gegensatz zu den *Bastards* soll die Besprechung der *Sozialanthropologie* in das Kap. D. II. integriert werden.

[370] *Ein Fall von erblicher Haararmut und die Art ihrer Vererbung. Ein Beitrag zur Familienanthropologie* (Fischer 1910-3). In diesem Beitrag untersucht er den Erbgang von vererbter Haararmut (Hypotrichose) in einer elsässischen Familie. Er weist hier - nach den damaligen Standards - die Gültigkeit des Mendelschen Erbgangs an diesem krankhaften Körpermerkmal nach. Bemerkenswerterweise enthält er sich jedoch jeglichen eindeutig eugenischen Kommentars.

[371] vgl. Fischer 1912-8.

[372] Hrsg. Korschelt, E. et al. G. Fischer-Verl. Jena 1912-14.
Fritz Lenz (1944:390) schrieb, daß diese Beiträge "trotz ihrer Knappheit die beste und lehrreichste Darstellung des damaligen Standes der Anthropologie waren."

[373] Die Artikel finden sich in der Personalbibliographie unter Fischer 1912-4 , 1912-3, 1913-2, 1913-3, 1913-7, 1913-8, 1913-9, 1913-10, 1913-11, 1913-12, 1913-4, 1913-5 und 1913-6.

[374] Er wird sie 32 Jahre lang herausgeben.

[375] Dies war d. Obertitel beider Bände in d. ersten u. zweiten Auflage (s.u.). In d. Namensänderungen des Obertitels in *Menschliche Erblichkeitslehre und Rassenhygiene* (3.A.) und in *Menschliche*

wurde im Laufe seiner fünf Auflagen[376] mit genanntem Kurznamen zu einem feststehenden Ausdruck. Die Autoren waren neben Fischer der Genetiker Erwin Baur und der Rassenhygieniker Fritz Lenz.[377] Bemerkenswert ist die Themenaufteilung innerhalb des Werkes: Fischer und Baur schrieben ausschließlich im ersten, theoretischen Band und dort jeweils nur ca. ein Viertel der Seitenzahl. Der Genetiker gab einen *Abriß der allgemeinen Variations- und Erblichkeitslehre*, der Anthropologe referierte über *Die Rassenunterschiede des Menschen*. Lenz schrieb im ersten Band über *Die krankhaften Erbanlagen* und *Die Erblichkeit der geistigen Begabung* sowie den gesamten zweiten Band, auf dem das "praktische Hauptgewicht" lag - also die "praktische Rassenhygiene".[378] Lenz schrieb somit vier Fünftel des zweibändigen Werkes.[379] Das heißt, das Buch war vor allem ein Werk über Rassenhygiene und auch als solches intendiert.[380]

Das Werk wurde bald das "erste und vielbeachtete Standardwerk der menschlichen Erbforschung",[381] und der von Fischer verfaßte Abschnitt "war fast zwei Jahrzehnte lang das Rückgrat der genetischen Ausbildung der jungen Anthropologen."[382]

Erblehre und Rassenhygiene (in 4.A. u. 5.A.) deutet sich zum einen ein weitergehender Anspruch - mehr als ein Grundriß - an, zum anderen zeigen sie, daß Fischer sich mit d. Terminus "Erblehre" ab d. 30er Jahren durchsetzen konnte. Die Untertitel d. einzelnen Bände waren:
Band 1: *Menschliche Erblichkeitslehre*; dieser Titel wurde zur 4. Auflage in *Menschliche Erblehre* geändert.
Band 2: *Menschliche Auslese und Rassenhygiene*; ab der dritten Auflage mit Suffix (Eugenik).
Alle Auflagen wurden im "völkischen" J. F. Lehmann-Verlag in München verlegt. Lehmann verlegte auch diverse Rassenfanatiker und muß so als Verbindungsglied zwischen Wissenschaft und Propaganda gesehen werden.

[376] Die Jahreszahlen der Auflagen sind:
Band 1: 1.A. 1921; 2.A. 1923; 3.A. 1927; 4.A. 1936; 5.A. 1940 (nur 2. Hälfte).
Band 2: 1.A. 1921; 2.A. 1923; 3.A. 1931; 4.A. 1932.
Eine schwedische Übersetzung erschien 1925 unter dem Titel *Ärftlighet och Rashygien* und eine amerikanische Auflage 1931 (*Human Heredity*).

[377] Beide Mitautoren wurden bereits kurz erwähnt. Es sei nur kurz daran erinnert, daß Baur mit Fischer in Freiburg studiert und ihn zu genetischen Fragen gebracht hatte.
Lenz hatte als Student zwischen 1907 und 1911 in Freiburg engen Kontakt zu Fischer. Dazu mehr in Kap. F. I.
Nach Weindling (1989:144) war das Buch somit "[...] a product of Freiburg eugenics, and was planned in 1914."

[378] Beide Zitate aus der Einleitung (Fischer 1921-1:2).

[379] vgl. Kröner/Toellner/Weisemann 1991:18.

[380] vgl. Lösch 1997:137f.

[381] Schaeuble 1967a:215.

[382] Schwidetzky 1967:110.

Ferner dokumentierte der *Baur-Fischer-Lenz* die "Konsolidierung der Rassenhygiene und die inhaltliche wie organisatorische Allianz mit der Vererbungswissenschaft". Mit ihm "schuf sich die Rassenhygiene ihre Vererbungs-'Charta', die den national wie international anerkannten neuesten Forschungsstand repräsentierte".[383]

Ich werde den Inhalt von Fischers Beitrag zu diesem Lehrbuch im Kapitel D. II. integriert darstellen.

Im April 1926 gründeten Fischer und andere Anthropologen in Freiburg die *Deutsche Gesellschaft für Physische Anthropologie*, und Fischer wurde ihr erster Vorsitzende sowie "the most powerful figure in the Gesellschaft throughout its fifteen-year existence."[384]

Dies war die letzte große Karrierestufe für Fischer vor der Übernahme des Ordinariats für Anthropologie an der Universität Berlin sowie der Leitung des *Kaiser-Wilhelm-Institutes* in Dahlem im Jahr 1927. Dieser "triumph of Fischer's brand of anthropology"

> "guaranteed, for the next two decades, genetics, eugenics and the study of social differences would constitute the primary focus of anthropological research."[385]

Eugen Fischer war in 27 Jahren der "führende Anthropologe in Deutschland in der 1. Hälfte des 20. Jahrhunderts" geworden.[386]

---

[383] Beide Zitate aus Weingart/Kroll/Bayertz 1992:316.

[384] Proctor 1988a:215.

[385] Proctor 1988a:156,155.

[386] Eckart/Gradmann 1995:134.

II. Fischers anthropologische, gesellschaftspolitische und "sozialanthropologische" Positionen

1. Allgemeine Rassenanthropologie

Eugen Fischers Anthropologie war eine Rassenanthropologie. Rassen waren für ihn "geographische Lokalformen des Formenkreises Mensch", wobei er "Schwierigkeiten, diesen Begriff eindeutig zu definieren" konzedierte (s.u.).[387]
Er sah - in der Tradition seines Lehrers Schwalbe - den Ursprung der Menschenrassen in einem gemeinsamen Vorfahren (*monophyletischer* Ursprung des Menschen), und alle Menschen als zu einer Art zugehörig.[388]
Bezüglich der Entstehung der, d. h. der Differenzierung in Menschenrassen entwickelte er das Konzept der *Domestikation* des Menschen als Motor der Rassendifferenzierung.[389] Das bedeutet, Fischer sah den Menschen spätestens seit der Entdeckung der Feuererzeugung in einem biologischen Zustand vergleichbar mit dem von Haustieren an. Schon Darwin hatte auf den Umstand hingewiesen, daß Domestikation die Variabilität innerhalb einer Tierart steigere. Fischer übertrug diesen Gedanken auf die menschliche Spezies. Er konnte sich freilich mit dieser These unter seinen zeitgenössischen anthropologischen Kollegen nicht durchsetzen, und selbst der ihm wohlgesonnene Mühlmann schreibt in der Rückschau zu Fischers Theorie:

"Doch haben auch seine Anschauungen keine allgemeine Anerkennung gefunden, da die Annahme eines gehäuften Auftretens von gleichsinnigen Mutationen für die Erklärung der Entstehung der Menschenrassen nicht auszureichen schien, selbst dann nicht, wenn man wie *Fischer* Auslese und Inzucht als Faktoren [später; Anm. d. Verf.] noch hinzunahm."[390]

---

[387] beide Zitate: Fischer 1913-7:79.
Ich werde in diesem gesamten Unterkapitel - D. II. - der Einfachheit halber Zitate Fischers nur mit der Jahres- und Seitenzahl der Quelle zitieren, ohne jeweils "Fischer" voranzustellen.

[388] 1913-7:19.
Beide Fragen waren insbesondere im 19. Jahrhundert noch umstritten gewesen. So betonten manche Autoren den Ursprung der Menschenrassen aus verschiedenen Vorformen (*polyphyletisches* Konzept, z. B. Schwarze von Gorillas, Weiße von Orang) bzw. die Zugehörigkeit des Menschen zu verschiedenen Arten (so wie z. B. Pferd und Esel verschiedene Arten sind).

[389] erstmalig in 1913-7:86.

[390] Mühlmann 1984:189. Kursives i.O. gesperrt.

Nach welchen Kriterien unterschied Fischer die Menschenrassen?
Im *Baur-Fischer-Lenz* von 1921 findet sich eine Aufzählung von Merkmalen zur Unterscheidung von Menschenrassen. Es sind: Augen-, Haar- und Hautfarbe sowie Mongolenfleck; Augenlid-, Haar-, Schädel-, Gesichts-, Nasen- und Lippenform; Körpergröße und "gewisse geistige Eigenschaften".[391] Dieses Dutzend würde

> "*genügen zum einwandfreien Nachweis, daß es in der Tat deutliche, scharf ererbte und daher im Wesen unveränderliche Unterschiede zwischen den Menschen gibt, die diese in Gruppen einteilen, Rassen genannt.*"[392]

Auf den ersten Blick scheint diese Liste sehr plausibel. Aber wenn diese Merkmale Kriterien darstellten, warum dann nicht auch Ohrform, Mamillenfarbe, Schlafhaltung oder Appetit? Fischer war sich dieses Problems wohl bewußt. Er schreibt: "Es ist willkürlich [...] wie *viele* Merkmale man fordert, um die Grenze 'Rasse' zu ziehen."[393] Er mußte zugeben, "daß es *irgendwelche deutlich und einwandfrei qualitative Rassenunterschiede nicht gibt*" sowie, daß "*morphologische Merkmale, die nur einer einzigen Rasse zukämen*" nicht existierten, daß vielmehr nur "*die Häufigkeit dieses Vorkommens*" zwischen den Rassen variiere.[394]

Daraus folgt aber, daß Rasseneinteilungen zwar einfach vorzunehmen, aber umso schwieriger zu verifizieren sind, ja, daß sie letztlich allein von der Prioritätensetzung des Wissenschaftlers abhängen. Symptom dieses strukturellen Mangels der Rassenanthropologie war "ein geradezu trostloses Durcheinander", das Fischer bezüglich der Nomenklatur der Rassen beklagte.[395] Er forderte eine Rassenklassifikation ohne Völkernamen, nur nach geographischen bzw. morphologisch-physiologischen Begriffen.

In Zusammenhang damit steht Fischers deutliche Differenzierung der Begriffe "Volk" und "Rasse":

> "Der Unterschied von Rasse und Volk ist nicht genug zu betonen! [...] Man darf eine Rasse nie mit einem Namen belegen, der in der Geschichte der Völker und Sprachen vorkommt - das führt nur zur Verwirrung. Germanische Rasse, iberische, keltische, ebenso indogermanische, semitische ist völliger Unsinn!"[396]

---

[391] 1921-1:110.

[392] l.c. Kursives i.O. gesperrt.

[393] 1923-8:123. dito.

[394] alle Zitate 1913-8:106. dito.

[395] 1913-7:94.

[396] 1912-5:57.

Ein Volk sei eine "*Kultur*gruppe" und jedes Volk bestehe aus "rassenmäßig verschiedenen Einzelindividuen". Die dadurch naheliegende Relativierung aller Unterschiede zwischen Völkern ließ freilich sein Nationalismus nicht zu, und so betonte er vor jugendlichem Publikum:

> "So hat jedes Volk seinen 'Charakter', seine 'Merkmale' auf körperlichem und geistigen Gebiet, die durch die rassenmäßige Natur seiner Bevölkerung bedingt und durch seine eigentümliche soziale Struktur 'modifiziert' sind."[397]

Interessant ist auch die Entwicklung von Fischers Einstellung zu Rassenunterschieden auf geistigem bzw. psychischem Gebiet. In dem im vorigen Kapitel erwähnten Vortrag *Sozialanthropologie und ihre Bedeutung für den Staat* proklamierte der Anatom:

> "Ungleich organisiert sind die Gehirne der einzelnen Rassen, ausserordentlich ungleich ihre gesamte Psyche und ausserordentlich ungleich ihre geistigen Leistungen, ihr kulturelles Schaffen."[398]

Zwei Jahr später schränkt er ein, daß die "seelische Verfassung [...] nur sehr schwer oder nicht analysierbar" sei.[399]

Auch die schon erwähnte Aufführung von "gewissen geistigen Merkmalen" als Kriterium zur Rassen-Klassifikation, muß in der dritten Auflage des *Baur-Fischer-Lenz* (1927) "blutserologischen Unterschieden" weichen. In einer kleinen, allgemeinbildenden Buchreihe des liberalen *Ullstein-Verlages* in Berlin aus demselben Jahr schreibt Fischer gar:

> "Auch nach Rassen verschieden starke Abweichungen mancher psychischen Eigenschaften darf man vielleicht annehmen; aber wir wissen noch zu wenig

---

Dieses Prinzip stellte anscheinend für Fischer einen wichtigen formalen Abgrenzungsversuch von Rasse-schwärmern dar; vgl. E I. Er folgte in der deutlichen Betonung der Unterscheidung zwischen Rasse und Volk ganz seinem ehemaligen Universitätslehrer Ernst Grosse (vgl. Grosse 1900:117).

[397] Alle Zitate : 1912-5:57,58.
Bezeichnenderweise sprach auch Grosse von "Racebegabung", die sich im "Volkscharakter" widerspiegele (Grosse 1900:137 u. 119).

[398] 1910-2:19.
Man bedenke: Dies war nicht etwa die Privatmeinung eines jungen, in Anthropologie dilettierenden Laien, sondern die öffentliche und veröffentlichte Äußerung eines gestandenen und gebildeten Wissenschaftlers vor akademischem Publikum, der schon zwei überseeische Kontinente und ihre Völker kennengelernt hatte. Anscheinend war Fischer in seinem rassischen Eurozentrismus zu sehr gefangen, als daß er zu anderen Folgerungen aus seinen Reiseerfahrungen kommen konnte. Auch sein wissenschaftlicher Anspruch ist enttäuschend, fehlten und fehlen doch jegliche anatomisch-physiologische Beweise für seine Theorie.

[399] 1912-5:6.

vom Seelenleben der fremden Rassen, als daß sich hier beweisbare Tatsachenreihen geben ließen."[400]

Wir werden im folgenden Abschnitt sehen, daß Fischer, unbeschadet dieser Erkenntnis, ausführliche psychische Rassenbeschreibungen veröffentlichte.

Fischers Position zur Frage einer Existenz "niederer Menschenrassen" ist uneinheitlich. Während er in seiner ersten wissenschaftlichen Publikation, der vergleichend-anatomischen Doktorarbeit, noch wie selbstverständlich den Begriff "niedere Menschenrassen" benutzt,[401] betont er acht Jahre später, daß es "eine absolut niedere Rasse" nicht gebe,[402] um schließlich 1919 nur noch "sogenannte niedere Rassen"[403] zu formulieren. Daß Fischer freilich nicht aufgab, an eine unterschiedliche Wertigkeit von menschlichen Rassen zu glauben, wird folgender Abschnitt zeigen.

2. Spezielle Anthropologie

Unter spezieller Anthropologie Fischers soll seine Rassen-*Anthropographie*, d. h. die Beschreibung körperlicher und geistiger Eigenschaften von Rassen, verstanden werden.

Dabei beschränke ich mich - der Fischerschen Einteilung folgend - auf die Beschreibung der europäischen Rassen (*nordische, alpine, dinarische* und *mediterrane Rasse*), der "Neger" und der "Juden". Die Auswahl geschieht aus folgenden Gründen: Erstens nehmen die genannten europäischen Rassen in Fischers Werk den größten Raum ein. Zweitens soll die schwarze Rasse als Beispiel für die Wertung außereuropäischer Rassen durch Fischer dienen. Drittens wird die Anthropographie der Juden ein Licht auf Fischers Position zum Antisemitismus werfen.

a. Die nordische Rasse oder die Germanen

"Diejenige Rasse, die das höchste, das intensivste kulturelle Schaffen Europas fertig gebracht hat, ist die *nordische*, also jene körperlich durch hohen Wuchs, langen Schädel, Blondhaar, helle Augen und Haut ausgezeichnete Rasse, die den Hauptbestandteil der Germanen, ursprünglichen Kelten und ursprünglichen (nur diesen) Slaven und anderer Völker ausmachte. Sie ist der Kulturträger und

---

[400] 1927-2:103f.

[401] 1898-1:39.

[402] 1906-1:244.

[403] 1919-4:38.

-bringer Europas, ihrem Eintritt in die betreffenden Volkskörper ist die Geistesblüte Griechenlands, Italiens, Zentral- und Nordeuropas zu verdanken - von den Urzeiten bis heute."[404]

So beschrieb Fischer im Jahre 1910 jenen Typus, den er - wahrscheinlich als erster in deutscher Sprache - *nordisch* nannte.[405] Er wird den Grundzügen dieses Musters der nordischen Rasse in seinen sämtlichen Publikationen treu bleiben.
Die nordische Rasse wird als der "rassenmäßige Hauptträger" eines "ziemlich einheitlichen urindogermanischen Volkes" gesehen, dessen Ursprung in Nordeuropa liege.[406] Dabei stellten die Germanen die "unverbrauchte Stammrasse der nordischen Rasse", die man heute noch in Skandinavien, im Baltikum, Deutschland, der deutschen Schweiz, in Teilen Österreichs, in Holland, Flandern, Schottland und England fände.[407]
Neben den eingangs schon angedeuteten körperlichen Merkmalen, ist die Beschreibung der angeblichen geistigen "Merkmale" bemerkenswert für eine sich als wissenschaftlich verstehende Anthropologie. Zu den nordischen geistigen Anlagen gehöre:

> "[...] große Tatkraft und Tätigkeitsdrang, reiche Phantasie und große Intelligenz [...] Voraussicht, Organisationstalent, [...] künstlerische Begabung (musikalische am wenigsten) [...] starker Individualismus, Eigenbrödelei, mangelhafter Gemeinsinn und Unterordnungswille, eine gewisse Einseitigkeit, Neigung zum Grübeln, zum Sagen und Dichten, bilderisches Schaffen, Abneigung gegen ruhige, stetige, stille Arbeit, umgekehrt gewisse Expansionskraft, Wille und Kraft, sich voll einzusetzen für einen Plan, für eine Idee, geringe Kraft, anderen die Idee einzuflößen, geringe Neigung, fremde Ideen zu übernehmen, geringe Suggestionskraft also und geringe Suggestibilität [...] Daß mit jenen Gaben am reichsten Ausgestattete Führer, Erfinder, Künstler, Denker, Organisatoren werden können [...] ist klar."[408]

1926 machte sich Fischer mit dem nordischen Rasseschwärmer Hans F. K. Günther (1891-1968)[409] in einem Preisausschreiben auf die Suche nach dem "besten nordischen Rassekopf". Die Ergebnisse der Ausschreibung mit immerhin 1300 einsen-

---

[404] 1910-2:19.

[405] Nach F. Lenz (1944:390) geschah dies erstmalig um 1906.
Fischer nennt weitere Synonyme: "Kymrer, Reihengräbertypus, germanische, teutonische Rasse, *Homo europaeus, nordicus* usw." (1923-8:150).

[406] 1913-7:101.

[407] 1923-8:166.

[408] 1923-8:150.

[409] Mehr von ihm in Kap. E. I.

denden Teilnehmern, veröffentlichen Fischer und Günther gemeinsam im Folgejahr in einem kleinen Buch.[410]
Dabei war Fischers Interesse an dieser Rasse keineswegs nur akademischer Natur: Er sah diesen wertvollen Bestandteil im deutschen Volk bedroht und schrieb alarmierend:

> "Das Germanenelement in unserem Volke und damit die geistigen Eigenschaften jener Komponente, ihre Phantasie und Energie, ihr eigentümlicher Idealismus und ihre Aufopferungsfähigkeit, gepaart mit gesundem Egoismus des Kriegers - kurz die nordische Rassenpsyche geht dahin!"[411]

b. Die alpine Rasse

Für Fischer von großer Relevanz war auch diejenige Rasse, als deren Verbreitungsgebiet er einen "breiten Streifen von Ost nach West im Bereich der Alpen" beschreibt. Am "unvermischtesten" würde man diesen Typus in Südwest- und Zentralfrankreich finden.[412]
Als Synonyme nennt Fischer "okzidentale, keltische, ligurische, sarmatische, rhätische" Rasse oder "Homo alpinus".[413] Ihre Merkmale seien braune Augen und Haare, Brachyzephalie sowie eine kleinere Körpergröße als die der Germanen. Ihre geistigen Eigenschaften wären "lange nicht so hoch" einzuschätzen wie die der nordischen Rasse:

> "Neigung und Fähigkeit zu zäher, energischer Arbeit, nicht geringe Intelligenz [...] gutes entwickeltes Gemeinschaftsgefühl [...] Fleiß, Energie und kluges Ausnützen der Verhältnisse [...] große Beharrlichkeit"[414]

Als negativ seien geringere Phantasie und eine größere Suggestibilität zu erwähnen. Daß Fischer diese Rasse als ein vermutlich "westlichster Zweig der Mongolen" einschätzt, mußte, vor dem Hintergrund der alten Ängste im deutschen Bürgertum vor den Völkern Sibiriens, als ein Malus dieses Typus verstanden werden.

---

[410] Fischer, E./Günther H. F. K.: *Deutsche Köpfe nordischer Rasse*; München 1927 (= 1927-4 in der Personalbibliographie).

[411] 1910-2:21f.

[412] 1921-1:126.

[413] 1923-8:151.

[414] Beide Zitate: 1923-8:151.

c. Die dinarische Rasse

Diese Unterrasse benannte Fischer nach den dinarischen Alpen und er sah das Verbreitungsgebiet dieser Population vor allem in den Balkanländern, "am geschlossensten" in Bosnien-Herzegowina. Wiederum ist es der Artikel *Spezielle Anthropologie: Rassenlehre* im Lexikon *Kultur der Gegenwart* (1923-8), in dem er die genaueste Beschreibung seiner Vorstellungen dieses Typus liefert. Die auch "adriatische" genannte Unterrasse zeichne schwarzbraune Haare, Kurzköpfigkeit, dunkle Augen, eine Adlernase und große Statur aus.

Die geistigen Eigenschaften dieser Population seien folgende:

"recht gute Phantasiebegabung [...] Neigung zur Sorglosigkeit, Mangel an Voraussicht, Gutmütigkeit, nicht geringe Intelligenz, aber mangelndes Organisationstalent"[415]

So wie in den anderen *Rassebeschreibungen* vermißt man hier den Versuch einer wissenschaftlichen Prüfung, sondern sieht völkerpsychologische Vorurteile in ein wissenschaftliches Gewand gekleidet.

d. Die mediterrane Rasse

Als kleinste und dunkelste Rasse in Europa beschrieb Fischer einen Typ, für den er auch die Synonyme "iberisch-insulare, mittelländische" Rasse bzw. "*Homo mediterranus*" nennt. Als ihr Ausbreitungsgebiet wurden die "Küstenländer" des Mittelmeeres inklusive Spanien und Portugal bezeichnet.[416] Die Darstellung der angeblichen geistig-seelischen Eigenschaften liest sich wie folgt:

"Lebhaftigkeit und Unbeständigkeit [...] Wildheit und Grausamkeit [...] geringe Voraussicht, große Fähigkeit nachzuahmen, aufzunehmen, sich beeinflussen zu lassen. Die Intelligenz ist nicht so hoch und die Phantasie lange nicht so entwickelt wie etwa bei der nordischen, die musikalische Anlage erheblich höher."[417]

e. Die "*Neger*"

Ohne Fischers Anthropologie zu vereinfachen, dürfen wir seine Einschätzung von Mitgliedern der schwarzen Rasse so zusammenfassen: Es waren "Wilde", auch wenn sich dieser Ausdruck *expressis verbis* in seiner Rassenanthropographie nicht

---

[415] 1923-8:152.

[416] 1921-1:125.

[417] 1923-8:151.

findet. Es sind eher unterschwellige und indirekte Bewertungen, die diese Interpretation nahelegen. Insbesondere in Bezug auf ihre angeblichen geistigen Eigenschaften traute der Anthropologe den Schwarzen wenig zu - und tradierte alte Vorurteile:

"Für die mindere Leistungsfähigkeit des (leichteren) Negergehirns spricht die Tatsache, daß die Zahl der nordamerikanischen Neger, die im Kampf ums Dasein mit dem Gehirn versagten, d. h. geisteskrank wurden, seit der Sklavenbefreiung ruckweise stieg, während die Neger in der Sklaverei eine viel geringere Zahl Geisteskranker aufwiesen als die Weißen."[418]

Die Folgerung aus diesem Beispiel, daß die Sklaverei für Schwarze gleichsam *physiologischer* sei als die Freiheit, drängte Fischer so dem Leser auf.

Ebenso sah Fischer in seinen "sozialanthropologischen" Geschichtsinterpretationen die Rolle der Schwarzen nur höchst selten als die von Oberschichten oder Kulturträgern. Wie schon anhand von Zitaten aus den *Rehobother Bastards* klar wurde, ging er *a priori* davon aus, daß Völker dieser Rasse die Anleitung und Führung höherstehender Rassen benötigten, weil:

"Wo diese Neger vollkommen sich selbst überlassen worden sind, wie beispielshalber auf Jamaika, sind einzelne Gruppen in vollkommene Unkultur (Fetischismus usw.) zurückgesunken und zu sog. 'Buschnegern' geworden."[419]

Wie schon anhand der vorangegangenen Rassenbeschreibungen wird hier ein wiederkehrendes Muster deutlich:

Fischer rezipierte fremde Kulturkreise aus einer traditionellen eurozentrischen Sicht, seine Geschichtsinterpretationen folgen nationalistisch-bildungsbürgerlichen Mustern. Das bedeutet, daß enge, nicht-naturwissenschaftliche, weltanschauliche Grundüberzeugungen und kulturell-historische Idealvorstellungen des Anatomen zum Maßstab der Bewertung von "anderen" Rassen und Völkern werden.

f. Die *Juden*

Für Eugen Fischer stellten die Juden keine Rasse, sondern eine Rassenmischung dar: Es wäre eindeutig, daß man

"[...] ebensowenig von einer jüdischen Rasse, wie von einer germanischen Rasse sprechen kann, daß aber selbstverständlich sowohl die Juden, wie die Germanen je eine besondere Rassenmischung darstellen. Man kann also sehr wohl von

---

[418] 1913-3:685-688.

[419] 1921-1:138.

Rassenmerkmalen und Rassen der Juden und der Germanen sprechen und beide scharf und deutlich unterscheiden."[420]

Also wäre einen "'semitischen' Typus" zu beschreiben "genau so inkonsequent [...] wie vom 'arischen' Typus zu sprechen."[421]

Verzichtet Fischer - etwa aus wissenschaftlicher Zurückhaltung und politischer Vorsicht - also darauf, *die* Juden zu beschreiben?

Er beschreitet einen anderen Weg: Während er im Jahr 1913 noch einräumt, daß die "Frage nach der rassigen [sic] Zusammensetzung der Juden noch nicht einwandfrei gelöst" sei,[422] beschreibt er acht Jahre später die "Hebräer" als Rassenmischung vornehmlich von "armenoider" und "orientalischer" Rasse,[423] wobei bei den Sephardim mehr die orientalische, bei den Aschkenasim mehr die armenoide Rasse überwiege.[424] Dabei fällt auf, daß Fischer (bereits 1913) auch *nordischen* Einschlag konzedierte (er folgte damit v. Luschan):

"Um die Zeit des 2. vorchristlichen Jahrtausends" wären aus den "Donautiefländern" Vertreter der *nordischen* Rasse als "thrakische Horden" auf die "armenoide Urbevölkerung" gestoßen und in sie eingedrungen. Freilich betont der Anthropologe, daß die von den "Semiten" als "Amoriter" bezeichneten Eroberer "auch nicht mehr in toto *nur* solche, sondern gemischt" der *nordischen* Rasse angehört hätten.[425] 1923 beschreibt Fischer die *hebräische* Bevölkerung gar als eine aus vier Rassekomponenten, der *vorderasiatischen (armenoiden)*, orientalischen, nordischen und *mediterranen*, bestehende Population (1923-8:173f). Der Einfluß der beiden *europäischen* Rassen (*nordisch* und *mediterran*) stehe dabei hinter dem der *außereuropäischen* (*armenoid* und *orientalisch*) zurück.

Im Gegensatz zu Rasseschwärmern und -fanatikern gibt Fischer folgerichtig keine eigentliche Anthropographie *der* Juden, sondern nur Beschreibungen ihrer vorgeblichen Ursprungsrassen:

---

[420] 1921-1:136.

[421] 1913-7:102.

[422] 1913-7:102.

[423] Fischer folgte damit v. Luschans Definition, vgl. Massin 1993a: 398.

[424] 1921-1:136.
Die körperliche Erscheinung der südeuropäischen Juden (Sephardim) wird unterschiedlich zu der der osteuropäischen Juden (Aschkenasim) beschrieben: Während erstere "feine Physiognomien" besäßen, kennzeichne die zweite Gruppe "gröbere Züge [...] derbere, oft hakige, fleischige Nasen, gelegentlich krauses Haar" (1923-8:173).

[425] Alle Zitate: 1913-7:102. Kursives (im Zitat) im Original gesperrt.

Die "*vorderasiatische Rasse* (Syn. *armenoid, alarodisch, kappadokisch, protoarmenisch, hethitisch*)" sei "Träger alter vorderasiatischer Kulturen" gewesen. Aber ebenso habe die "orientalische Rasse" die "hohe semitische Kultur" hervorgebracht.[426] Bemerkenswert ist die unterschiedliche Bewertung der geistigen Eigenschaften der angeblichen Hauptrassen: Zur "vorderasiatische Rasse" könne man "nicht viel Positives sagen", es fehlten "Tatkraft, Energie, Phantasiebegabung", indes seien "Klugheit, Berechnung, Scharfsinn [...] die Fähigkeit andere zu durchschauen, Menschen und Situationen auszunützen" vorhanden.[427]

Die "orientalische Rasse" dagegen wird als "hochbegabt" beschrieben:

"Sehr intelligent, energisch und zäh ausdauernd, vorschauend und organisierend, verfügt sie über Erfinder und Denker [...] [Phantasie und künstlerische Begabung seien] nicht hervorragend, die musikalische Anlage groß [...] Sehr groß ist das Gemeingefühl, die Kunst sich unter- und einzuordnen, noch größer die Fähigkeit, Fremdes anzunehmen und wiederzugeben, zu suggerieren, auf andere zu wirken."[428]

Es wird deutlich, daß Fischer in der Tradierung alter Vorurteile den beiden wichtigsten vorgeblichen Unterrassen der Juden einige schlechte Eigenschaften und Verhaltensmuster - im Sinne von Verschlagenheit, Opportunismus und Manipulationsgabe - unterstellt, daß aber im Vergleich die *osteuropäischen Juden* (*Aschkenasim*) weitaus negativer dargestellt werden als die *südeuropäischen Juden* (*Sephardim*). Man kann allerdings nicht daraus schließen, daß Fischer die Rassen-*Komposition* der Juden als an sich *minderwertig* betrachtete, so wie er dies bei der *schwarzen Rasse* tat. Dafür hatte er ihnen zu viele positive Eigenschaften zugesprochen.

War Fischer Antisemit ?

Anhand der Publikationen in seiner Freiburger Zeit können wir die Frage nicht eindeutig beantworten. Und doch neige ich zu der Anschauung, daß bei dem völkischen und deutschnationalen Konservativen ein latenter Antisemitismus auch schon in seiner Freiburger Zeit bis 1927 zu bemerken ist.[429] Fischer vermied es allerdings,

---

[426] 1923-8:170,171.

[427] 1923-8:171.
Es sei daran erinnert, daß die "Ostjuden" (Aschkenasim) sich nach Fischers Interpretation vornehmlich aus dieser "vorderasiatischen Rasse" konstituierten.

[428] 1923-8:171.
Auch Grosse hatte schon zu Fischers Studienzeiten von der angeblichen "unermüdlichen Anpassungsfähigkeit" *des* Juden gewarnt, wobei "der Kern seines Wesens [...] so eigenartig" bliebe (Grosse 1900:135).

[429] Dagegen finden sich i. d. 40er Jahren offen antisemitische Äußerungen Fischers. Vgl. Kap. G.!

in seinen öffentlichen Äußerungen evtl. karriereschädlichen antisemitischen Überzeugungen klaren Ausdruck zu geben. Man muß zwischen den Zeilen lesen, um Fischers latenten Antisemitismus schon in der Zeit bis 1927 aufzuzeigen.[430]
Was man sicher feststellen kann ist, daß er einen Gegensatz zwischen den europäischen Rassen und den Juden sah:
Fischer betonte 1913 die "starke angeborene - rassenmäßige Differenz zwischen Juden und der germanisch-alpinen bezw. mediterranen Hauptbevölkerung Europas".[431] "Ein scharfer Rassenunterschied zwischen Europäern und Juden" bestehe.[432] Und bezüglich der Psyche von Europäern und Juden schreibt er:

"[...] wie tiefgreifend die Unterschiede [sind], wird jedem klar, der über [...] die Kultur der Vorderasiaten und der Nordeuropäer nachgedacht hat und die heutige Judenfrage in Europa studiert."[433]

Wenn ein Anthropologe dieser Zeit so sehr die angebliche *Andersartigkeit* oder *Fremdheit* einer Population und ihrer Kultur betonte, mußte das nicht als unausgesprochene Ablehnung eben dieser Menschen verstanden werden? Da wirkt es nur halbherzig oder opportunistisch, wenn er betont, daß die "Frage der jüdischen Bevölkerung, die unter nichtjüdischer lebt [...] jenseits von allen tendenziösen Einstellungen" zu behandeln sei.[434]
Es ist wahrscheinlich, daß er gegen die Verbindung von nichtjüdischen Deutschen und Juden war. Er rief 1913 aus, es gäbe "keine Präpotenz der Juden an sich!"[435] Es klingt die antisemitische Verschwörungslegende an, wenn Fischer im Anschluß an historische Beispiele zum Untergang von germanischen Völkern schreibt: Die "bedeutendste Rolle aber spielt in der Gegenwart der jüdische Einschlag".[436]
Daß Fischer im übrigen nicht weit von dem Klischee der antisemitischen Propaganda einer "jüdisch gelenkten Presse" entfernt war, darf man aufgrund folgender Passage aus einem an Gymnasiasten gerichteten, völkischen Vortrag Fischers vermuten. Der Erläuterung seines Konzepts von der psychischen Unterschiedlichkeit

---

[430] Auch Crips (1993:8) beurteilt Fischers Standpunkt in der Weimarer Republik als "pas encore explicitement antisémite."

[431] 1913-12:183.

[432] 1923-8:174.

[433] 1923-8:174.

[434] 1926-3:750.

[435] 1913-14:1008.

[436] 1921-1:132.

der Rassen und der Notwendigkeit einer Führerschicht in einem Staat läßt er folgende Bemerkung in Klammern folgen:

"Kein Wunder, wenn soviel Mißverstandenes, soviel Unsinn darüber geschrieben wird, vor allem in dem semitisch beeinflußten Teil unserer Presse!"[437]

Selbst wenn man also anhand der aufgeführten Beispiele einen latenten Antisemitismus Fischers schon vor 1927 als Überinterpretation ansähe, so offenbart sich in den Fischerschen Publikationen bis 1927 doch schon recht deutlich ein *Unbehagen* Fischers gegenüber den Juden.

3. Fischers Problem mit der süddeutschen Brachyzephalie

Der Schädel war das wichtigste Untersuchungsobjekt der klassischen Anthropologie (Kraniologie). Er wurde beschrieben und vermessen (Kraniometrie). Die Anthropologen benutzten zur Beschreibung der Schädelform den Längen-Breiten-Index, d. h. sie gaben die Breite eines Schädels in Prozent seiner Länge an. War der Index kleiner als 75% dann sprach man von Langschädeligkeit (= Dolichozephalie), bei einem Index von 81% und größer von Kurzschädeligkeit (Brachyzephalie). Die Mittelformen wurden mesozephal genannt. Fischer schreibt:

"Diese Grenzen sind natürlich willkürlich festgelegt. In der Natur hat keine Rasse nur eine einzige Form, sondern jeweils liegt nur ihr Durchschnitt in einer solchen Abteilung, während Einzelindividuen, ohne deswegen weniger reinrassig zu sein [!], über diese willkürlichen Grenzen in ihren Maßen hinausgehen."[438]

Die badische Bevölkerung hatte einen Durchschnittswert von 84,1%, war also deutlich kurzschädelig, brachyzephal. Wie im vorigen Kapitel dargestellt, definierte Fischer die *nordische* Rasse (also auch die Germanen mit ihren Stämmen, den Alemannen, Franken usw.) als langschädelig, dolichozephal. Die *alpine* und *dinarische* Rasse beschrieb er als brachyzephal, die *mediterrane* als dolichozephal. Eine mögliche Folgerung daraus war, daß die Bevölkerung in Fischers Heimat das von ihm bewunderte "nordische Rassenelement" fehlte. Das bedeutet, daß es für Fischer ein Problem darstellen mußte, wenn in Süddeutschland eine "Mehrheit von Brachycephalie" vorlag, "während zur Völkerwanderungszeit und vorher in Masse

---

[437] 1912-5:7.

[438] 1912-1:166.

dolichocephale Elemente eingewandert sind."⁴³⁹ Auch daß es so viele blonde, blauäugige und schmalgesichtige (*nordische* Rassenmerkmale) Personen mit kurzen Schädeln (*dinarisches* oder *alpines* Element) im Alpen- und Schwarzwaldgebiet gab,⁴⁴⁰ sprach doch, in der Logik der zeitgenössischen Rassenanthropologie, für eine starke Rassenmischung in diesen Regionen.

Diese Vorstellung war für den Badener offensichtlich nicht akzeptabel und so bot er zwei Lösungsvorschläge für dieses Problem an:

1. Er machte für die Kurzschädeligkeit der Bewohner genannter Gebiete endokrine und muskuläre Faktoren verantwortlich, was wiederum eine *nordische* als Haupt-Urbevölkerung theoretisch möglich machte.⁴⁴¹
2. Er entwarf eine passende historische Anthropologie der Badener: Diese besagte, daß eine ursprünglich *alpine* Urbevölkerung Badens durch zuerst einwandernde *nordische* Kelten⁴⁴² und später einwandernde *nordische* Germanen (Alemannen und Franken) in den unwirtlicheren Hochschwarzwald abgedrängt worden sei: "So sieht man heute noch in den Ebenen mehr nordische Rasse, in den höheren Tälern alpine."⁴⁴³

Die - *a priori* intelligenteren und regeren - Germanen hätten dann in den Städten eine "Herrenschicht" gebildet. Nur ein Keil kurzschädeliger Bevölkerung in der Nähe von Rastatt, zwischen Alemannen im Süden und Franken im Norden, hätte sich erhalten, und dieser Vorgang wäre in Form der Zwergensagen in das deutsche Märchengut eingegangen.⁴⁴⁴ Es verwundert nicht, daß er betont, "ein stärkerer Einschlag der mediterranen Rasse [dolichozephal!; Anm. d. Verf.] in unserer

---

⁴³⁹ 1924-1:38.

⁴⁴⁰ Fischer in 1923-2.

⁴⁴¹ 1923-2. - Diese These vertrat er in der renommierten *Münchener Medizinischen Wochenschrift* des, sonst die völkische Bewegung fördernden, J. F. Lehmann-Verlages.

⁴⁴² Fischer ordnete 1912 auch die Kelten der *nordischen* Rasse zu: "Es sei eigens betont, daß, entgegen der Laienansicht, man anthropologisch, also nach körperlichen Merkmalen zwischen Kelten und Germanen nicht scheiden kann." (1912-1). Diese Aussage verwundert, wenn man bedenkt, daß Fischer 1923 als Synonyme für die *alpine* Rasse auch "keltische Rasse" nannte (1923-8:151, vgl. vorangegangenes Kap.). 1910 hatte er gelehrt, daß nur die "ursprünglichen Kelten" (1910-2:19) der nordischen Rasse angehörten. Sollten sie also einen Typus- (Rassen-) Wechsel durchgemacht haben? Eine klare Antwort kann anhand der Quellenlage nicht gegeben werden. Letztlich ist sie aber auch relativ wenig relevant, da er 1925 betonte, die Keltenzeit hätte "so gut wie gar keine Spuren im Rassenbild" Badens hinterlassen (1925-7:44).

⁴⁴³ 1925-7:44.

⁴⁴⁴ In 1912-1. Fischer war diesbezüglich deutlich von Ammons Werk *Zur Anthropologie der Badener*, beeinflußt; vgl. Kap. E. I.

Bevölkerung" sei auszuschließen.⁴⁴⁵ Ebenso verneint er einen starken Einfluß der brachyzephalen *dinarischen* Rasse oder essentielle Einflüsse durch Vorfahren aus "Italien oder [durch] sonstige Fremde von heutzutage (einschließlich Juden)".⁴⁴⁶ Die Zielrichtung dieser Argumentation und Interpretation Fischers wird klar, wenn er am Ende eines Artikels über die heimische Bevölkerung schreibt, es ginge darum, "daß die Linien nicht aussterben oder durch fremde gekreuzt werden [...]".⁴⁴⁷ Das heißt, Fischers Intention bei der anthropologischen Beschreibung *seiner* badischen Heimat ging dahin, an ihr einen möglichst hohen germanischen (sprich: *nordischen*) Rassebestandteil nachzuweisen und diesen zu erhalten, d. h. ihn *rein* zu halten. Für Fischer stellte also das Problem der süddeutschen Brachyzephalie - das aber hieß: die Frage nach der Rassenmischung der Badener - weit mehr als nur eine fachanthropologisch-akademische Frage dar. Die Abstammung der Bevölkerung seiner geliebten Heimat war für ihn anscheinend auch bezüglich seines Selbstverständnisses als Badener von Belang - und wurde damit zu einer lokalpatriotischen Frage. Das zeigt, daß anthropologische Sachfragen, wie in diesem Beispiel die nach der Schädelform, für den *objektiven* Wissenschaftler selbst immer auch Wertfragen und als solche beeinflußt durch die politischen, historischen und landsmannschaftlichen Hintergründe und Wunschvorstellungen des Anthropologen waren.

4. Rassenmischungen und -mischlinge

Zu Eugen Fischers 80sten Geburtstag im Jahre 1954 widmete die *Zeitschrift für Morphologie und Anthropologie* ihrem langjährigen, ehemaligen Herausgeber einen Festband.⁴⁴⁸ In der dem Widmungstext folgenden Laudatio auf den Jubilar schreibt sein besonders geförderter Schüler Otmar v. Verschuer: "Das Problem der *Bastardierung* zieht sich wie ein roter Faden durch sein ganzes wissenschaftliches Werk."⁴⁴⁹ Tatsächlich kann man v. Verschuers Beobachtung für die Zeit nach der Rehobother Reise bis 1927 gut nachvollziehen.

---

[445] 1912-1:170.

[446] 1921-4:22.

[447] 1921-4:22.

[448] "[...] mit dem Gefühl der Dankbarkeit, daß Eugen Fischer die gesamte Anthropologie in Deutschland so zum Aufblühen gebracht" habe, wie es im Vorwort des Herausgebers Hans Weinert heißt; ZfMoAn Bd.46, S.110, 1954.

[449] v. Verschuer 1954:111. Kursives i.O. gesperrt.

Rassenmischung war für den Anthropologen ein gewöhnlicher biologischer Vorgang und so definierte er die biologischen Termini "Bastardierung" oder "Kreuzung" als

> "[...] die geschlechtliche Fortpflanzung zwischen zwei Individuen aus ungleichen Gattungen, Arten, oder was sonst für systematische Unterschiede sind. Die Frucht aus der Verbindung zweier derartiger 'ungleicher' Individuen ist ein Bastard."[450]

Fischer beurteilte Rassenmischung wie folgt:

Die Ergebnisse seiner eigenen Forschung an der Rehobother Bevölkerung waren, daß die Mischbevölkerung gesund, sehr fruchtbar, in ihrem Geschlechtsverhältnis nicht verschoben und ohne die Präpotenz einer Rasse vermischt war[451] - somit waren wichtige zeitgenössische Argumente gegen Rassenmischung widerlegt. Trotzdem kämpfte Fischer gegen die freie Vermischung von Rassen.

Die Begründung für dieses Verhalten muß man in nichtwissenschaftlichen, spekulativen, z.T. ideologischen Prämissen des Freiburgers suchen:

1. Eugen Fischer glaubte an die ungleiche Wertigkeit einzelner menschlicher Rassen. Diese Wertungen bezogen sich ausdrücklich auch auf intellektuelle und charakterliche Eigenschaften.

2. Theorien von unterschiedlich nahen oder fernen Verwandtschaftsbeziehungen zwischen den menschlichen Rassen dienten ihm als theoretisches Konstrukt.

3. Er glaubte, zumindest zeitweise, an das Konzept der disharmonischen Kombination psychischer Eigenheiten als Ergebnis von Rassenmischung.

Beim Thema Rassenmischung ist eine Abschwächung von ursprünglich radikalen Positionen hin zu vergleichsweise moderateren Tönen zu konstatieren. Dieser Prozeß umfaßt den Zeitraum von der Rehoboth-Reise bis Mitte der 20er Jahre:

In einer seiner ersten Publikationen über die Rehoboth-Reise bringt er noch ganz ungeschminkt seine Verachtung für Abkömmlinge von Weißen und einheimischen Rassen der Kolonien zum Ausdruck:

> "In Deutsch-Südwestafrika gibt es genau wie in Nordamerika, Indien oder Kapland eine Menge Mischblut, Halbblut, d. h. uneheliche Kinder von Weißen

---

[450] Fischer 1909-1:1047.
   In den *Rehobother Bastards* faßt er den Begriff "Bastardierung" in der Terminologie der noch jungen Genetik kürzer: als "geschlechtliche Erzeugung heterozygoter Individuen"; 1913-1:139.

[451] vgl. Kap. D. I. 2.

aus Hereromüttern oder Hottentottinnen oder Damaraweibern - das ist dasselbe moralisch und physisch meist minderwertige Gesindel wie dort [...]"[452]

Allerdings schwächt Fischer sogleich in einer Fußnote diese eindeutige Äußerung wie folgt ab:

"Ich möchte aber dieses harte Wort etwas einschränken. Die Missionen lassen es sich große Opfer kosten, diese Mischblutkinder [...] in besonderen Anstalten zu erziehen und zu brauchbaren Menschen zu machen - es dürfte nicht nur menschlich, sondern auch für unsere Frage interessant sein, später zu sehen, wie die Erfolge sind. Daß Negerbastarde in Nordamerika hochintelligente und ethisch wertvolle Individuen sein können, zeigen Beispiele wie das Booker Washingtons."[453]

Fischer wendet sich in dem zitierten Artikel auch gegen die Ansicht, daß "jeder Bastard und jede Bastardbevölkerung" von beiden Elternrassen nur die schlechten Eigenschaften erben würde und damit zwangsläufig schlechter würde als die elterlichen Rassen. Negative Einzelbeispiele aus Amerika und Indien wären nur aufgrund der Milieuwirkung, aufgrund des Ausgestoßenseins und der fehlenden Verwurzelung des Mischlings "in einer festen Volksschicht" entstanden. Mit wieviel Fremdenangst und Vorurteilen Fischer dennoch dem "Einzelbastard" begegnet sein muß, läßt uns das folgende Zitat erahnen, in dem Fischer wiederum die Genwirkung betont:

"Allerdings ist er oft auch *wirklich* schlechter wie [sic] beide Mutterrassen und das ist erklärlich: die niedere Eingeborenenrasse hat oft die gewalttätigeren, grausameren, verschlagenen Züge im Charakter, kann aber infolge der aufgezwungenen Fesseln der Zivilisation diesen nicht folgen - der Bastard bekommt zu diesem Erbe von der andern Seite eine Portion Intelligenz und nun ist er imstande, Mittel und Wege zu finden, jenen Instinkten zu folgen, die Fesseln zu sprengen - er wird viel gemeiner und viehischer als der *reine* Wilde - auch zur Boshaftigkeit und Gemeinheit gehört Intelligenz, sie raffiniert auszuführen."[454]

Fischer ging von dem Konzept eines genetischen *Abstiegs* durch Mischung mit nichteuropäischen Rassen aus. Deutlich formuliert er die angebliche Gefahr der genetischen Verschlechterung drei Jahre später in der Reihe *Nationale Jugendvorträge*:

---

[452] 1909-1:1048.
Die Verletzung der bürgerlichen Norm der Ehelichkeit von Kindern hat hier den konservativen Professor sicher ebenso gestört.

[453] l.c.
Booker T. Washington (1856-1915) war US-amerikanischer Schwarzenführer und Pädagoge.

[454] 1909-1:1050.

"Erfahrung lehrt uns, daß eine geistig leistungsfähige, kulturell hochstehende Rasse durch Mischung mit einer minderwertigen stets abwärts gedrückt wird, geistig ärmer wird. Dagegen ergibt Mischung sich nahestehender Rassen öfter ganz besonders gute Resultate [...]"[455]

In seinem wichtigsten wissenschaftlichen Werk, den *Rehobother Bastards*, geht er weiter:

"Wo ein Mischling aus zwei hochwertigen Rassen in sozial anerkannter Stellung, also ohne jene [negativen; Anm. d. Verf.] Milieueinflüsse aufwächst, da wird er sicher gleichwertig sein oder sein können."[456]

Der *Abstieg*, das "Abwärts-Drücken", durch Rassenmischung galt also nicht regelhaft für alle Kombinationen, sondern nur für solche von sich fernstehenden, *qualitativ* unterschiedlichen Rassen.

Fischer sah den größten Gegensatz zwischen europäischen und nichteuropäischen Rassen. Hier klingt auch schon sein später zu besprechendes Geschichtskonzept durch, wenn er in den *Rehobother Bastards* betont:

"Ausnahmslos jedes europäische Volk [...], das Blut minderwertiger Rassen aufgenommen hat - und daß Neger, Hottentotten und viele andere minderwertig sind, können nur Schwärmer leugnen - hat diese Aufnahme minderwertiger Elemente durch geistigen, kulturellen Niedergang gebüßt."[457]

Mehrmals und deutlich weist Fischer darauf hin, daß alle "Kulturvölker Europas"[458] Rassenmischungen wären, ja daß "auch unsere zentraleuropäische Bevölkerung ein völlig unausgeglichenes Bastardgemenge" sei.[459] Trotzdem ist es eindeutig, daß Fischer in der *"europäiden* Form des Menschen",[460] der "weißen Rasse",[461] eine gewisse Einheit und die qualitativ höheren Menschenrassen versammelt sieht.

Es ist ihre Kulturgeschichte, die er als Beweis ihrer Superiorität anführt:

"Eine rassenmäßig irgendwie *zusammengehörige*, wenn auch gegliederte und in Rassen zerfallene Menschheitsgruppe hat die gesamte abend- und morgenländische Kultur hervorgebracht, *nur* sie und sie allein!"[462]

---

[455] 1912-5:60.

[456] 1913-1:299.

[457] 1913-1:302.

[458] 1910-2:18.

[459] 1913-1:190.

[460] 1923-8:181.

[461] 1913-1:302. Beachte, wie variabel Fischer hier mit dem Terminus "Rasse" umgeht.

[462] 1923-8:182.

Vor der *Gesellschaft deutscher Naturforscher und Ärzte in Wien* hatte er bereits im Jahr 1913 diesen Kultur-Maßstab zur Einordnung von Rassen in höhere und niedere aufgeführt. Er hält es für "wahrscheinlich richtig", daß "stark differente Rassen" ein "'schlechtes', einander nahestehende ein besonders 'gutes' Resultat" bei ihrer Vermischung ergäben. Und er fügt in Klammern hinzu:

"[...] d. h. - ohne Werturteil - eine für unsere Art der Kultur und deren Weiterproduktion geeignete Kombination von Phantasie, Intellekt, Energie usw. usw."[463]

Im Jahr 1926 schließlich, vor dem Senat der *Kaiser Wilhelm-Gesellschaft* (also vor dem Kollegium seiner zukünftigen Wirkungsstätte), führt er aus:

"[...] eine mäßige Kreuzung zweier geeigneter Rassen halte ich für günstiger als Reinrassigkeit; das ist mein persönlicher Standpunkt[...]"[464]

Die günstige Wirkung würde geschichtsmächtig, sähe man doch "geistigen Hochstand [...] historisch so oft gerade nach Perioden von Mischung", wie Fischer im Folgejahr in seinem gemeinsamen Werk mit dem "Rassen-Günther" betont.[465]

Welche Rassen sind also zur Vermischung "geeignet"?
Die deutsche Bevölkerung mit der Kolonialbevölkerung jedenfalls nicht:

"Nicht eindringlich genug kann gepredigt werden, daß *jeder* Tropfen Blut von farbigen Rassen, der in unserm Volkskörper Aufnahme findet, uns *schädigt, unheilbar schädigt.*"[466]

Ehen zwischen Europäern unterschiedlicher Nationalität dürften dagegen gemäß den Fischerschen Prinzipien erlaubt gewesen sein. Eine andere, seinerzeit propagandistisch brisante Frage war die nach christlich-jüdischen Ehen - im Verständnis Fischers ebenfalls eine Rassenkreuzung (vgl. das Kapitel Spezielle Anthropologie). Hier bezieht Fischer in den öffentlichen Verlautbarungen seiner Freiburger Zeit nie deutlich Stellung. Er mißt dieser Frage freilich praktische Relevanz zu. So führe

"[...] das Problem der Rassenkreuzung auch beim Menschen unmittelbar zu praktischen Konsequenzen, denn die sog. Mischehenfrage in den Kolonien, die christlich-jüdische Mischehenfrage, die Frage der Bedeutung von Völker-

---

[463] 1913-13:79.

[464] 1926-3:754.

[465] Mit dem schon erwähnten Hans F. K. Günther in *Deutsche Köpfe nordischer Rasse*, vgl. 1927-4:6.

[466] 1909-1:1051.

mischungen für die Kultur ('Germanen und Renaissance') - das alles sind auch Probleme der Rassenkreuzung."⁴⁶⁷

Man sieht auch an dieser Stelle die (schon in Kapitel D. II. 2. f erwähnte) kalkulierte - und im Kontext der Zeit tendenziöse - *Uneindeutigkeit* seiner Position zu den Juden.

Der letzte Punkt in Fischers vorgefaßten Annahmen ist die angebliche Existenz disharmonischer Kombinationen durch Rassenkreuzung. Was die somatisch-ästhetische Seite betrifft, so äußerte sich der Anatom häufig positiv zu Rassenmischungen.⁴⁶⁸

Bezüglich der geistigen Eigenschaften von Rassenmischlingen ging Fischer von "Ungleichheit, ja Disharmonien" aus - ohne jemals einen Beweis für diese Prämisse vorzulegen:

> "Gebildete Rassenmischlinge - vor allem solche aus zwei stark differenten Rassen - fühlen selber die zwei Seelen in ihrer Brust.⁴⁶⁹

In Verbindung mit provinziellen, politischen und sozialen Vorurteilen äußert Fischer gar:

> "Die 'Disharmonie' (Harmoniemangel), in Unschönheit und Stillosigkeit der Gesichter sehr vieler Großstädter, des Proletariats, hängt von solcher Rassenmischung [gemeint ist eine nicht näher erklärte "wahl- und ziellose Mischung"; Anm. d. Verf.] ab. [...] bis zur Entstehung von beinahe als krankhaft zu bezeichnenden Bildungen. Seelisch entspricht dem das Gesinnungsproletariat und der geistige Zustand der 'Masse'."⁴⁷⁰

5. Gesellschaftsbild

Das Gesellschaftsbild Eugen Fischers war von zeitgenössischen sozialdarwinistischen Ideen bestimmt. Auffällig ist, daß er sich allerdings konkreten politischen Äußerungen in bezug auf das politische System seiner Zeit (und ihrem Wandel) enthält: An keiner Stelle seiner Publikationen bis 1927 finden sich deutliche politische Aussagen z. B. zum Kaiserreich, Weimarer Republik, Parteiensystem,

---

⁴⁶⁷ 1913-14:1007.

⁴⁶⁸ "An Schönheit ist sehr oft solch ein leichter rassenfremder Zug keine Minderung, sondern ein Vorteil." 1927-4:5.

⁴⁶⁹ Beide Zitate: 1913-1:166.

⁴⁷⁰ 1927-4:6. Crips (1993:15) wertet dieses Zitat zu Recht als Ausdruck einer antikommunistischen, elitär-proletariatsfeindlichen Haltung des Anthropologen. Sie spricht in diesem Zusammenhang von einer "apologie de l'élitisme sozial." Siehe auch das folgende Unterkapitel.

Sozialismus oder Kapitalismus, obwohl ein Bezug zu diesen umstrittenen Fragen auch für einen Wissenschaftler durchaus vertretbar waren oder gar erwartet wurden.[471]
Deutlich wird lediglich, daß er kein egalitäres Gesellschaftssystem befürwortete, sondern vielmehr im Klassensystem eine quasi natürliche und (damit) positive Gesellschaftsordnung sah. So referierte er zustimmend über sozialanthropologische Schriften, in denen die Auswirkungen der sozialen Schichtung aus eugenischer Sicht befürwortet wurden. Die Ständegesellschaft hätte zur "Vermeidung planloser und schädlicher Panmixie" und letztlich zur "Talentzüchtung" beigetragen.[472]
Keineswegs originell aber konstant sind Fischers sozialdarwinistischen Äußerungen: Sozial aufsteigende Familien oder Einzelpersonen wären "sicher solche, die sich durch Tüchtigkeit auszeichnen, solche *über* dem Durchschnitt, Auserlesene, Ausgesiebte".[473]
Über "Jahrhunderte" betrachtet, wären

> "[...] die sozial oberen Schichten biologisch wertvoller, es sind Nachkommen der als tüchtigste Auserlesenen, sie repräsentieren an Intelligenz, Phantasie, Energie, kurz gesamten menschlichen Leistungen eine Elite - bis zu gewissem Grade auch körperlich"[474]

Trotz dieses Elitarismus äußert sich Fischer nicht abschätzig über sozial untere Klassen.
Aufschlußreich ist ferner seine Besprechung einer Gruppe, die sich "innerhalb der sozial untersten Schicht" von dieser abheben würde - "die der Verbrecher, Vagabunden, Dirnen usw.":[475]
Fischer lehnt gängige Theorien, daß diese Gruppe "eine Art Rückschlag auf eine frühere Form, auf unsere Vorfahren im Urzustand" wäre oder Vergleiche mit "heu-

---

[471] Crips (1993:8,12) betont sehr einen angeblichen katholischen und *Zentrums*nahen weltanschaulichen Standpunkt Fischers. Ich fand in dem Zeitraum bis 1927 weder typisch katholische, noch eindeutig *Zentrums*nahe Äußerungen oder Selbstdefinitionen Fischers. Fischer war von 1919 bis 1926 Mitglied der DNVP (vgl. Kap. B. III.). Erst ab Anfang der Dreißiger Jahre wird er sich deutlich zur Republik, Marxismus und zu eugenischen Punkten des Parteiprogrammes der NSDAP äußern. Vgl. Kap. G.

[472] 1913-12:180.

[473] 1910-2:11. Kursives i.O. gesperrt.

[474] 1910-2:12. Hier beschäftigt Fischer vor allem die vermeintliche Gefahr des Aussterbens dieser "wertvollen" Klasse durch die differentielle Geburtenrate - ein Thema, das in Kap. D. II. 8. behandelt wird.

[475] 1913-12:178.

tigen primitiven Rassetypen" ab.[476] Trotzdem teilte auch Fischer den Glauben an angeborene geistige Stigmata dieser Gruppe:

> "Der sogenannte Gewohnheitsverbrecher ('instinktive' Verbrecher, 'moralisch Irre') stellt tatsächlich eine besondere Variante geistiger Anlagen dar; die angeborenen Anlagen auf dem Gebiete des Gefühlslebens, [...] der Ablauf der Willensimpulse, der Hemmungen usw. sind [...] anders als beim Normalen. Solche Verbrecher sind tatsächlich durch angeborene über die Grenze des Normalen hinausgehende Merkmale ihres Zentralnervensystems (bezw. dessen Funktionen) ausgezeichnet."[477]

Die Bemerkungen zu dieser "Gruppe" wurden deswegen hier erwähnt, weil Fischer in dem soeben zitierten Übersichtsartikel aus dem Jahre 1913 Anspielungen an zeitgenössische Stereotypien mit Vorurteilscharakter macht: Etwaige Forderungen nach sozialer Ausgrenzung, Asylierung, wenn nicht gar Beseitigung, konnten sich durchaus auf folgende Formulierung Fischers berufen: "[...] solche Varianten passen schlechterdings nicht in unsere sozialen Verhältnisse." Auch das propagandistische Kostenargument gegen verbrecherische, angeblich "eingezüchtete" "Familienanlagen" klingt an: "[...] man hat auch berechnet, wieviele Millionen solche Familien an Gerichts- und Verpflegungskosten verursachen."[478]

Ein immer wiederkehrende Gedanke Fischers ist die Idealisierung der Landbevölkerung und die (dazu komplementäre) Ablehnung der großstädtischen Lebenswelt mit ihrer individualisierenden, multikulturellen und rassenvermischenden Kraft.

Erneut wird Fischers Rhetorik demagogisch:

> "Der Bauernstand, neben gewissen oberen und gewissen adeligen Schichten der wichtigste Träger der nordischen Rasseneigenschaften, wird auf die Dauer den Strom in die Stadt und das dortige Aussterben nicht speisen und ersetzen können, ohne selber zu Grunde zu gehen - und in die feudalsten Bauerngeschlechter trägt die Kultur dieselben Schäden wie in die Stadtgeschlechter - vor unseren Augen täglich mehr!"[479]

Diesem *Bedrohungsszenario* läßt der Freiburger indes ein hoffnungsfrohes Gegenbild folgen, das mehr ist als nur *Ländliche Romantik*:

---

[476] 1913-12:179.

[477] 1913-12:179. - Auch ein vermehrtes Vorkommen von einzelnen körperlichen "anthropologischen Verbrechermerkmalen" bei Individuen dieses Schlages schließt er nicht aus.

[478] Alle Zitate dieses Absatzes : 1913-12:179.

[479] 1910-2:22. - Bzgl. der angeblichen nordischen Rasseeigenschaften des Bauernstandes vgl. vorangegangenes Unterkapitel.

"Noch sitzt in unseren fruchtbaren Gauen gute, gesunde, germanische Bauernschaft mit reichem Kindersegen, noch dürfen wir hoffen, da wir nun die Schäden und Kehrseiten unserer Kultur erkennen, dass wir sie zu beseitigen vermögen, dürfen hoffen, einen noch nicht angefaulten Kern unseres Volkes zu treffen, der seine rein egoistischen, Genuss suchenden Triebe einschränkt und beeinflussen lässt zu Gunsten zahlreicher gesunder Enkel und Urenkel in langer, langer Kette!"[480]

Als Gegenbeispiel dient ihm die Großstadt: Im Gegensatz zu den eugenisch positiven, "reinen" bäuerlichen Erblinien würden sich die "ganz großen totalen Rassemischungen, wie sie in den untersten Schichten der Großstadt stattfinden, für ein gesamtes Volk *nicht* günstig" auswirken[481] - wie er 16 Jahre später in Berlin betont.

6. Historische Anthropologie

"Aber heute tritt *zur* Historie eine zweite Wissenschaft, die für *manche* Fragen glaubt *ebenfalls* Antwort zu haben [...] Es ist die Anthropologie. - *Das* ist der Grund, warum heute hier auch der Naturwissenschaftler [...] beleuchten möchte, wie die *Anthropologie* [...] versucht, *naturwissenschaftliche* Erklärung zu geben für so manches Problem im Leben eines Volkes."[482]

Seine ganze, seinerzeit hohe Reputation als Naturwissenschaftler bemüht Eugen Fischer zur Einleitung eines Vortrages über sein Geschichtskonzept. Insbesondere die Rassen-Anthropologie ist nach Fischers Überzeugung der Schlüssel zur Geschichte der Völker. Dabei schlägt der Professor - in dem Eifer, seinen Geschichtsinterpretationen im Stil der Zeit Überzeugungskraft zu verleihen - über die Grenzen der Grammatik, wenn er betont, daß "Vorgänge an Rassen von unendlichster [sic] Bedeutung für die Entstehung, die Geschichte und Leistungen der Völker"[483] wären.

Aus folgenden Bestandteilen besteht das Geschichtskonzept Fischers:

1. Dem historischen Muster der kriegerischen Unterwerfung einer ansässigen *niederen* Bevölkerung durch ein einwanderndes *wertvolleres* Volk oder Rasse.

2. Dem Motiv der nachfolgenden Neuformierung, rassischen Durchmischung und Blüte dieser Länder.

---

[480] 1910-2:29.

[481] 1926-3:753.

[482] 1912-5:55.

[483] 1913-1:VII.

3. Dem Topos der "Degeneration", also dem "Siechtum", "Altern"[484] und schließlich Untergang eines Volkes durch "Rasserestitution".[485]

4. Dem Motiv des "Rassenchaos"[486] oder "Rassebreis"[487] als Ursache und Endzustand degenerierter Gesellschaften.

Die zahlreichen Varianten und Anspielungen auf diese Motive lassen sich folgendermaßen zusammenzufassen:

Ein Volk entsteht durch die Abspaltung einer Gruppe von einem Stamm einer homogenen Rasse bzw. einer festgefügten Rassenkombination. Es wandert in ein fremdes Gebiet ein und unterwirft eine dort ansässige Bevölkerung, die aus einer anderen Rasse oder Rassen besteht. Die Tatsache der Unterwerfung der heimischen Bevölkerung durch die Eroberer ist der Beweis für die rassische Überlegenheit und höhere (dynamischere) Kultur des erobernden Volkes. Das Eroberervolk besetzt die fruchtbarsten Ländereien des Landes und bildet die Führungsklasse oder -kaste der sich langsam durchmischenden neuen Bevölkerung. Es folgt oft eine "ungeahnte herrliche Kulturblüte"[488] des neuen Mischvolkes durch den Einfluß der überlegenen Gene der neuen Oberschicht. Auch die günstige Rekombination der geistigen Qualitäten der unterschiedlichen Rassen kann dazu beitragen. Auf die genetische Durchmischung folgt die "Entmischung der ursprünglichen Rasse von den (durch das Eroberervolk) eingebrachten neuen Rasseelementen"[489] - von Fischer "Rasserestitution" genannt. Dieses langsame Ausscheiden der wertvolleren Elemente aus dem *Genpool* geschieht vornehmlich durch die verminderte Fortpflanzung der Oberschicht aufgrund klimatischer, v. a. aber "kultureller" *Reproduktionsmüdigkeit*.[490] Das Volk *degeneriert*, es tritt "wahllose Rassenmischung ein - der Stolz des Volkes schwindet".[491] Das Ende dieses Prozesses ist die freie Durchmischung aller Rassen - das "Rassenchaos" - welches Ausdruck und letzte Ursache des Abstiegs des Landes in die geschichtliche Bedeutungslosigkeit ist.

---

[484] Alle drei Begriffe aus 1921-1:123.

[485] 1912-5:62.

[486] 1926-3:753.

[487] 1912-5:64.

[488] 1913-12:185.

[489] 1912-5:62.

[490] Letzterer Begriff ist nicht zitiert.

[491] 1912-5:64.

Fischer bringt für einzelne Teile seiner Geschichtsspekulationen historische Beispiele:
1. Für das Eroberungsmotiv:
   - Die Invasion der Kelten (ein Volk v. a. nordischer Rasse) in die iberische Halbinsel und die Verdrängung der "vorwiegend zur 'mediterranen' Rasse gehörigen Iberer (Volk)".
   - Die "zur 'armenoiden' Rasse gehörigen Hettiter (Volk!) vor der semitischen (Volk!) Invasion, die dahin 'orientalische' Rasse brachte".[492]
2. Für das Motiv der Kulturblüte nach Rassenmischung:
   - "Indogermanische Völker, die mindestens ein starkes Kontingent nordischer Rasse in sich bargen, schieben sich auf die vorhellenische Bevölkerung - einige Zeit darauf erstrahlt der Glanz Griechenlands - "[493]
   - Die Renaissance, die letztlich durch nordischen Einfluß entstanden wäre, indem das "Rassenmischungs- und Degenerationsprodukt des niedergegangenen Rom in Italien [...] von Germanen überschichtet"[494] worden wäre.
3. Für das Motiv der Degeneration durch (rassische) Auflösung der führenden Schichten und dem nachfolgenden Abstieg:
   - "Man weist auf den gewaltigen Verlust hin, den Spanien und Portugal an Männern (und zum Teil an ganzen Geschlechtern) durch Kriege, Inquisition, Verbannung erlitten, auf die Aufnahme von Maurenblut an Stelle des alten Blutes: Untergang war die zeitliche Folge - oder die kausale."[495]
4. Für das Motiv "wahllose Rassenmischung"[496] als Endzustand des Untergangs:
   - Im gefallenen antiken Rom "Neger und andere Afrikaner, Asiaten usw."
   - "Solcher 'Rassebrei' aber hat noch nie und nirgends etwas geleistet, man vergleiche Peru und andere 'Staaten' in Südamerika."

Typisch für Fischers Argumentationsweise nach derartigen Thesen ist der Zusatz:

"Es gilt nur abzuwägen , wieweit sie [die Rasse; Anm. d. Verf.], wieweit historische Faktoren einmal vorwiegen, es ist zugegeben, da bedarf es noch vieler

---

[492] Beide Beispiele aus 1912-5:59.

[493] 1913-12:185.

[494] 1913-12:185.

[495] 1913-12:185.

[496] Alle Zitate dieses Punktes aus 1912-5:64.

Einzelarbeit und noch vieler Zusammenarbeitung. Aber der Induktionsbeweis scheint gesichert [...]"⁴⁹⁷

Hier, wie in anderen *brisanten* öffentlichen Äußerungen Fischers, gleicht sich die *Mechanik* der Argumentation - etwa nach folgendem Muster: Erst umstrittene These, dann gelehrige Einschränkung, schließlich Beharren auf einem angeblich *wahren Kern* der These. So versucht er den Vorwurf der Germanenschwärmerei mit folgenden Worten zu entkräften: Man habe

"[...] von anderer Seite dieser Forschung [sic!] vorgeworfen, daß sie nur die Germanen als geborene 'Herrenschicht' gelten lassen wolle und einseitig für die Verherrlichung der Germanen eintrete. Das ist bei vielen Autoren zugegeben. Aber das Problem als solches wird durch solche Einwürfe weder gelöst noch werden jene Ausführungen widerlegt."⁴⁹⁸

7. Differentielle Geburtenrate und Degenerationsangst

Bereits bei der Darstellung von Vorstellungen und Forderungen der Rassenhygieniker⁴⁹⁹ wurde der Begriff *differentielle Geburtenrate* erläutert. Auch Eugen Fischer war von der Angst des "Aussterbens"⁵⁰⁰ der sozial oberen Familien durch ihre geringere Fortpflanzungsrate im Vergleich zu niederen Schichten getrieben. Er betrachtete dies als "entsetzliche Erscheinung" und warnte eindrücklich vor dem "Selbstmord der sozial oberen Geschlechter"⁵⁰¹ - war doch dadurch der Abstieg, die Degeneration der gesamten Gesellschaft vorgezeichnet und -bestimmt. Fischer wiederholte das Dogma der Eugeniker:

"Es kommt nicht allein darauf an, ob und wie stark sich ein Volk vermehrt, sondern darauf, welche Schichten eines Volkes es sind."⁵⁰²

Bemerkenswert ist, daß Fischer als Mitglied des Vorstandes der *Deutschen Gesellschaft für Anthropologie, Ethnologie und Urgeschichte* in einem Aufruf an die deutschen Universitäten 1919 - wahrscheinlich unter dem Eindruck der Verluste im Weltkrieg - den allgemeinen, d. h. klassenübergreifenden Geburtenrückgang beklagt hatte. Er

---

⁴⁹⁷ 1913-12:185.

⁴⁹⁸ 1913-12:183.

⁴⁹⁹ im Kap. C. III. 3.

⁵⁰⁰ 1910-2:12.

⁵⁰¹ 1912-5:63,64.

⁵⁰² 1926-3:753.

warnt: Die "Frage der Volksvermehrung oder des Geburtenrückganges ist *die* Lebensfrage der Zukunft."[503] Folgende Gründe nennt der Anthropologe für die differentielle Geburtenrate:

1. "Häufigere Ehelosigkeit der sozial oberen Schichten":[504]
Dabei führt er beispielhaft den "reichen Junggesellen", die erzwungen-kinderlosen Zölibatäre und die oft unverheirateten Töchter von "Vornehmen" auf. Insbesondere die Väter letztgenannter, "die es etwa zu höchsten Beamtenstellungen gebracht haben und ihren biologischen Wert dadurch[!] und gleichzeitig durch den Kinderreichtum erwiesen" hätten, könnten die Mitgift für die Töchter nicht aufbringen.[505]

2. "Geringere Fruchtbarkeit der sozial oberen Schichten":
Durch *"höheres Heiratsalter"* würde die Zahl der Kinder pro Ehe geringer. Außerdem nennt Fischer schlechtere *"allgemeine Konstitutionsverhältnisse"* in Oberschichten als Ursache. An anderer Stelle erläutert er, was er unter diesem Begriff verstand:

"[...] geistige Arbeit scheint den geschlechtlichen Impetus, vielleicht auch die Fruchtbarkeit zu hemmen, besonders reiche Ernährung das letztere, die geistigen Anstrengungen [...] schwächen die Gesamtnatur der oberen Schicht."[506]

Die *"grössere Beteiligung der Oberen an Geschlechtskrankheiten"* würde sich "stark fortpflanzungseinschränkend" auswirken. Sie wäre "geradezu entsetzlich gross".[507]

3. "Absichtliche Beschränkung der Fortpflanzung":
Hier erwähnt Fischer (selbst zweimaliger Vater) die "gewollte Kinderlosigkeit" bzw. das geplante "Zweikindersystem". Als Motive dafür nennt er:

"Jeder grössere Reichtum mit hoher Kultur scheint Angst zu erzeugen vor Zersplitterung des Besitzes im Erbgang, die Angst, Kinder nicht standesgemäss erziehen und ausstatten zu können [...]"[508]

Zornig formuliert er später, Kinder würden "als Sorge, als Hemmung im sozialen Vorwärtskommen, auch als Behinderung in der Verschaffung von Lebensgenüssen" betrachtet.[509]

---

[503] 1919-4:39.

[504] Im Original gesperrt. Sämtliche folgende Zitate bis zur nächsten Fußnote aus 1910-2:13.

[505] Fischer hatte zum Zeitpunkt dieser Äußerung bereits zwei Töchter. Seine finanzielle Situation war wohl nach wie vor kritisch.

[506] 1913-12:182.

[507] Alle Zitate aus 1910-2:14. - Insbesondere der Syphilis sprach man seinerzeit eine direkt keimbahnschädigende Rolle zu.

[508] Bisherige Zitate dieses Punktes aus 1910-2:14f.

[509] 1913-12:182.

Auf zwei Punkte sei bei der Besprechung von Fischers Angst vor Degeneration als Produkt der differentiellen Geburtenrate noch hingewiesen: Zum einen die Glorifizierung der *nordischen Rasse* als angebliche Hauptträgerin der (deutschen) Elite und damit Haupt-Leidtragende der differentiellen Geburtenrate. Niemals mehr so deutlich wie in dem ersten, radikalsten Manifest seiner "sozialanthropologischen" Überzeugungen - nämlich in dem schon mehrmals zitierten Vortrag *Sozialanthropologie und ihre Bedeutung für den Staat* aus dem Jahr 1910 - wird Fischer seinen Hang zum nordischen Rassekult dokumentieren. Es heißt da:

"Alle jene Schäden, die wir auf biologisch Wertvollere beliebiger sozialer Gruppen in Kulturverbänden haben wirken sehen, sie potenzieren ihre Wirkung bezüglich dieser Rasse, die eben durch ihre Eigenschaften gerade die biologisch wertvollen Individuen enthält! Alkohol, Syphilis, Ehelosigkeit, Kinderarmut, Degeneration - sie raffen das stolzeste Element unseres Volkes, das Unterpfand kultureller Bedeutung für fernste Zukunft hinweg, die nordische Rasse!"[510]

Zum anderen läßt sich bei Fischer unschwer der Zusammenhang von Degenerationsangst und zeitkonformen Kulturunbehagen aufzeigen. Genauer betrachtet wird eine seltsame Ambivalenz gegenüber der Kultur sichtbar: Einerseits gilt sie als Maßstab zur Klassifizierung aller Rassen und gesellschaftlicher Schichten nach ihrem "Wert".[511] Andererseits sei sie Ursache und Ausdruck der Degeneration:

"Was wir als unseren Ruhm betrachten, unsere Kultur, auf die wir stolz sind, die schädigt uns als Rasse und tötet uns mit unentrinnbarer Sicherheit - wenn wir alles so weiter gehen lassen, wie es geht."[512]

Vor dem Nachwuchs der privilegierten Oberschicht offenbart der reaktionäre Bildungsbürger Fischer schließlich sein Kultur- und Bildungsideal:

"Und wir Gebildeten, wir müssen führen; wir müssen Kultur pflegen, wie sie für unser Volk gut ist, nicht Hyperkultur und Verfeinerung, nicht nur Ästhetik und sublimes Menschentum, nein, gesunde deutsche Kultur, tüchtige *Arbeit* und gediegenes *Wissen*, nicht Dilettantismus und Schöngeisterei, Pflege von *Körper und Geist* - wir Gebildete sollen Beispiel und Berater sein für die Massen - unsere fernsten Enkel werden's uns danken und die Zukunft unseres Volkes wird's uns lohnen."[513]

---

[510] 1910-2:22f.

[511] vgl. Kap. D. II. 4 und 5.

[512] 1912-5:64f.

[513] 1912-5:65. Kursives i.O. gesperrt.

8. "Sozialanthropologie", Hygiene und Rassenhygiene

Ein Schwerpunkt der Fischerschen Anthropologie war nicht nur die Rassenkunde, sondern auch ihre soziologischen Implikationen - "Sozialanthropologie":

"Sozialanthropologie kann man wohl auffassen als die Lehre von den anthropologischen Erscheinungen an den sozialen Gruppen des Menschen."[514] definiert Fischer. "Anthropologisch" würde hier die physische oder somatische Anthropologie (im Gegensatz also zur Völkerkunde, Ethnologie) bedeuten und müßte "bezüglich des Umfanges als Anatomie, Physiologie, Pathologie, kurz Gesamtbiologie" verstanden werden.[515] Ebenso weit wird der Begriff der *sozialen Gruppe* gefaßt, nämlich als "Stammesorganisationen, [...] Staaten, [...] soziale Schichten oder Klassen oder Kasten, [...] Familiengruppen oder Großfamilien".[516] Sozialanthropologie, als "die neueste Richtung, das zuletzt betretene Forschungsgebiet der Anthropologie",[517] bemühe sich demnach um die Erforschung der "Wechselwirkung zwischen der Gesamtheit der Individuen einer sozialen Gruppe und dem Schicksal der Gruppe selbst (Rasse und Familie; Rasse und soziale Schicht; Rassen und Staat)".[518]

Zwei Leitfragen sollten die Wechselwirkung beschreiben:

1. "Wirkt die Zugehörigkeit zu einer sozialen Gruppe [...] auf die körperliche Beschaffenheit (einschließlich der körperlichen Grundlage des Geistigen) der Mitglieder dieser Gruppe erbändernd ein?"[519]

2. Welche ist "die Wirkung der Rasseneigentümlichkeit des Menschen auf das Schicksal des betreffenden sozialen Verbandes"?[520]

---

[514] 1913-12:173.

[515] Auffällig ist an dieser Grenzziehung, daß Fischer medizinische Disziplinen aufzählt und trotzdem unter dem Überbegriff "Gesamtbiologie" subsumiert.

[516] 1913-12:173. - Fischer betont an dieser Stelle, daß er, im Gegensatz zu z. B. Ploetz, die Einzelfamilie nicht als soziale Gruppe, sondern als "rein biologische Einheit" betrachte.

[517] 1910-2:3.

[518] 1912-3:483. - Im Begriff "Schicksal" deutet sich der geschichtsinterpretative Anspruch, wie wir ihn in der "historischen Anthropologie" behandelten, an.

[519] 1913-12:173.

[520] 1910-2:7. - Viel vorsichtiger formulierte Fischer drei Jahre später diese Frage: "Sollte etwa die Resultante der erblichen Eigenheiten aller eine soziale Gruppe zusammensetzenden Menschen [...] den Ablauf mancher oder aller Lebensäußerungen dieser Gruppe selbst beeinflussen, zum Teil wenigstens bestimmen, ganz oder zum Teil verursachen können?" (1913-12:174).

An der ersten Frage (nach den eine Gruppe verändernden Wirkungen ihres sozialen Status) interessierten Fischer mehr als anatomisch-morphologische Veränderungen (wie etwa Knochenanatomie, Physiognomie, Körpergröße oder Gehirngewicht) die "biologischen Einwirkungen und Veränderungen". Diese waren für ihn vor allem bestimmt durch die "Fortpflanzungsverhältnisse"[521] - und letztere wirkten auf das Erbgut der sozialen Gruppe.

Antworten auf die zweite Frage (nach den Wirkungen des *Genpools* auf das "Schicksal" einer Gruppe) klangen schon in vorangegangenen Kapiteln erwähnte Spekulationen Fischers an, wenn er schreibt:

> "Das Schicksal, die gesamte Lebensäusserung, Lebenstätigkeit, Leistung, Aufstieg und Untergang der sozialen Gruppen [...] alles ist *mit*abhängig von der rassenmässigen Zusammensetzung der betreffenden Bevölkerung, von ihrer sich daraus ergebenden natürlichen Beanlagung. Diese Volksanlage, die Psyche der betreffenden Gruppe ist durchaus ein Produkt der Rassenmischung [...]"[522]

Es ist letztlich reiner hereditärer Determinismus - allein auf Populationen statt auf Individuen übertragen und rassistisch gewendet - , der aus den Worten spricht: "[...] der Rassencharakter ist das Massgebenste und sein Hauptschicksal ist jedem sozialen Verbande damit gewiesen."[523]

Fischer grenzt die Sozialanthropologie von der *Hygiene* wie folgt ab: Er ordnet die "(Individual- und Sozial-)Hygiene" unter das Dach der Medizin ein, im Gegensatz zur Sozialanthropologie als biologisch-*anthropologische*" Wissenschaft".[524] Bedeutender ist jedoch die Unterscheidung, daß die Hygiene auf "Einzelpersonen [...] wirkende Umstände" behandeln würde, "die die ererbte Anlage nicht ändern" würden.[525] Doch gerade die Veränderungen des *Genpools* einer sozialen Gruppe interessierte in der Sozialanthropologie. Der Gegensatz bestand demnach zwischen der medizinisch-soziologische Betrachtung des Individuums in seinem sozialen Milieu einerseits und der biologistischen Beurteilung des Erbgutes von sozialen Gruppen und ihrer Geschichte andererseits.

---

[521] "*Wer* sich fortpflanzt, *mit wem, wie stark, von wann an* und *bis wann* er sich fortpflanzt, *welche* und *wieviele* Nachkommen erhalten bleiben bis zu *ihrer* Fortpflanzung" (1910-2:10). Kursives i.O. gesperrt.

[522] 1910-2:19.

[523] 1910-2:20.

[524] 1913-12:174.

[525] 1913-12:175.

Hier scheidet sich ebenso, nach Fischers Verständnis, die Hygiene von der *Rassenhygiene*. Nicht um den einzelnen Menschen, sondern um "'Linien'", "Erbstämme, Familienketten" ginge es der Rassenhygiene, und "das Wohl der 'Linie'" stand allemal vor dem des "Einzelindividuums".[526]

Auffällig ist, daß Fischer einerseits den Begriff Rassenhygiene - in Abgrenzung zu Rassefanatikern - nicht als "Züchtungslehre, praktische Züchtkunde" *einer* Rasse verstanden wissen will. Andererseits hält er aber die Pflege einer einzelnen Rasse in einer Population (aufgrund ihrer hervorragenden Rassemerkmale) durchaus für empfehlenswert. Das heißt, erst distanziert er sich als *objektiver* Wissenschaftler vom Rassenwahn, um ihn dann später, mit akademischen Segen, wieder in die Forschung zu integrieren:

> "'Rassenhygiene' ist also nicht die Hygiene einer bestimmten 'Rasse' innerhalb menschlicher Sozialgruppen [...], sondern will hygienisch die rassigen Eigenschaften aller Gruppenglieder studieren bzw. pflegen [...]; dabei können [...] die Eigenheiten einer speziellen Rasse als die 'besseren' gelten und es kann daher in diesem Falle wirklich nach bestimmter (System-) 'Rasse' hygienisch gearbeitet werden - (ja de facto wird sich das meistens von selber so ergeben!) - aber der Terminus 'Rassenhygiene' als solcher will das nicht!"[527]

Die "Hauptarbeit" der Rassenhygiene wäre, auf die Degenerationsmechanismen hinzuweisen sowie

> "[...] die 'Idee' zu verbreiten, in unsere heutige rein und übertrieben individualistische Gedankenrichtung das Moment der Verantwortlichkeit für ferne Generationen, für die Gesamtheit der Rasse zu bringen."[528]

Die Arbeitsfelder von Sozialanthropologie und Rassenhygiene waren nicht identisch: Fischer maß der Sozialanthropologie mehr die Rolle der theoretisch-analytischen Grundlagenwissenschaft, der Rassenhygiene die des sozialtechnologischen Programms und der angewandten Bevölkerungs*technik* oder *-therapie* zu - "sozialanthropologische Darstellungen und die rassenhygienischen Folgerungen" eben.[529] So faßt Fischer zusammen:

---

[526] 1913-12:176.

[527] 1913-12:176. - Dies ist der schon in Kap. C. III. 2. erwähnte, grundsätzliche Richtungsstreit hinter dem Streit um die Begriffe "Rassen-" oder "Rassehygiene". Fischer strebt wiederum eine Synthese an.

[528] 1913-12:186.

[529] 1913-12:186.

"Sie [die Rassenhygiene; Anm. d. Verf.] würde also nicht studieren, wie sich die Linien *verhalten*, sozial beeinflußt und beeinflussend (das tut die Sozialanthropologie), sondern sie untersucht, wie sie zu ihrer dauernden Erhaltung am besten sich verhalten *würden* und was man unter gegebenen sozialen Verhältnissen zur Herbeiführung dessen tun könnte oder sie tut das wirklich."[530]

9. Eugenische Forderungen

Eugen Fischer nahm, im Sinne des eben Erläuterten, mehr die Rolle des Sozialanthropologen als die des Rassenhygienikers ein: Er stellte nur wenige konkrete eugenische Forderungen auf. Seine Strategie war vielmehr, Probleme zu beschreiben, Mißstände zu beklagen, den Untergang zu beschwören (und somit auf dringenden Handlungsbedarf hinzuweisen) sowie allgemeine Ziele der Eugenik zu formulieren.[531] Ferner referierte er, z.T. ausführlich, über historische eugenische Maßnahmen oder zeitgenössische rassenhygienische Forderungen - enthielt sich jedoch in der Regel eines zustimmenden Kommentars.[532] Am Ende dieses Abschnittes werde ich an der Behandlung des Themas *negative Eugenik* durch Fischer aufzeigen, daß er - auch ohne die explizite Aufstellung von eugenischen Forderungen - deren Formulierung durch andere zumindest anbahnte.

Folgende, mehr oder minder konkreten, rassenhygienischen Forderungen finden sich bei Fischer:

1. Bekämpfung von direkt die allgemeine Fruchtbarkeit schädigenden Noxen - Alkohol und Syphilis:

Von der Überzeugung ausgehend, daß "Alkoholmißbrauch sicher, Alkoholgenuß nach der Meinung vieler, die Keime schädigt",[533] plädierte er für einen vorbildlichmaßvollen Alkoholkonsum, insbesondere bei Akademikern.[534]

Im Kampf gegen die Durchseuchung der Bevölkerung mit Geschlechtskrankheiten,

---

[530] 1913-12:176.

[531] 1913-12:187: "[...] die *größte Aufgabe* der Rassenhygiene ist die, für ein *Stehenbleiben des Geburtenrückganges, für ein Bestehenbleiben der Bevölkerungszunahme* zu sorgen [...] Die Einzelmittel und Vorschläge sind der Zukunft überlassen - hoffentlich einer nahen!"

[532] 1910-2:29: "Doch ich will auf Erörterung praktischer und einzelner Vorschläge nicht eingehen, es genüge der Hinweis. Wir müssen da Einzelheiten der Zukunft überlassen -"

[533] 1913-12:184.

[534] 1910-2:27f : "[...] ich predige nicht Abstinenz, aber ich glaube, dass wir Gebildeten an der Alkoholdurchseuchung unseres Volkes ein gut Teil Schuld tragen". (Fischers Vorliebe für ein *Viertele* guten badischen Weins ist vielerorts in seinem Werk dokumentiert.)

v. a. der Syphilis, forderte er "Arbeit" gegen "die gesellschaftlich-soziale Lüge, unsere Scheinmoral".[535]

2. Soziale und gesetzgeberische Reformen zugunsten der *wertvollen* Bevölkerungsteile:

Hierzu zitiert Fischer zustimmend seinen Schüler Fritz Lenz. Mit "vollem Recht" schreibe Lenz:

> "Eine wirklich durchgreifende Rassenhygiene ist weder durch Kreuzungen noch durch Eheverbote und Sterilisierungen zu erreichen, sondern einzig und allein durch positive Selektion der gesunden Idioplasmastämme (genealogische Linien, Referent) d. h. dadurch, daß man durch sozial-wirtschaftliche Gesetze den wirklich gesunden Erbeinheiten zur Sammlung und Vermehrung hilft [...]"[536]

Damit bekennt sich Fischer eindeutig zur Strategie der *positiven* Eugenik. Fischer wird hier leider - aber wohl kalkuliert - nicht konkreter, welche der gängigen Steuerreformmodelle und Gesetzesänderungs-Vorschläge der rassenhygienischen Gruppen er befürwortet.[537] Man kann aufgrund des folgenden Zitats Fischers lediglich vermuten, daß die Richtung der Kompensation von unten nach oben geht (wohl im Sinne von Steuererleichterungen für sozial bessergestellte, kinderreiche Familien):

> "Soziale Reformen müssen helfen - nicht in Form von Menschenzüchtung, wozu die Vorschläge sich phantastisch regen, sondern in Selbstbesinnung der sozial-oberen Schichten, deren gesunder Egoismus - ich wage es zu sagen - zurzeit völlig überwuchert ist vom Prinzip der Gleichmacherei, der sozialen Fürsorge für die Schwachen und Elenden!"[538]

3. Akademische Forschung und Lehre für die Eugenik:

Fischer plädiert für die Einrichtung eugenischer Forschungsinstitute, unter ausdrücklichem Hinweis auf das Galtonsche Institut in London. Parlament und Regierung hätten die "heiligste Pflicht", für die

> "Verbreitung anthropologischen Wissens zu sorgen, die Möglichkeit zu gewähren, dass sich die heranwachsende Jugend anthropologisch bildet, vor allem an den deutschen Universitäten!"[539]

---

[535] 1910-2:28. Gemeint ist hier höchstwahrscheinlich d. Kampf ggn Promiskuität u. Prostitution.

[536] Lenz, zitiert nach Fischer 1913-12:187. Der "Referent" in diesem Zitat ist Fischer selbst.

[537] Vgl. den eugenischen Maßnahmen-Katalog in Kap. C. III. 3.

[538] 1910-2:28.

[539] 1910-2:25. - 16 Jahre später hatte Fischer mit d. Einrichtung d. *Kaiser-Wilhelm-Institutes für Anthropologie, menschliche Erblehre und Eugenik* sein Ziel erreicht und wurde dessen erster Direktor.

Die Begründung für die Einrichtung eines solchen Institutes mit wissenschaftlichem Anspruch verweist bereits auf das nächste Kapitel:

> "Erst wenn an der offiziellen Stätte wissenschaftlicher Forschung diese Fragen berufsmässig in Angriff genommen sind, bleibt der Dilettantismus weg, dessen Ergebnisse als Zerrbild oft für das wahre Bild gehalten, jetzt noch dazu dienen müssen, diese ganzen Fragen lächerlich zu machen. Sie sind wahrlich für unser Volk zu ernst, um sie in Händen Unberufener verderben zu lassen!"[540]

4. Rassenhygienische Propaganda:

Mehrmals in seinen Publikationen betont er, daß, neben den bisher genannten, die primäre eugenische Maßnahme die Werbung für die Rassenhygiene innerhalb der Bevölkerung wäre. Die Eugeniker sollten "erziehen, aufklären", aber auch

> "[...] die öffentliche Meinung beeinflussen, das Gewissen wecken, zur Selbstbesinnung bringen! Sollte man es nicht durch Lehre und steten Hinweis dazu bringen können, dass gesellschaftlich verachtet, ja boykottiert wird, wer den elementarsten Regeln der Rassenhygiene ins Gesicht schlägt?"[541]

Fischer war es wohl bewußt, daß die Propaganda für diese Regeln letztlich auf eine Umwertung der Normen und Werte einer freiheitlich-individualistischen Gesellschaft hinauslief:

So nennt er als Charakteristikum der Rassenhygiene, daß in ihr "das Wohl der 'Linie' dem des Einzelindividuum vorgeht."[542] Dreizehn Jahre später definiert Fischer Mittel und Zweck der rassenhygienischen Propaganda staatstragender, jedoch nicht weniger radikal:

> "Praktische Hinweise auf das, was da geschehen kann, Betonung der Lehre von all diesen Dingen, Erweckung von Verantwortungsgefühl in den Schichten, die es angeht, das Setzen einer - ich gehe so weit zu sagen: Suggestion ist nötig, sei sie rein ethisch-philosophisch oder religiös, wenn sie nur gesetzt ist."[543]

Die Beeinflußung der öffentlichen Meinung sollte den Boden für spätere praktische Maßnahmen bereiten. Wenn die Rassenkunde "Gemeingut"[544] geworden wäre, das deutsche Volk das "Idealbild seiner eigenen Art, die Idealschönheit von Mann und

---

[540] 1910-2:25f.

[541] Beide Zitate 1910-2:26f. Der Text lautet weiter : " - dass das öffentliche Gewissen es nicht mehr erlaubt, dass sich notorische Geisteskranke, angeboren Epileptische fortpflanzen?" Ich gehe im folgenden sogleich auf die Frage der Fortpflanzungsbeschränkung ein.

[542] 1913-12:176.

[543] 1926-3:754.

[544] 1927-4:7.

Weib" zu einem Bestandteil seiner "geistigen Ideale"[545] gemacht hätte, "*dann* erst wird die *praktische* Reform kommen können, *wir* müssen nur *lehren* und *vorbereiten*."[546] Verschlüsselter und noch zurückhaltender in der Formulierung konkreter eugenischer Forderungen behandelte Fischer die Thematik der *negativen* Eugenik, d. h. die Frage nach dem Umgang mit "Rassenuntauglichen". An keiner Stelle seiner Freiburger Veröffentlichungen fordert Fischer ausdrücklich Maßnahmen wie Eheverbote, Absonderungsmaßnahmen (z. B. Arbeitskolonien), Sterilisationen, Schwangerschaftsabbrüche oder gar die "Vernichtung lebensunwerten Lebens" - oder welche menschenfeindlichen Vorschläge das Arsenal der Vertreter der negativen Rassenhygiene noch enthielt. Trotzdem ist es nur ein kleiner Schritt zu diesen, was folgende Textbeispiele belegen sollen:

> "Für das Gedeihen als gut bewerteter Stämme sind natürlich [...] auch das Vorhandensein 'schlechterer' Stämme, die hereinkreuzen und mit 'schlechteren' Erbanlagen belasten können und die den Lebensraum der 'Guten' einengen, von Bedeutung als Minderer des Optimums - so muß konsequenterweise eine Hygiene der Erblinien diese werten, dann teils positiv züchten, teils von der Fortpflanzung ausmerzen (über Möglichkeit, Berechtigung, Notwendigkeit ist damit nichts ausgesagt; s. aber *Fischer* 1910)."[547]

Fischer verweist in dieser Passage (aus seinem Artikel "Sozialanthropologie" im *Handwörterbuch der Naturwissenschaften*) aus dem Jahre 1913 auf seinen einschlägigen Vortrag *Sozialanthropologie und ihre Bedeutung für den Staat*. Über "Möglichkeit, Berechtigung, Notwendigkeit" negativ-eugenischer Maßnahmen hatte sich Fischer im *Sozialanthropologie*-Vortrag geäußert:

> "Unser medizinisches Können erlaubt jahraus jahrein einer Menge Menschen zu leben und sich fortzupflanzen, die in niederkultivierten sozialen Verbänden ausgemerzt würden - ich untersuche hier nicht, ob solches nur Schaden stiftet, ich stelle nur die Tatsachen als solche fest - "[548]

Folgende Menschengruppen waren wohl gemeint (weiterhin zitiert nach dem *Sozialanthropologie*-Manifest):
Einerseits die körperlich und geistig Kranken: "angeboren Kranke [...], Geisteskranke, Epileptische, Krüppel, schwer und florid Tuberkulöse".[549]

---

[545] 1927-4:8.

[546] 1910-2:29. Kursives i.O. gesperrt.

[547] 1913-12:176. Mit "s. aber Fischer 1910" verweist Fischer auf sein eigenes Werk.

[548] 1910-2:11.

[549] 1910-2:17.

Andererseits aber auch alle Personen, die scheinbar eine Bedrohung für die Ordnung, Moral und Gesundheit der bürgerlichen Gesellschaft darstellten. Fischer ruft aus:

> "Müssen wir es uns wirklich gefallen lassen, dass geborene Gewohnheitsverbrecher, deren ganzer Stammbaum mit Verbrechen, Prostitution, Alkoholismus, Syphilis, Epilepsie u.s.w. ausstaffiert ist, nach einer Untat auf unsere Kosten ein paar Jahre verpflegt werden, dann freigelassen, ein ihrer würdiges Weib schwängern und nach kurzer Freiheit für das nächste Verbrechen weiterverpflegt werden - und ihr Stamm und seine Vererbung wächst weiter! - Wann geben wir von unserer übertriebenen Humanität das Unsinnige auf, zusammen mit alten und neuen Begriffen von Sühne und individuellem Sichausleben und anderen rassefeindlichen Dingen!"[550]

Auch ohne konkrete eugenische Forderungen zu stellen, propagierte Fischer ein Menschen- und Gesellschaftsbild, das die Entrechtung des Einzelnen zugunsten *der Rasse* zu realisieren trachtete.

Zurückkommend auf die Frage nach "Möglichkeit, Berechtigung, Notwendigkeit" negativ-eugenischer Maßnahmen, ist festzustellen, daß Fischer die Berechtigung und Notwendigkeit negativer Eugenik indirekt bejahte. Zu der Frage nach der Möglichkeit der Durchsetzung von negativer Eugenik, d. h. auch ihrem "Wann" und "Wie", gibt es keine eindeutigen Stellungnahmen des Sozialanthropologen.[551]

---

[550] 1910-2:27.

[551] Löschs Einschätzung (1997:103), Fischer hätte sich in dem *Sozialanthropologie*-Vortrag konkret für die "Vasektomie (Sterilisierung)" genannter Menschengruppen eingesetzt, läßt sich m.E. aus diesem nicht herauslesen - Fischer wurde aus Absicht nicht konkreter.

E. Standortbestimmung des Fischerschen Werkes bis 1927

I. Fischers Verhältnis zu populären Rassetheoretikern und nordisch-ariomanischen Rasseschwärmern

Das Verhältnis Fischers zu radikalen, nichtakademischen Rassetheoretikern und nordisch-ariomanischen Rasseschwärmern war geprägt von einer primär abgrenzenden, oft allerdings auch ambivalenten und später opportunistisch-kooperativen Haltung.

Zahlreich sind Fischers Abgrenzungsversuche einer *wissenschaftlichen* Rassenkunde von nichtakademischen, laienmäßigen oder schwärmerischen Rasse-Publikationen: So betont er im Jahre 1904 - in Anbetracht der Kürze seines anthropologischen Engagements wohl etwas frühklug - die Notwendigkeit wissenschaftlicher Präzision und Vorsicht bei der Publikation von Forschungsergebnissen:

> "Gerade anthropologische Forscher müssen, wo die Anthropologie als Wissenschaft noch so viel zu leiden hat durch Einmischung von Laien, doppelt vorsichtig sein, eine äußerlich bestechende, aber nicht absolut fundierte Hypothese ins Publikum zu bringen."[552]

Insbesondere in bezug auf Untersuchung und Bewertung von Rassenunterschieden kämpfte Fischer für die Beschränkung des Diskurses auf den elitären, akademischen Anthropologenzirkel:

> "Und Leute die meinen, sie dürften über europäische Rassen mitreden, wenn sie wissen, was ein Schädelindex ist, schaden der Anthropologie ebensoviel wie solche, die von ihr reden oder über sie schreiben, ohne in jahrelanger Arbeit sie erworben zu haben."[553]

Sicherlich standen hinter Klagen dieser Art auch eigene Karriere- und professionspolitische Interessen, was bei Fischers Vortrag vor dem Senat der *Kaiser-Wilhelm-Gesellschaft* 1926 deutlich wird:

> "Daß auf anthropologischen Gebiet so ungeheuer viel von Laienseite gemacht wird, teils einigermaßen gut, ab und zu glänzend gut, in der Hauptsache aber als Pfuscharbeit, hängt damit zusammen, daß wir bisher auf unseren gesamten deutschen Hochschulen so gut wie gar keine Vertretung der rein somatischen Anthropologie gehabt haben."[554]

---

[552] Fischer 1904-2:287.
[553] Fischer 1926-7:446.
[554] Fischer 1926-3:751.

Die Ursache der starken Vermischung des *wissenschaftlichen* Diskurses mit massenhaften Laien-Publikationen lag freilich - und das verkennt oder verschweigt Fischer hier - an dem großen Bereich an gemeinsamen Überzeugungen und inhaltlichen Übereinstimmungen von *rechten* Professoren mit rassistischen Propagandisten. Fields kennzeichnet das Verhältnis zwischen "academic scholars" wie Lenz und Fischer und der "nordic school" treffend als "cross fertilization of ideas between university raciologists and race popularizers."[555]

Zwar beklagt Fischer an mehreren Stellen, daß viele "Tendenzschriften" produziert würden, man sich oft "in falschem Kreisschluß" bewege,[556] "eine Menge Dilettanten" die *gute* eugenische Sache "in Mißkredit"[557] brächten sowie "viele tendenziöse Germanenschwärmer" "derart utopische Ideen" veröffentlichten, "daß ihre Erörterung der Sache mehr schadet als gut ist".[558]

Trotzdem ist er des öfteren bereit, einzelne Autoren dieser Szene mit seiner professoralen Anerkennung zu dekorieren. Gleich fünf ariomanische bzw. nordischsozialanthropologische Schreiber werden im folgenden Zitat so geehrt:

"[...] und man mag auch an den neueren 'Rassentheorien' alles mögliche Falsche entdecken und zugeben, dass oft übers Ziel geschossen wird - der Kern, das Prinzipielle in all' den Werken eines *Ammon, Chamberlain, de Lapouge, Wilser* und vor allem *Woltmann* ist richtig und wird sich allgemeine Anerkennung erkämpfen."[559]

Die Anerkennung für Vertreter einer sich wissenschaftlich gebärdenden nordischen Sozialanthropologie, wie Ammon, de Lapouge, Wilser und Woltmann (bereits in Kap. C. III. 2. kurz besprochen), mag für einen Vertreter der akademischen Anthropologie noch angegangen sein. Bemerkenswerter an diesem Zitat ist jedoch, daß Fischer selbst den sehr populären Germanenschwärmer Houston Stewart Chamberlain (1855-1927)[560] lobte. 1913 rühmt er ihn als "den großen Darsteller,

---

[555] Field 1977:523.

[556] In Zusammenhang mit der Darstellung der "historischen Anthropologie" - beide Zitate aus Fischer 1913-12:184.

[557] Beide Zitate Fischer 1919-4:39.

[558] In Zusammenhang mit der Rezeption Willibald Hentschels (1858-1947) und Christian Freiherr v. Ehrenfels' (1859-1932): Fischer 1913-12:186 u.187.

[559] Fischer 1910-2:18f. Kursives i.O. gesperrt.

[560] Chamberlain galt schon seinen Zeitgenossen als "einer der bedeutendsten geistigen Wegbereiter" des Dritten Reiches (zit. nach Becker 1990:176). Sein Hauptwerk *Die Grundlagen des 19. Jahrhunderts* (München 1899) hat "die Mentalität der Generationen, die in die beiden Weltkriege gegangen sind, mitgeprägt." Er geht von der Ungleichheit der Menschenrassen aus, verbindet seinen Rassenwahn mit Germanentümelei, Nationalismus, Antisemitismus und der

den praktischen und kühnen architektonischen Former jener von Forschern entworfenen Pläne und Grundrisse", dessen "kühnes Gesamtbild des Gedankens" einen "wahren Kern" enthielte.[561] Noch 1927 verkündet der mittlerweile zum Direktor eines *Kaiser-Wilhelm-Institutes* avancierte Anthropologe in einem kleinen allgemeinbildenden Büchlein:

"So sehr man gewisse Übertreibungen oder Entgleisungen eines Houston Stewart Chamberlain bedauern kann: an der Tatsache, daß die Rasse bzw. Rassenkombination der Träger eines Volks- und Staatentums deren Schicksal bedingt, kommt man nicht vorbei."[562]

Zwei Artikel aus Fischers Feder geben Auskunft über die Beziehung des Freiburger Anatomen zu dem 32 Jahre älteren Karlsruher Ingenieur, Journalisten und anthropologischen Schriftsteller Otto Ammon:
Einerseits ein sechsseitiger Artikel[563] in der eugenischen Zeitschrift *Der Erbarzt* aus Anlaß des 100jährigen Geburtstages Ammons im Jahre 1942 - dem Zeitgeist gemäß stellt Fischer hier dessen geistige Vorläuferschaft für viele Teile der nationalsozialistischen Ideologie, aber auch Wirkungen auf Fischers eigene Entwicklung zum Anthropologen heraus.
Die zweite Quelle ist Fischers kleine Abhandlung über *Die Anfänge der Anthropologie an der Universität Freiburg* aus dem Jahre 1926.[564]
Ammons Hauptwerk ist - für den badischen Lokalpatrioten Fischer besonders interessant - die Monographie *Zur Anthropologie der Badener* (Jena 1899): "[...] mit 707 S. Text und 15 Karten weitaus und international die beste und vollständigste Rassenkunde eines Landes", wie Fischer begeistert schreibt.[565] Ammon besuchte

---

Forderung nach einem "reinen Christentum" - wobei Jesus zum Nichtjuden erklärt wird. Die naturwissenschaftliche Anthropologie verachtete er. Er wird als "geistiger Nachfahre Gobineaus" gekennzeichnet (alle Zitate und Angaben aus Becker 1990:177f,186,191).

[561] Fischer 1913-12:185.
[562] Fischer 1927-2:137.
[563] Fischer 1942-5.
[564] Der Artikel (Fischer 1926-2) wurde im *Anthropologischen Anzeiger* publiziert. Fischer widmete einen Sonderdruck den "Teilnehmern der 1. Tagung der Gesellschaft für Physische Anthropologie und der 35. Tagung der Anatomischen Gesellschaft zu Freiburg i.B. vom 13.-17. April 1926". Die neu gegründete anthropologische Vereinigung machte ihn bei diesem Ereignis zu ihrem ersten Präsidenten (vgl. Kap. D. I. 3.). Es ist eine interessante, zuweilen anekdotisch gehaltene, immer aber die große Freiburger anthropologische Tradition (in die Fischer trat) betonende, achtseitige Abhandlung.
[565] Fischer 1942-5:269.

"erstmal 1887 und dann oft" das Freiburger Anatomische Institut (unter der Leitung von Fischers Mentor und Vorgänger Wiedersheim) um "[...] sich allerlei Lehre und Anregung zu holen; hier studierte er die Schädel der badischen Bevölkerung, um dann an sein großes Werk zu gehen".[566] Wiedersheim machte ihn mit seinem Schwager, den auch für Fischer so wichtigen Deszendenztheoretiker Weismann bekannt, und Ammon "wurde dessen begeisterter Verehrer und Verkünder."[567] Fischer verquickt Ammons Biographie mit der eigenen:

> "Ich war damals, als *Otto Ammon* auf Antrag *Wiedersheims* 1904 von der Freiburger medizinischen Fakultät wegen seiner hervorragenden Arbeit zur Erforschung des badischen Volkes und des ganzen Germanentums den Ehrendoktor erhielt, junger Privatdozent und entsinne mich sehr deutlich meiner Bewunderung für den Mann, der die Tausende von Rekruten untersucht hatte, [...] Ich gehörte zu den Gymnasiasten des Freiburger Gymnasiums, deren Kopfformen ihn zu den Ideen über Auslese von Lang- und Kurzköpfen in zweierlei Richtung brachten und ahnte nicht, daß ich dermaleinst zum Erben (als Freiburger Anatom) seines wissenschaftlichen Nachlasses eingesetzt würde! Ich habe ihn, als er schon Siebenziger war, in seinem Karlsruher Heim besucht [...]"[568]

Bewunderung empfand also der junge Fischer für den Sozialanthropologen, aber auch Dankbarkeit "für so manche Stunde schönsten Gedankenaustausches mit diesem geistvollen Mann", wie er 1926 betont.[569] Wie sehr Ammon tatsächlich auf Fischer wirkte, deutet folgende Passage noch aus dem Jahre 1942 an:

> "Diese sozialanthropologischen Ideen *Ammons* sind glänzende Vorwegnahme heutiger Einsichten und bildeten seinerzeit eine gewaltige Anregung für werdende Forscher. Verfasser weiß noch sehr gut, was alles er den Schriften *Otto Ammons* verdankt und wieviel davon er an Hunderte von Studenten weitergeben konnte."[570]

Ammon hatte zu diesem Zweck mehr als 25.000 Menschen anthropometrisch untersucht, v. a. badische Wehrpflichtige.

[566] alle Zitate Fischer 1926-2:104.
[567] Fischer 1942-5:268.
[568] Fischer 1942-5:268. Kursives i.O. gesperrt.
[569] Fischer 1926-2:104.
[570] Fischer 1942-5:270f.
In einer - von mir bereits in D I 1 zitierten - Fußnote an diese Passage erinnert Fischer an das Verbot der medizinischen Fakultät im Jahre 1909, seine Vorlesung über Rassenhygiene auch so zu benennen, weshalb er sie "in bewußter Anlehnung an das Buch von *Otto Ammon* 'Sozialanthropologie', inhaltlich dasselbe, was ich mit Rassenhygiene gewollt hatte", nannte. "Und ebenso nannte ich dann eine kleine Streitschrift: 'Sozial-anthropologie und ihre Bedeutung für den Staat.' " (Tatsächlich schrieb Ammon den Begriff "Sozialanthropologie" mit Bindestrich,

Somit wird ein bezeichnendes Licht auf Eugen Fischer selbst geworfen, wenn er an einer späteren Stelle die Lebensleistung des von ihm so Gerühmten wie folgt bewertet:

'So ist Ammons Lebenswerk nicht vergeblich gewesen - er war ein Künder, ein Vorläufer und Arbeiter am Grundstein heutiger Rassenhygiene. In manchen Ausführungen wird geradezu nationalsozialistisches Gedankengut ausgesprochen."[571]

Ebenfalls prägend für Fischer war ein weiterer Vertreter der nordisch-ariomanischen Szene in Baden: Ludwig Schemann.

Schemann wurde 1852 in Köln geboren, verbrachte seine Kindheit und Jugend in Coburg, studierte in Heidelberg und Berlin Geschichte und Philologie, um - als Doktor der Geschichte - in Göttingen Bibliothekar zu werden. Entscheidend für sein Leben wurde ab 1877 die Bekanntschaft mit Richard Wagner, Friedrich Nietzsche und schließlich Joseph Arthur de Gobineau. Wie erwähnt, ließ sich Schemann 1891 als Privatgelehrter in Freiburg nieder. Er gründete 1894 die *Gobineau-Vereinigung* um, wie er selbst formuliert, "den wissenschaftlichen und künstlerischen Werken des Grafen Gobineau die denkbar weiteste Verbreitung zu erwirken."[572] Der Verein bestand 25 Jahre und brachte Schemann, obwohl "er eigentlich allein das Vereinsleben verkörperte",[573] nicht zuletzt aufgrund der umfangreichen brieflichen Kontakte und zahlreichen korporativen Mitgliedschaften in "eine Schlüsselfunktion in der völkisch-rassistischen Bewegung".[574] Außerdem übersetzte er von 1898-1901 Gobineaus *Essai sur l'inegalité des races humaines* und ließ 1913-16 ein zweibändiges Werk *Gobineau. Eine Biographie* folgen. Der gleich noch zu besprechende Günther schreibt 1927 zur Wirkungsgeschichte des Buches:

"Das Erscheinen der Übersetzung des 'Essai' bewirkte eine ebenso starke und plötzliche Belebung des Anteils weiter Kreise an Fragen der Rassenforschung, wie die zu gleicher Zeit (1900) erschienen 'Grundlagen des 19. Jahrhunderts' von *Houston Stewart Chamberlain*."[575]

---

so in seinem Werk *Die Gesellschaftsordnung und ihre natürlichen Grundlagen. Entwurf einer Sozial-Anthropologie zum Gebrauch für alle Gebildeten, die sich mit sozialen Fragen befassen,* Jena 1895.)

[571] Fischer 1942-5:272.

[572] Schemann in *Die Gobineau-Sammlung der Kaiserlichen Universitäts- und Landesbibliothek zu Strassburg* (Straßburg 1907, I) zit. nach Weingart/Kroll/Bayertz 1992:96.

[573] Biogr. Angaben und Zitat aus Seidler, E. 1984:122,126.

[574] Weingart/Kroll/Bayertz 1992:97.

[575] Günther 1927:18.

Der "Epigone"[576] Schemann erhielt im September 1933 die Ehrenbürgerrechte der Stadt Freiburg i.B. und zu seinem 85. Geburtstag die *Goethemedaille für Kunst und Wissenschaft* von Hitler. Er starb 1938 in Freiburg i.B.

Eduard Seidler (1984:125) faßt, ausgehend von der *Gobineau-Vereinigung*, zusammen:

> "Während der 25 Jahre, in denen er sich ausschließlich dieser Tätigkeit widmete, trat er in der Öffentlichkeit nur als Biograph Gobineaus und als Übersetzer seiner Werke auf; hätte er sich darauf beschränkt, würde wohl niemand mehr von ihm reden. Sein planmässiger Versuch indessen, die Rassentheorien Gobineaus mit den inzwischen aus dem Darwinismus hervorgegangenen sozialanthropologischen und rassenhygienischen Lehren zu verbinden und politisch zu fanatisieren, reiht ihn in die Wegbereiter des Nationalsozialismus ein."

Fischers Verhältnis zu Schemann war komplex:

Es war einerseits von einer gewissen weltanschaulichen Nähe und persönlichen Bewunderung Schemanns durch Fischer - insbesondere in dessen Orientierungsphase als Rassenhygieniker - geprägt. Andererseits sind mehr oder minder deutliche Abgrenzungsversuche Fischers von Schemann - in dem Maße wie Fischer selbst an Literaturkenntnis, Ansehen und Autorität gewann - festzustellen. Ferner dürfen bezüglich ihrer Verbindung auch Nützlichkeitserwägungen auf beiden Seiten unterstellt werden:

- Schemann versorgte den aufstrebenden Anthropologen ab 1910 mit Literatur (auch Portraits) über und von Gobineau; dabei natürlich auch mit seinen eigenen Werken.[577]
- Fischer tauchte nicht in den Mitgliederlisten der *Gobineau-Vereinigung* auf,[578] wohl aber Schemann in denen von Fischers Ortsgruppe der *Deutschen Gesellschaft für Rassenhygiene*.[579]
- Im Namen des Vorstandes der Ortsgruppe Freiburg gratulierte Fischer Schemann zum 70. Geburtstag als dem

---

[576] Becker 1990:120.

[577] UAFR Nachlaß Schemann: diverse Briefe Fischers an Schemann von 1910 bis 1930.

[578] vgl. "Mitglieder, Gönner und Förderer - Verzeichnis der Gobineau-Vereinigung" im Nachlaß Schemann, UAFR.

[579] Auch Weindling (1989:138) betont, daß die Ortsgruppe Schemann auf Distanz hielt. In der mir in Photokopie vorliegenden handschriftlichen Mitgliederliste (von Fischer, ohne Datumsangabe; in meiner Zählung Nr. IV, s. Kap. F. I.) wird er unter "Schemann, Bibliothekar Prof. Dr. Ludwig" geführt. Ich bin für die freundliche Überlassung Prof. Dr. Widukind Lenz (†) zu Dank verpflichtet.

"[...] feinsinnigen Verkünder, Deuter & Vermehrer der Gobineauschen Gedankenwelt, dem unermüdlichen Verfechter social- & politisch-anthropologischer Wahrheiten, dem treudeutschem Mann und dem grossen anthropologisch wie philologisch gelehrten Forscher"[580]

Noch Anfang der 30er Jahre bezeichnete Fischer Schemann in persönlichen Briefen als "einen verehrten und bewunderten Wissenschaftler und geistigen Führer"[581] sowie sich selbst als "alter Verehrer und in manchem Punkt Schüler" Schemanns.[582]

- Fischer war zeitweise bereit, Schemanns Anträge auf finanzielle Unterstützung durch die *Notgemeinschaft der deutschen Wissenschaft* (zur Abfassung der ersten zwei Bände von Schemanns dreibändigen Werk *Die Rasse in den Geisteswissenschaften*) zu unterstützen.[583] Andererseits beeilte sich Fischer, die Widmung des zweiten Bandes dieses Werkes auf seinen Namen zu verhindern.[584] Die Intention der Unterstützung Schemanns macht Fischer in einer Postkarte an diesen deutlich:

"Die Hauptsache ist mir, dass die Gedanken und vor Allem die Folgerungen & Forderungen, die Sie so beredt darstellen, in recht weiten Kreisen Fuss fassen."[585]

- Die Korrespondenz zwischen Fischer und Schemann im Nachlaß Schemanns des Universitätsarchivs Freiburg enthält 31 Briefe, Postkarten und Brief-Abschriften und umfaßt den Zeitraum von 1910-1933.

---

[580] UAFR Nachlaß Schemann: Brief Fischers an Schemann v. 15.10.22.
[581] UAFR Nachlaß Schemann: Brief F. an S. v. 22.6.31.
[582] UAFR Nachlaß Schemann: Brief F. an S. v. 10.2.32.
[583] Der Untertitel des gesamten Werkes war *Studien zur Geschichte des Rassengedankens*. Die einzelnen Bände erschienen 1928 (Bd.1) bis 1931 (Bd.3) im ultranationalistischen Lehmann-Verlag München.
Mit den Worten "Es wäre für unsere Wissenschaft sehr zu bedauern, wenn das Werk als Bruchstück stecken bliebe" erbat Fischer für den 2. Band für Schemann "[...] zur Fortführung seiner Studien zunächst auf ein Jahr eine erhebliche Summe als Forschungsbeihilfe zu gewähren." (Abschrift des Briefes Fischers an die Notgemeinschaft vom 15.6.29 im UAFR Nachlaß Schemann IV B). Die Förderung des Werkes durch die *Notgemeinschaft* wurde - aufgrund der überdeutlichen antisemitischen, völkischen und regierungsfeindlichen ("Herrschaft der Minderwertigen") Textpassagen - zu einem Politikum. Insbesondere die politische Linke protestierte dagegen. Tatsächlich brachte der "Fall Schemann" die finanzielle Unterstützung der *Notgemeinschaft* durch den Reichstag in Gefahr. So wurden die Forschungsgelder Schemann im Dezember 1929 - trotz o.g. Intervention Fischers - entzogen (vgl. Weindling 1989:363f).
[584] "Jedenfalls aber bitte ich beim II. Band, wie Sie es ursprünglich dachten, nicht mich zu nehmen. Ich wollte Ihnen das nur beschleunigt sagen, damit Sie auch innerlich ruhig an alle diese Sachen denken." (Brief Fischer an Schemann vom 24.6.29, UAFR Nachlaß Schemann IV B).
[585] Postkarte Fischer an Schemann vom 7.3.22, UAFR Nachlaß Schemann IV B.

Die vorliegende Korrespondenz begann vor Fischers einschlägigem Vortrag über die *Sozialanthropologie und ihre Bedeutung für den Staat* vom 8. Juni 1910 vor der *Naturforschenden Gesellschaft Freiburg*. Fischer dankte in einem Brief vom 16. Januar 1910 für die Übersendung von "Gobineau-Studien" durch Schemann und beteuert:

> "Ich lege Wert darauf, gerade als offizieller Vertreter anthropologischen Unterrichts - leider einer der wenigen die's in Deutschland giebt [sic] - Ihnen zu sagen, wie sehr mich ihr Werk interessiert & erfreut. Es muss & wird der Rassegedanken durchdringen, wenn auch nicht ganz in der Gobineau'schen Form, so doch von grösserem Gesichtspunkt aus ganz in seinem Sinn - & er war der grosse Vorkämpfer - und Ihnen Dank, dass Sie am meisten das uns vermitteln."[586]

Wichtiger aber als das persönliche und fachliche Verhältnis von Fischer zu Schemann ist Fischers Beurteilung Gobineaus und seine öffentliche Haltung zu dessen Werk - der eben zitierte Brief lautet nämlich weiter:

> "Ich bringe in meinen beiden Vorlesungen den Rassestandpunkt scharf heraus - ich spreche daneben abfällig gelegentlich von Rasseschwärmern, auch Gobineau ist das z.T. (historisch verständlich) - ich muss gerade der studentischen Jugend gegenüber vorsichtig sein - aber, wie gesagt, ich stehe auf dem Rassestandpunkt, und so freue ich mich sehr, aus Ihrem Buch, dessen umfassenden Fleiss ich bewundere, so viel lernen zu können."[587]

Fischer verweist bzw. erwähnt in seiner programmatischen *Sozialanthropologie*-Streitschrift folgerichtig von den in diesem Buch erwähnten Personen Ammon, Schallmayer, F. Lenz, Woltmann, Chamberlain, de Lapouge, Wilser und eben auch Gobineau sowie Schemann. Wie positiv Gobineau wahrscheinlich auch in Fischers Vorlesungen präsentiert wurde, macht eine Passage deutlich:

> "Es ist bekanntlich des Grafen *Gobineau* Verdienst, vorahnend zuerst diese Ungleichheit im geistigen Habitus scharf formuliert und dargestellt zu haben; man mag in seinem Werke Fehler und Irrtümer und Lücken finden - der Grundgedanke ist richtig und bricht sich immer mehr Bahn -"[588]

Hier hatte Fischer ganz offensichtlich von seinem Freiburger Professor Ernst Grosse abgeschrieben, bei dem es heißt:

> "Es ist das unsterbliche Verdienst des Grafen *Gobineau*, diese Veränderung in der Raceconstitution der Völker in ihrer ganzen fundamentalen Bedeutung ge-

---

[586] Brief Fischer an Schemann vom 16.1.10 , UAFR Nachlaß Schemann IV B. Unterstreichungen wie im Original.

[587] l.c.

[588] Fischer 1910-2:18.

würdigt zu haben: [...] Mag sein Werk auch noch so reich an einzelnen Irrthümern und Wunderlichkeiten sein, [...] der Grund- und Hauptgedanke wird in seiner Wahrheit und Größe bestehen [...]"[589]

Wie weit Fischers Bewunderung für Gobineau tatsächlich ging wird in einem privaten Brief des Anatomen an seinen Vorgänger auf dem Lehrstuhl für Anthropologie an der Universität Berlin, Felix von Luschan (1854-1924), deutlich. Man beachte die Ähnlichkeit der Argumentation und selbst der Wortwahl:

"Gobineau verehre ich und halte sein Werk für genial - mit den Licht- und Schattenseiten der Genialität. Bei allen solchen Werken über Grenz-Gebiete ist es jeder der betreffenden Disziplinen leicht, gelegentlich auch grobe Schnitzer nachzuweisen. Dass in den Essays historische und anthropologische Unrichtigkeiten und Schiefheiten in Menge stecken, sehe ich natürlich ganz gut, das stört mich aber nicht. Die Grundidee ist richtig, und Gobineau hat das Verdienst, sie erstmals wirklich klar ausgesprochen zu haben, genau wie etwa Darwin trotz aller Darwinvorläufer."[590]

Eine Untersuchung des Verhältnisses Fischers zu Rasseschwärmern und Vertretern der Nordischen Bewegung wäre nicht vollständig ohne die Erwähnung eines weiteren "'Rassisten vom Fach'":[591] Hans Friedrich Karl Günther.

Der "Rassen-Günther"[592] wurde 1891 in Freiburg i.B. geboren und starb 77jährig in seiner Geburtsstadt. Er studierte in seiner Heimatstadt und in Paris Philologie und wurde 1914 in Germanistik promoviert, hörte aber auch Zoologie bei Weismann und Anthropologie bei Fischer.[593] Er wird, gegen sein Naturell, Lehrer in Freiburg und Dresden.[594] Sein Hauptwerk, die *Rassenkunde des deutschen Volkes*, erscheint im Jahre 1922 im deutschnationalen Münchner Lehmann-Verlag.[595] Das Buch wurde zur "Bible of the Nordic school".[596]

---

[589] Grosse 1900:142.

[590] Brief Fischer an v. Luschan vom 9.11.17, Nachlaß v. Luschan SBB.

[591] Seidler, E. 1973:105.

[592] Nach Fischer 1935-3. Ich erwähnte ihn bereits im Abschnitt D II. 2. a).

[593] Becker 1990:252f. und Fischer 1935-3:219. Fischer weist an dieser Stelle auch auf Prägung durch Ammon hin, ohne dies weiter zu erläutern.

[594] Becker 1990:280,252.

[595] Das Buch kam auf 16 Auflagen und hatte 1942 bereits eine Auflage von 124 Tausend erreicht. Eine populäre Kurzfassung aus dem Jahr 1929, die *Kleine Rassenkunde des deutschen Volkes* kam 1943 bereits auf ein Auflagenstärke von 295 Tausend (Weingart/Kroll/Bayertz 1992:452), auch "Volks-Günther" genannt. Der Verleger und Ploetz-Gefährte Julius Friedrich Lehmann (1864-1935) hatte dem Autor zur Abfassung erst-genannten Werkes über zwei Jahre anthropologische Studien in Dresden und Wien finanziert.

[596] Field 1977:523.

Becker sieht seine enorme Popularität folgendermaßen begründet:

> "Viele, vor allem junge Menschen waren vom Güntherschen Buch eingenommen, die einen reinen Intellektualismus nicht gewachsen waren oder ihn sonst ablehnten. Das Rassenschema war anschaulich und eingängig und geeignet, kulturelle und historische Zusammenhänge auf einen einfachen Nenner zu bringen; und alles erschien wissenschaftlich begründet."[597]

Günther lebte die folgenden Jahre in Breslau, Norwegen und Schweden als freier Schriftsteller. Aus wirtschaftlicher Not mußte er Ende der 20er Jahre nach Deutschland zurückkehren und im Frühjahr 1930 wieder eine halbe Stelle in einem Realgymnasium in Dresden übernehmen. Noch im selben Jahr wurde Günther auf den neuen Lehrstuhl für Sozialanthropologie an der Mathematisch-naturwissenschaftlichen Fakultät der Universität Jena berufen - dies hatte der erste nationalsozialistische Minister in einer Landesregierung, Wilhelm Frick (1877-1946), gegen den Willen von Rektorat und Senat der Jenaer Universität durchgesetzt.[598]

1935 wurde "Rassen-Günther" der erste Preisträger des *Staatspreises der NSDAP für Wissenschaft*; es folgte die *Rudolf-Virchow-Plakette* der Berliner *Gesellschaft für Ethnologie, Anthropologie und Urgeschichte* unter ihrem Vorsitzenden Eugen Fischer [!] und 1941 - zwei Jahre nach Fischer - die *Goethe-Medaille für Kunst und Wissenschaft* des Reichskanzlers Adolf Hitler.[599]

Bereits 1939 war Günther wieder nach Freiburg umgesiedelt, wo er ab 1941 das *Institut für Rassenkunde und Bauerntumsforschung* leitete, das für ihn "unter der Protektion von Eugen Fischer in der Philosophischen Fakultät errichtet worden war."[600] Nach dem Krieg war Günther weiter als freier Schriftsteller - z.T. unter Pseudonymen - in Freiburg tätig.

Aufschlußreich für die Frage nach Fischers Verhältnis zu Günthers Werk ist die Rezension der *Rassenkunde* durch Fischer:[601] Fast euphorisch klingen die einleitenden Sätze des Rezensenten:

> "Wer irgendwie über Rassefragen in Europa arbeitet, muß dieses Buch gründlich studieren [...] über das Buch im ganzen [...] kann man vielleicht sagen, der Verf. hatte die schwere akademische Verantwortung des deutschen Professors nicht. Man möchte fast als solcher beifügen, glücklicherweise! Es gehörte der

---

[597] Becker 1990:235.
[598] Becker 1990:255.
[599] Weingart/Kroll/Bayertz 1992:455.
[600] Seidler, E. 1993:332.
[601] Fischer in ZfMoAn, Bd.25,1926,S.160-162.

kecke Griff des freien Schriftstellers und das intuitive Erfassen des Künstlers dazu, manches hinzustellen und auszuführen, von dem der Forscher sich mangels einwandfrei festgestellter Unterlagen noch fernhalten muß. Das bedeutet Lob und Tadel - aber wir alle können dankbar sein, daß wir das Buch haben!"[602]

Fischer kritisiert ausführlich die Abänderung der gängigen Terminologie von *mediterraner* Rasse in "westische", und von *alpiner* in "ostische" Rasse mit einem für ihn recht typischen Argument:

"Wo heute die Rassenlehre so schwer darum kämpft, überhaupt Anerkennung ihrer Rassennamen zu finden und diese nicht dauernd mit völkischen Namen wie 'romanisch', 'arisch' usw. verwechselt zu sehen, hätte Verf. zumal in einem an ein breites Publikum gerichteten Buche nicht Neuerungen in der bisher allgemein angenommenen Nomenklatur einführen sollen."[603]

Bei Günthers Darstellung der seelischen Eigenschaften der einzelnen Rassen sei "sehr viel mit sehr großen Fragezeichen zu versehen oder sicher unrichtig." Andererseits sei aber auch vieles "vortrefflich beobachtet", wie er schnell hinzufügt. Fischer kritisiert auch, daß die *alpine* (ostische) Rasse "ganz schlecht" dargestellt wäre. Ebenso ist der plumpe Antisemitismus des Werkes nichts für den schwer an seiner akademischen Verantwortung tragenden deutschen Professor: "Auch bezüglich der Psychologie der orientalisch-vorderasiatischen Rasse (Juden) wird man so manchen Vorbehalt machen müssen -".[604] Insgesamt aber wäre das Werk eine "gewaltige Leistung". Fischer erfreut v. a. die Breitenwirkung des *Bestsellers*:

"Ein gar nicht hoch genug anzuschlagendes Verdienst des Verf.s (und auch des Verlages) ist es, daß wir endlich ein Werk mit allgemeinverständlicher Darstellung, glänzender Bildausstattung haben, das das deutsche Volk überhaupt einmal darauf hinweist, daß es 'Rasse' hat! Leider ist es stellenweise doch recht tendenziös!"[605]

Falls es nach dieser Eloge noch eines Beweises für den Schulterschluß zwischen dem nordischen Rassisten Günther und Fischer bedurft hätte, wäre dieser spätestens ein Jahr später bei der gemeinsamen Begutachtung im *Preisausschreiben für den besten nordischen Rassenkopf*[606] und der gemeinsamen Veröffentlichung der prämierten

---

[602] l.c.:160.

[603] l.c. Günther fügte sogar zu den vier Rassen der ersten Auflagen seines Buches (nordisch, dinarisch, ostisch, westisch) 1924 (6.A.) eine "ostbaltische" und 1927 (12.A.) eine "fälische" Rasse hinzu (Becker 1990:236).

[604] l.c.:161f.

[605] l.c.:162.

[606] Fischer 1927-3. Vgl. Kap. D. II. 2. a.

Köpfe in der Publikation *Deutsche Köpfe nordischer Rasse*[607] erfolgt. In der dritten Auflage des *Baur-Fischer-Lenz* im selben Jahr verweist Fischer sodann in einer Fußnote auf Günthers *Rassenkunde des deutschen Volkes* und auf seine *Rassenkunde Europas* und distanziert sich dabei lediglich von der Güntherschen Terminologie und erweiterten Rassensystematik.[608] Im Jahre 1935 schließlich schreibt Fischer voller Sympathie in dem Periodikum des Landesverbandes *Badische Heimat* einen dreiseitigen biographischen Aufsatz über den "Rassen-Günther" der mit den Worten endet:

> "Auf seiner Rassenlehre und auf der Erblehre baut sich, wie schon angedeutet, die 'biologische' Bevölkerungspolitik des nationalsozialistischen Staates auf, der gewaltige Versuch Adolf Hitlers, unser deutsches Volk vor dem schon zupackenden Schicksal des rassischen Zerfalles, der erbmäßigen Degeneration und des Unterganges durch Geburtenminderung zu retten!"[609]

Zusammenfassend läßt sich somit die These aufstellen, daß Fischer sein Verhältnis zu nichtakademischen Rassetheoretikern und nordisch-ariomanischen Rasseschwärmern zwischen Abgrenzung, Akzeptanz und Kooperation variierte - je nach Opportunität. Dabei verschoben sich die Gewichte innerhalb dieses Verhaltensspektrums immer weiter in Richtung Akzeptanz und Kooperation.

Im Jahre 1955 schreibt Fischer in einem 16seitigen wissenschaftshistorischen Aufsatz über die *Anthropobiologie im XX. Jahrhundert*:

> "Dagegen sind Forschungen über Zusammenhänge der Erbanlagen geistig-seelischer Eigenschaften (d. h. selbstverständlich nur deren körperlicher Unterlagen) und kultureller Leistung der Völker über dilettantische Versuche (GOBINEAU, CHAMBERLAIN, WOLTMANN, DE LAPOUGE, AMMON u. a.) nicht hinausgekommen."[610]

Fischer rezensiert nach wie vor Günthers Werk positiv: Günther habe eine "äußerst anschaulich geschriebene und viele eigene gute Beobachtungen enthaltende" *Rassenkunde* geschrieben, deren "großes Verdienst" es wäre, "das Problem der Rassen

---

[607] Fischer & Günther 1927-4. Wobei sie zwei separate Geleitworte schrieben.

[608] Fischer 1927-1:147.
Crips (1993:14) sieht in Fischers Verhältnis zu dem Exponenten des nordischen Rassismus eine Doppelstrategie: Einerseits war er bereit, zu einer Zeit mit Günther zu kooperieren, als praktisch kein anderer Akademiker dessen Veröffentlichungen ernst nahm. Andererseits hielt er sich bei öffentlich finanzierten Arbeiten von allen Anbiederungen an den "nordisme" (Crips) fern.

[609] Fischer 1935-3:221.

[610] Fischer 1955-1:281. Großschreibung wie im Original.

Europas am Beispiel des deutschen Volkes in glänzender Schau dargestellt und das allgemeine Interesse dafür geweckt zu haben."[611]

Mit einer seltsamen Mischung aus Beschuldigung und Exkulpation des Werkes fährt Fischer - zur vermeintlichen moralischen Rehabilitation der "wissenschaftlichen" Rassenanthropologie - fort:

> "Aber es hat in weiteste Kreise völlig irrige und schematische Vorstellungen des wirklichen Wesens der Rassen hineingetragen, ebenso Wertungen, die nicht zu verantworten sind. Ehe dann die wissenschaftliche Kritik in ernster Forschung zu den aufgeworfenen Fragen Stellung nehmen konnte, haben sich (mehr als 10 Jahre nach der Erstauflage) politische Gewalt und fanatische Weltanschauung des Stoffes bemächtigt und ihn als sogenannte wissenschaftliche Grundlage für schwerste Verbrechen mißbraucht. Aus 'Rassen*un*wissen hat sich Rassenwahn entwickelt' (von Eickstedt)."[612]

Fischer versuchte, mit einem *Zeit*argument die historische Verantwortung der deutschen Anthropologie zu relativieren.

---

[611] l.c.:282f.

[612] Fischer 1955-1:283. Kursives i.O. gesperrt.

II. Fischers Werk und Hitlers Weltanschauung

"There were in the memory of mankind Jenghiz Khans and Eugen Fischers but never before had a Jenghiz Khan joined hands with an Eugen Fischer. For this reason, the blow was deadly efficient."[613]

Diesen Vorwurf erhob nur ein Jahr nach dem Ende des Dritten Reiches der Autor, Pädagoge und Historiker für jiddische Literatur, Max Weinreich (1894-1969), in New York gegen Fischer. Dies war die ungeheuerlichste Anschuldigung, die man gegen die Person Fischers gemacht hat und machen kann: Die *direkte* Verantwortlichkeit für den Holocaust.

Dieser Vorwurf geht wohl zu weit. Wissenschaftshistorisch interessanter ist dagegen die nicht weniger komplexe Frage, die am Anfang dieser Arbeit in Form eines Zitates von Otmar v. Verschuer gestellt wurde: Sind in Fischers Werk (bereits in dem Teil bis 1927) Konzepte vorhanden, die die Aussage, er hätte "[...] an der Formung des Rassegedankens der Gegenwart als einer geistigen Voraussetzung für die Rassenpolitik des Nationalsozialismus mitgewirkt", bestätigen können?[614]

Die Frage nach Fischers Werk und der nationalsozialistischen Ideologie soll im direkten Vergleich der Werke Eugen Fischers und Adolf Hitlers vorgenommen werden. Dies geschieht, weil "Hitlers Weltanschauung, wie er sie vor allem in *Mein Kampf* dargelegt hat, zur verbindlichen Ideologie des Nationalsozialismus" wurde.[615] "Hitlers Rassenpolitik" war nicht nur "das zentrale Element seines Regimes",[616] sondern gründete auch auf dieser Ideologie.

Die Zitierung von *Mein Kampf* ist überdies deswegen sinnvoll, weil Hitler den ersten Band des Werkes zur selben Zeit verfaßte, in der er auch den *Baur-Fischer-Lenz* las - während seiner Landsberger Festungshaft 1924![617] Schließlich ist der Vergleich der Fischerschen Lehre mit den *Ideologemen* (Kröner) Hitlers eine weitere Methode, den Fischerschen Positionen Kontur zu geben.

---

[613] Weinreich 1946:240f.

[614] Vgl. Fußnoten 1 u.2.

[615] Auerbach 1986:131.

[616] Hildenbrand 1991:86.

[617] Vgl. zu dieser Angabe und zu dem gesamten Komplex Weingart/ Kroll/Bayertz 1992:372ff. Daß Hitler seine Weltanschauung schon in seiner Wiener Zeit 1907-1913 fertig entwickelte, wie er in *Mein Kampf* mehrmals betont, ist, wie Jäckel (1986:128 u.130) überzeugend nachweist, wahrscheinlich eine Legendenbildung Hitlers. Jäckel sieht diesen Prozeß erst mit dem Ende des I. Weltkrieges entstehen.

Bevor Unterschiede und Ähnlichkeiten zwischen Hitlers und Fischers Standpunkten demonstriert werden, soll noch ein kurzer Blick auf die *25 Punkte* des *NSDAP-Parteiprogramms* aus dem Jahr 1920 geworfen werden. Die Auswahl der Punkte richtet sich nach möglichen terminologischen oder inhaltlichen Anleihen des Programms aus der zeitgenössischen (Populär-)Anthropologie:[618]

- In Punkt 4 heißt es:

  "Staatsbürger kann nur sein, wer Volksgenosse ist. Volksgenosse kann nur sein, wer deutschen Blutes ist, ohne Rücksichtnahme auf Konfession. Kein Jude kann daher Volksgenosse sein."[619]

Fischers Werk bis 1927 kennt weder den Begriff "Volksgenosse" noch den *Topos* "deutsches Blut". Auch für die Meinung, daß Juden keine "Volksgenossen" - d. h. wohl deutsche Staatsbürger - sein dürften findet sich kein Beleg bei Fischer.

- Punkt 8:

Verhinderung weiterer "Einwanderung Nicht-Deutscher" und sofortige Ausweisung von allen, seit Beginn des Ersten Weltkrieges eingewanderten, "Nicht-Deutschen".[620]

Fischers Werk war nicht fremden*feindlich* in dem Sinne, daß er für die Ausweisung von für "fremd" erachteten Personen plädiert hätte. Überhaupt war die Nationalität eines Menschen im Vergleich zu dessen Rassenzugehörigkeit für Fischer von geringer Relevanz. Was allerdings die aktive Integration angeblich "fremdrassiger" Menschen in das deutsche Volk betraf, so nahm er eine ablehnende Position ein. Einen Kämpfer für das zeitgenössische Ideal einer multikulturellen Gesellschaft kann man Fischer wirklich nicht nennen.

- Punkt 24:

  "Wir fordern die Freiheit aller religiösen Bekenntnisse im Staat, soweit sie nicht dessen Bestand gefährden oder gegen das Sittlichkeits- und Moralgefühl der germanischen Rasse verstossen. [Die Partei; Anm. d. Verf.] bekämpft den jüdisch-materialistischen Geist i n und a u ß e r uns [...]"[621]

---

[618] Zwar ist das NSDAP-Parteiprogramm allein - obwohl von Hitler feierlich verkündet und später von der Partei für "unabänderlich" erklärt - wenig aufschlußreich für Hitlers Weltanschauung: "Wer also nach Hitlers Weltanschauung fragt, darf vom Parteiprogramm keine Aufschlüsse erwarten." (Jäckel 1986:86). Ein Blick auf die *offizielle Linie* der Partei halte ich für unser Thema trotzdem für nicht nutzlos.

[619] Feder 1927:6.

[620] l.c.:7.

[621] l.c.:8. Hervorhebungen wie im Original.

Hier taucht das einzige Mal in den *25 Punkten* der Begriff "germanische Rasse" auf, den Fischer zwar vermied, aber als ein wenig geeignetes Synonym für *nordische* Rasse aufführte.[622] Die kaum verhohlene Drohung gegen die freie Religionsausübung der Juden ist Fischer fremd. Die Wortschöpfung "jüdisch-materialistischer Geist" taucht weder wörtlich noch sinngemäß in Fischers Publikationen auf. Als strammer Konservativer beklagte er zwar öfter die angebliche materialistisch-individualistische Mentalität der Bürger der Weimarer Republik, aber niemals mit einer antisemitischen Konnotation.

Wie bereits angemerkt, vermag uns das *NSDAP-Parteiprogramm* allein den Inhalt und das Spektrum der NS-Ideologie kaum zu vermitteln.[623] Immerhin bleibt festzuhalten, daß die *offizielle Linie* der Partei unübersehbare Differenzen zur Fischerschen Lehre birgt.

Ergiebiger für meine Fragestellung in diesem Unterkapitel ist die Analyse des "ungelesensten Bestseller[s] der Weltliteratur":[624] Hitlers *Mein Kampf*. Um groben Fehl- und Überinterpretationen aus dieser problematischen Primärquelle vorzubeugen, werde ich Eberhard Jäckels meisterhafte Analyse von *Hitlers Weltanschauung*[625] in meine Untersuchung integrieren.[626]

Eine Bemerkung sei noch vorangestellt: Das wichtigste Kapitel für die Frage nach den anthropologischen Eckpunkten in Hitlers Weltanschauung ist das ca. 50seitige elfte Kapitel des I. Bandes von *Mein Kampf*, mit dem programmatischen Titel "Volk und Rasse".[627] Wer allerdings erwartet, dort eine systematische, in sich schlüssige Darstellung zum Thema von Hitler zu erhalten, wird - wahrscheinlich erwartungs-

---

[622] vgl. D I 2 a.

[623] Der parteioffiziell alleinige Interpret des Programms, Gottfried Feder (1883-1944), wurde dagegen in dem angehängten offiziellen Kommentar zum Programm konkreter, radikaler und vulgärer. Seine Interpretation lehnte sich jedoch deutlich an Hitlers *Mein Kampf* an, so daß ohne Umweg gleich auf diese Quelle zurückgegriffen wird.

[624] Jäckel 1986:13.

[625] Jäckel, Eberhard: Hitlers Weltanschauung. Entwurf einer Herrschaft , 3. A., Stuttgart 1986.

[626] Zur besseren Vergleichbarkeit der Inhalte werde ich mich dabei an meine Einteilung von Fischers Werkanalyse (Kap. D. II.) orientieren. Alle neun Einzelpunkte dabei abzuhandeln, wird freilich nicht nötig sein, da sich bei Hitler nicht zu allen genannten Bereichen des Fischerschen Werkes Gedanken finden. Ferner werde ich nicht jedesmal die Fischerschen Positionen erneut ausführlich darlegen: Meist wird ein Verweis oder die Erinnerung an ein Zitat genügen. Die folgenden Zitate entstammen entweder direkt der mir vorliegenden 785.-789. Auflage ("Kriegsausgabe") von *Mein Kampf* aus dem Jahre 1943 oder sie sind Jäckel (1986) entnommen, der aus den schwer zugänglichen Erstausgaben (Bd.I 1925, Bd. II 1927) und anderen Aufzeichnungen Hitlers zitieren konnte.

[627] Hitler 1943:311-362.

gemäß - *enttäuscht*: Zu inkonsequent ist Hitlers Terminologie und oft zu sprunghaft sein Gedankengang. Wenn also in den nun folgenden Abschnitten Begriffe und Inhalte unklar bleiben, so liegt dies an der Natur der Hauptquelle.

1. Allgemeine Rassenanthropologie

Drei Punkte fallen an den allgemein-anthropologischen Vorstellungen Hitlers auf:
- "Volk und Rasse, aber auch Stamm, Art und Nation wurden von Hitler als nahezu vollständig gleichbedeutende Begriffe verwendet [...]", wie Jäckel feststellt. [628] Wie ein kurzer Blick auf die allgemeine Rassenanthropologie Fischers verdeutlicht, trennte der *Anthropo-Biologe* Fischer scharf diese Begriffe, insbesondere die Entitäten "Volk" und "Rasse".
- Hitler meinte, eine "scharfe Abgrenzung der einzelnen Rassen nach außen" zu sehen.[629] Fischer hingegen konzedierte durchaus das Fehlen von eindeutigen qualitativen Rassenunterschieden (vgl. D. II. 1).
- Wie Jäckel zusammenfaßt, gab es für Hitler "Völker höherer und niederer Rasse, stärkere und schwächere, bessere und schlechtere."[630] Zu den angeblich minderwertigen Populationen gehörten für den Diktator die "niedrigeren farbigen Völker" - an besagter Stelle meinte Hitler damit die *Afroamerikaner*.[631] Hier treffen sich die Einstellungen Hitlers und Fischers in den Theoremen unterschiedlicher Wertigkeit von Völkern und der Annahme einer Minderwertigkeit der *schwarzen* Rasse.[632] Es sollte in diesem Kontext allerdings nicht übersehen werden, daß Anfang der 20er Jahre diese irrige Vorstellung weit verbreitet war. Außerdem war Fischer bereit, (seltene) Ausnahmen, d. h. einzelne begabte Personen innerhalb der negriden Population, in dieses Konstrukt zu integrieren.

---

[628] Jäckel 1986:98.
[629] Hitler 1943:312.
[630] Jäckel 1986:108.
[631] Hitler 1943:313f.
[632] Wie ich im biographischen Ausblick noch erläutern werde, beteiligte sich Fischer, eben aus dieser rassistischen Einstellung heraus, an der Sterilisation von Farbigen im Dritten Reich.

2. Spezielle Rassenanthropologie

Eine wichtige Feststellung soll die Betrachtung von Hitlers speziell-anthropologischen Vorstellungen einleiten:
Wenn man in Hitlers laienhafter Anthropologie überhaupt eine durchgängige Terminologie identifizieren kann, so entspringt sie der völkischen, ariomanischen Ideologie, v. a. aber der Günthers, nicht Fischers. Hitler schrieb an einer Stelle ganz unzweideutig:

> "Nicht nur gebietsmäßig sind die rassischen Grundelemente verschieden gelagert, sondern auch im einzelnen, innerhalb des gleichen Gebietes. Neben nordischen Menschen ostische, neben ostische dinarische, neben beiden westische und dazwischen Mischungen." [633]

Dies waren die Güntherschen Termini! Fischer lehnte Günthers Bezeichnungen "ostische" für "alpine" Rasse und "westische" für "mediterrane" Rasse ab. Eine genauere Beschreibung dieser Rassen erfolgte bei Hitler nicht. Vielmehr muß man sein anthropologisches Weltbild als zweigeteilt betrachten: *die* "Arier" gegen *die* "Juden".

a. "Arier" und "nordische Rassen"

Daß Hitlers Vorstellungen schon älter waren als Günthers *Rassenkunde* wird durch den klar überwiegenden Gebrauch des Begriffs "Arier" und aller seiner Ableitungen durch Hitler offensichtlich, z. B. "arische Menschheit" oder "arische Völker".[634]
Fischer hingegen sprach nie vom "Arier", versuchte er doch, anthropologische Rassennamen nach geographischen Kriterien durchzusetzen.
Wahrscheinlich - so muß man bei Hitlers Abneigung gegenüber klaren Begriffsdefinitionen formulieren - verstand Hitler unter den "Ariern" die "europäischen Rassen"[635] oder die *weiße Rasse*: So schwärmte über die "[..] gewaltige wissenschaftlich-technische Arbeit Europas und Amerikas, also arischer Völker."[636]
Hitler verstand die "Arier" als die "kulturbegründende", die "geniale Rasse":[637]

---

[633] Hitler 1943:437.
[634] In zwei Reden Hitlers im Jahr 1942, zitiert nach Jäckel 1986: 75.
[635] Letztgenannten Begriff verwendete er z.B. i. e. Rede im November 1942, zit. n. Jäckel 1986:75.
[636] Hitler 1943:318.
[637] Hitler 1943:321.

"Was wir heute an menschlicher Kultur, an Ergebnissen von Kunst, Wissenschaft und Technik vor uns sehen, ist nahezu ausschließlich schöpferisches Produkt des Ariers."[638]

Hier ist Hitler - wenn man der Einschätzung, daß er die "arischen Völkern" mit der "weißen Rasse" gleichsetzte, folgt - nicht weit von Fischers Überzeugung entfernt.

Fischer hatte über die *"europäide* Form des Menschen" 1923 geschrieben:

"Eine rassenmäßig irgendwie *zusammengehörige*, wenn auch gegliederte und in Rassen zerfallene Menschheitsgruppe hat die gesamte abend- und morgenländische Kultur hervorgebracht, *nur* sie und sie allein!"[639]

Im (aus unser heutigen Sicht wohl nur als rassistisch zu bezeichnenden) Eurozentrismus trafen sich also der ariomanische Agitator und der Universitätsprofessor.

Darüber hinaus besaß Hitler anscheinend ein diffuses Konzept von "nordischen Rassen": Diese hätten sich im Norden "in jenen unerhörten Eiswüsten" entwickelt.[640]

In Fischers Anthropologie existierte nur eine *nordische Rasse*. Andererseits ging auch der Anthropologe von dem Konzept der nordeuropäischen Entstehung der *nordischen Rasse* zu Zeiten der letzten Eiszeit aus.

Letztlich setzten aber sowohl Hitler als auch Fischer, was Deutschlands Zukunft betraf, ihre Hoffnungen in den *nordischen* Menschen: So schrieb Hitler:

"[...] daß wir auch heute noch in unserem deutschen Volkskörper große, unvermischt gebliebene Bestände an nordisch-germanischen Menschen besitzen, in denen wir den wertvollsten Schatz für unsere Zukunft erblicken dürfen."[641]

Schon 1910 hatte Fischer "[...] das stolzeste Element unseres Volkes, das Unterpfand kultureller Bedeutung für fernste Zukunft [...], die nordische Rasse" gepriesen und proklamiert:

"Noch sitzt in unseren fruchtbaren Gauen gute, gesunde, germanische Bauernschaft mit reichem Kindersegen [...] noch dürfen wir hoffen, einen noch nicht angefaulten Kern unseres Volkes zu treffen, der [sich] [...] beeinflussen lässt zu Gunsten zahlreicher gesunder Enkel und Urenkel in langer, langer Kette!"[642]

---

[638] Hitler 1943:317.
[639] Fischer 1923-8:182; vgl. D II. 4.
[640] In einer Rede vom August 1920, zitiert nach Jäckel 1986:59.
[641] Hitler 1943:438.
[642] Beide Zitate Fischer 1910-2:22f u. 29. Vgl. D II. 5.

b. Die Juden

"Den gewaltigsten Gegensatz zum Arier bildet der Jude", propagierte Hitler.[643] Außerdem gelte "der Jude" als "'gescheit'".[644] Nur in diesen beiden Punkten finden sich leichte Übereinstimmungen in Hitlers radikalen, manichäischen Antisemitismus und der - m. E. latent antisemitischen - Ablehnung der Juden durch Fischer: Auch Fischer hatte 1923 einen angeblichen "scharfen Rassenunterschied zwischen Europäern und Juden"[645] konstatiert und die Intelligenz der angeblich wichtigsten jüdischen Ursprungsrassen (*armenoide* und *orientalische* Rasse) herausgestellt. Es sei nochmals betont, daß Parallelen ausschließlich in diesen beiden Punkten zu finden sind. Dies bedeutet, daß man Fischers Werk bis 1927 und Hitlers Weltanschauung in puncto "Juden" als deutlich divergent bezeichnen muß.

Die offensichtlichen Unterschiede sind:
- Für Hitler gehörten die Juden nicht zur "weißen Rasse".[646] -
Für Fischer waren die Juden selbstverständlich Teil derselben.
- Für Hitler waren die Juden abwechselnd "Volk"[647], "Volkstum"[648] oder (am häufigsten) "Rasse".[649] Gelegentlich wechselte er auf ein und derselben Seite von *Mein Kampf* die Begrifflichkeiten. -
Für Fischer waren die Juden (zumindest bis Anfang der 40er Jahre)[650] zweifelsfrei ein "Volk".
- Hitlers Verunglimpfungen von Juden strotzten auf charakteristische Weise nur so von haßerfüllten, menschenverachtenden Metaphern aus dem Bereich der Parasitologie und Bakteriologie.[651] -
In Stil, Inhalt und Intention war dies Fischer gänzlich fremd.
- Wie Jäckel (1986:72) nachweist, kündigte Hitler den Genozid an den Juden an: Er erwähnte schon 1921 im *Völkischen Beobachter* "Konzentrationslager"[652] und

---

[643] Hitler 1943:329.
[644] l.c.
[645] Fischer 1923-8:174. Vgl. D II. 2. f.
[646] Hitler 1943:357.
[647] Hitler 1943:335,337 u. a.
[648] l.c.:346.
[649] l.c.:337,343,346,356.
[650] Vgl. Kap. G.!
[651] Ein "Katalog" ist b. Jäckel (1986:69) dokumentiert.
[652] Vgl. Jäckel 1986:61.

bereits 1927 (in der 1. Auflage des zweiten Bandes von *Mein Kampf*) "Giftgas".[653] In einer Reichstagsrede vom 30. Januar 1939 prophezeite er gar bei Eintreten eines neuen Weltkriegs als "Ergebnis" die "Vernichtung der jüdischen Rasse in Europa".[654] -

Der letzte Punkt wurde nur deswegen aufgeführt, um zu veranschaulichen, welche konkrete brutale Gewaltbereitschaft sich in Hitlers Antisemitismus offenbarte - im unübersehbaren Kontrast zu dem verklausuliert formulierten, wissenschaftlich verbrämten, aber gewaltfreien Unbehagen Fischers gegenüber den Juden.

3. Rassenmischungen

Hitler hatte die anthropologische Lehrmeinung, daß das "deutsche Volkstum" keinen "einheitlichen rassischen Kern" besäße, übernommen.[655] Dies gehörte auch zu den Selbstverständlichkeiten in der Fischerschen Anthropologie.

Zu anderen Folgerungen kam jedoch Hitler bei der Beurteilung des Ergebnisses von Rassenmischungen:

> "Das Ergebnis jeder Rassenkreuzung ist also, ganz kurz gesagt, immer folgendes: a) Niedersenkung des Niveaus der höheren Rasse,
> b) körperlicher und geistiger Rückgang und damit der Beginn eines [...] Siechtums."[656]

Der angebliche körperliche Rückgang sollte sich nach Hitlers Meinung in verminderter oder aufgehobener Zeugungsfähigkeit der "Bastarde", Einschränkung der Fruchtbarkeit und Schwächlichkeit der Mischlinge äußern.[657] Er postulierte die Existenz eines "in der Natur allgemein gültigen Triebes zur Rassenreinheit"[658] oder vermutete sogar die Verletzung eines gottgegebenen Rechtes:

> "Völker, die sich bastardieren oder bastardieren lassen, sündigen gegen den Willen der ewigen Vorsehung und ihr [...] Untergang ist dann nicht ein Unrecht, [...] sondern die Wiederherstellung des Rechtes."[659]

---

[653] Hitler 1943:772 (gleiche Seitenzahl wie 1927).
[654] Zitiert nach Jäckel 1986:72.
[655] Hitler 1943:437.
[656] Hitler 1943:314.
[657] Hitler 1943:311f.
[658] Hitler 1943:312.
[659] Hitler 1943:359.

Von den einzelnen Gedanken dieser Konzeption hätte Fischer nur dem der allgemeinen "Niedersenkung des Niveaus der höheren Rasse" zustimmen können. Er hatte 1908 bewiesen, daß das Mischvolk in Rehoboth weder vermindert zeugungsfähig, noch vermindert fruchtbar, noch kränklich oder schwächlich war - im Gegenteil. Insofern war Hitlers Meinung eine *Vor-Fischer-Position*. Und was die Vermischung von Angehörigen gleich *hoher* Rassen betraf, so schätzte Fischer das Ergebnis sogar positiver ein als Reinrassigkeit. An keiner Stelle seines Werkes begegnet uns ein natürlicher "Trieb zur Reinrassigkeit". Die Integration des metaphysischen Begriffs der "Vorsehung" in die Anthropologie war für den Naturwissenschaftler Fischer unzulässig.

Die Ähnlichkeit von Fischers Werk und Hitlers Weltanschauung bezüglich ihrer Beurteilung von Rassenmischungen war also sehr gering.

4. Historische Anthropologie

Sowohl Fischer, als auch Hitler, hatten ein kriegerisches Geschichtsbild. Und die handelnden Kräfte waren bei beiden: Völker und Rassen. Ich halte eine genauere Untersuchung dieses Aspektes für wichtig, da "Hitlers Weltanschauung", wie Jäckel betont, seine "Zusammenfassung im Geschichtsbild" fand.[660]

Das typische Szenario in Hitlers Geschichtstheorie war folgendes:

"Arische Völker unterwerfen [...] fremde Völker und entwickeln nun [...] ihre in ihnen schlummernden geistigen und organisatorischen Fähigkeiten. Sie erschaffen [...] Kulturen, die ursprünglich vollständig die inneren Züge ihres Wesens tragen [...] Endlich aber vergehen sich die Eroberer gegen das im Anfang eingehaltene Prinzip der Reinhaltung ihres Blutes, beginnen sich mit den unterjochten Einwohnern zu vermischen und beenden damit ihr eigenes Dasein [..]"[661]

Was folge, sei wieder eine "Nacht des kulturellen Lebens" und "Barbarei".[662] Für den "Führer" war eben die "Blutsvermischung und das dadurch bedingte Senken des Rassenniveaus [...] die alleinige Ursache des Absterbens aller Kulturen [...]".[663] Konsequenterweise beklagte er "eine restlose Durchmischung der Bestandteile unseres Volkskörpers", die zum "allgemeinen Rassenbrei des Einheitsvolkes" geführt habe.[664]

---

[660] Jäckel 1986:97-119.
[661] Hitler 1943:319f.
[662] Hitler 1943:320.
[663] Hitler 1943:324.
[664] Hitler 1943:439.

Fischer war auch von der generellen Tauglichkeit seines historisch-anthropologischen Konzeptes für die Geschichtsforschung überzeugt. Folgende Motive bergen gewisse Ähnlichkeiten zum Fischerschen Szenario (Vgl. D. II. 6.): Das Eroberungsmotiv, die anschließende Kulturblüte, die Vermischung mit den einheimischen Volk, der spätere Untergang bis zur Bedeutungslosigkeit und der infame Begriff des "Rassebreis".

Die Kritik dieses Schemas aus dem System der historischen Anthropologie Fischers wäre diese:

- Nicht nur "arische Völker" erobern "niedrigere" Völker.
- Die Kulturblüte entsteht gerade erst durch Rassenmischung und die entstehende Kultur trägt Kennzeichen beider Ausgangskulturen.
- Die Durchmischung des "Herrenvolkes" mit dem eroberten geschieht von Anfang an.
- Das historisch-anthropologische Interpretationsmodell ist zwar generell tauglich, kann aber keine alleinige Gültigkeit beanspruchen.
- "Rassebrei" ist ein typischer Endzustand bei "wahlloser Durchmischung", kein obligates Charakteristikum großer Einheitsvölker.

Die Analyse der beiden typischen Szenarien von Fischers historischer Anthropologie und Hitlers *Mein Kampf* zeigt ein differenziertes Bild mit einigen gemeinsamen Motiven, aber auch mit vielen widerstreitenden Konzepten in ihrem kriegerischen, rassenzentrierten Geschichtsmodell. Am wahrscheinlichsten ist wohl eine parallele Entstehung im Zuge zeitgenössischer populärer Geschichtskonzeptionen.

5. Rassenhygienische Forderungen

Hitlers rassenhygienische Konzeption ist im größeren Kontext seiner Rassenideologie eine Betrachtung wert. Er entwarf in *Mein Kampf* Richtlinien und z.T. konkrete Vorschläge für das eugenische Programm eines "völkischen Staates".[665] Folgende Übereinstimmungen mit den Fischerschen Vorstellungen kann man festhalten:

- Rassenhygienische "Erziehungsarbeit" als wichtigstes Staatsziel:

    [Der "völkische Staat" habe; Anm. d. Verf.] "[...] *die Rasse in den Mittelpunkt des allgemeinen Lebens zu setzen.* [...] *Er hat das Kind zum kostbarsten Gut eines Volkes zu*

---

[665] Hitler 1943:446-449.

erklären. [Die] "ungeheuerste Erziehungsarbeit [...] wird aber dereinst auch als größere Tat erscheinen, als die siegreichsten Kriege [...]"[666]
Auch Fischer hatte immer wieder "rassenhygienische Propaganda" gefordert und maß der Eugenik für die Zukunft des deutschen Volkes große Bedeutung zu.

- Sozialgesetzgebung zur Unterstützung kinderreicher Familien:
Hitler wetterte gegen "[...] die finanzielle Luderwirtschaft eines Staatsregiments, das den Kindersegen zu einem Fluch für die Eltern gestaltet" und forderte die Beschäftigung mit den "sozialen Voraussetzungen einer kinderreichen Familie".[667] Auch bei Fischer findet sich der Ruf nach "sozialen Reformen", d. h. nach sozialreformerischer Gesetzgebung, zugunsten kinderreicher Oberschicht-Familien.

- Bekämpfung von Prostitution und Syphilis:
Das Ziel ist bei Fischer und Hitler gleich. Nur was den Weg dahin betraf, machte Fischer - im Gegensatz zu Hitler - keine konkreten Vorschläge. Hitler sah Zensur, Fortpflanzungsverbote und "Absonderung unheilbar Erkrankter" vor.[668]

Keine Übereinstimmungen lassen sich finden:
- in Hitlers Ziel der unbedingten *"Reinhaltung"* der Rasse;[669]
- in Hitlers Forderung nach Zwangssterilisationen "kranker" oder "erblich belasteter" Menschen.[670]
- in Hitlers Forderung nach absoluter Rücksichtslosigkeit des Staates: Er solle "[...] *ohne Rücksicht auf Verständnis oder Unverständnis, Billigung oder Mißbilligung in diesem Sinne handeln.*"[671]
- Ferner propagierte Hitler eine Idee zur Förderung des "rassisch wertvollsten Kern[s] des Volkes und gerade seiner Fruchtbarkeit": Er wollte "Randkolonien" und "gewonnene Neuländer" nur mit Siedlern, die "Träger höchster Rassen-

---

[666] Hitler 1943:446. Kursives im Original gesperrt.
[667] Hitler 1943:447. dito.
[668] Hitler 1943:279f.
[669] Hitler 1943:446. Im Original gesperrt.
[670] "[Der "völkische Staat" habe; Anm. d. Verf.] "[...] *was irgendwie ersichtlich krank und erblich belastet* [...] *ist, zeugungsunfähig zu erklären und dies praktisch auch durchzusetzen.* [Das Vorgehen solle sogar auf jene erweitert werden, die; Anm. d. Verf.][...] *körperlich und geistig nicht* [...] *würdig"* seien (Hitler 1943:447; Kursives im Original gesperrt).
[671] Hitler 1943:448. Im Original gesperrt.

reinheit" seien, bevölkern. Darüber sollten "Rassekommissionen" hüten, die "Siedlungsatteste" auszustellen hätten.[672]

Solche utopischen Siedlung- und Züchtungskonzepte hat Fischer nie entworfen. Zusammenfassend kann man - bei aller Vergleichbarkeit der Ziele - ein klare Trennlinie in der geforderten Methodik rassenhygienischen Handelns erkennen, die recht typisch ist für die Unterscheidung zwischen *positiver* und *negativer* Eugenik. Fischer nahm vornehmlich die Position aufklärerischer *positiver* Eugenik ein. Hitlers geforderte Methodik trug dagegen von Anfang an die Kennzeichen diktatorischer, menschenverachtender *negativer* Eugenik.

Der Vergleich zwischen Fischers Werk bis 1927 und Hitlers Weltanschauung kann folgendermaßen zusammengefaßt werden:

1. Es gibt keine Übereinstimmungen zwischen der Fischerschen Lehre und den *25 Punkten* des *NSDAP-Parteiprogramm*s.

2. Hitlers inkonsequente anthropologische Terminologie ist der nordisch-ariomanischen Begriffswelt, insbesondere der Güntherschen Terminologie, entlehnt. Sie widerspricht elementaren anthropologischen Prämissen Fischers.

3. Dagegen finden sich Übereinstimmungen zwischen Fischer und Hitler bezüglich eines rassistischen Eurozentrismus, der sich aus dem Zeitgeist-typischen kulturellen Überlegenheitsgefühl von Europäern gespeist haben mag.

4. Eine graduelle Ähnlichkeit spiegelt die Verehrung der *nordischen* Rasse.

5. Hitlers manichäischer Antisemitismus ist in seiner Radikalität, Primitivität und Brutalität nicht zu vergleichen mit Fischers uneingestandenem, wissenschaftlich verbrämten und gewaltfreien Unbehagen gegenüber der jüdischen Bevölkerung.

6. Fischers und Hitlers Konzepte über die Folgen von Rassenmischung sind kaum zu decken.

7. Dagegen lassen sich einige übereinstimmende Motive (bei gleichwohl ebenfalls vorhandenen widerstreitenden Auffassungen) im kriegerischen, rassenzentrierten Geschichtsmodell Hitlers und Fischers aufzeigen.

8. Punktuelle Übereinstimmungen ergeben sich in den Zielen rassenhygienischer Politik. Deutliche Unterschiede lassen jedoch die Vorstellungen bezüglich der Methodik, d. h. der vorgeschlagenen Mittel zur konkreten Durchsetzung dieser Ziele, erkennen.

---

[672] Hitler 1943:448f.

Die am Anfang dieses Unterkapitels aufgeworfene Frage, ob sich in Fischers Werk bis 1927 Konzepte finden, die eine unterstellte Mitwirkung Fischers an der "Formung des Rassegedankens" des Dritten Reiches "als einer geistigen Voraussetzung" für die nationalsozialistische "Rassenpolitik" belegen könnten, muß am Ende mit ja beantwortet werden:

Es finden sich tatsächlich ähnliche Konzepte in der Fischerschen Lehre und dem Hitlerschen Rassendogma in Form eines rassistischen Eurozentrismus, in der Betonung einer angeblichen Superiorität der *nordischen* Rasse, in Form eines kriegerischen, rassenzentrierten Geschichtsmodells und punktuell in der rassenhygienischen Zielsetzung.

Ob aber Fischer tatsächlich *dadurch* an der "Formung des Rassegedankens" Hitlers im Sinne einer direkten Beeinflussung mitgewirkt hat, läßt sich auf diese Weise nicht nachweisen.

Gegen eine "Formung" des nationalsozialistischen "Rassegedankens" durch Konzepte Fischers sprechen die deutlichen Unterschiede zu der offiziellen NSDAP-Programmatik, in der anthropologischen Terminologie, in Konzepten von Rassenmischung, in der Methodik einer rassenhygienischen Sozialtechnologie und v. a. in Form und Inhalt des Hitlerschen Antisemitismus - als der wichtigsten geistigen Voraussetzung für die Rassenpolitik des Nationalsozialismus.

F. Fischers öffentliches Wirken in Freiburg und Baden

I. Die Freiburger Ortsgruppe der "Deutschen Gesellschaft für Rassenhygiene"

Wie bereits im Kapitel D. I. angedeutet, vollzog sich die Hinwendung des jungen Freiburger Anthropologen zur Rassenhygiene in den Jahren 1908 bis 1910. Sie wurde sinnfällig einerseits in der Gründung einer "Freiburger Ortsgruppe" der *Deutschen Gesellschaft für Rassenhygiene* durch Fischer, andererseits in Fischers schon oft erwähnten und zitierten, programmatischen Vortrag *Sozialanthropologie und ihre Bedeutung für den Staat*.[673] Drittens las Fischer ab Sommersemester 1909 - als erster akademischer Lehrer einer deutschen Universität - über *Sozialanthropologie*, im Rahmen seiner Vorlesung über *Allgemeine Physische Anthropologie*.[674]
Die genaueren Umstände und Chronologie stellen sich wie folgt dar:

1. Anfänge

Wiederum ist es der Propagandist und Organisator der frühen Rassenhygiene selbst, Alfred Ploetz, der initiativ tätig wird. Ploetz hatte im Juni 1905 den ersten rassenhygienischen Verein der Welt, die *(Berliner) Gesellschaft für Rassenhygiene* gegründet. Im Januar 1907 wurde die Gesellschaft - in Erwartung weiterer Ortsgruppen-Gründungen im Ausland - in *Internationale Gesellschaft für Rassenhygiene* umbenannt, die in Sprachgruppen unterteilt wurde.[675] 1907 schließlich gründete Ploetz in München eine weitere Ortsgruppe.[676]
Im Jahr 1936 stellt Ploetz die Entstehungsgeschichte der dritten rassenhygienischen Ortsgruppe auf deutschem Boden wie folgt dar:

> "Im Frühjahr 1908 lernte ich Fischer in Freiburg kennen und warb ihn für die Gesellschaft für Rassenhygiene. Er trat ihr am 5. Mai 1908 bei. Mitte Juni 1910 gründete er die Freiburger Ortsgesellschaft unserer Gesellschaft."[677]

---

[673] Fischer 1910-2.
[674] Vgl. Kap. D. I. 1.
[675] Kühl (1997:20) macht deutlich, daß die Internationalisierung der Gesellschaft auch als "Instrument zur Verwissenschaftlichung" der Eugenik verstanden wurde.
[676] Weingart/Kroll/Bayertz 1992:201 und Fischer 1930-3:2.
[677] Ploetz 1936:87.

Tatsächlich hatte Fischer schon am 24. Juni 1908 - also zwei Jahre vor diesem Termin - den Versuch der Gründung einer Ortsgruppe unternommen:[678] An diesem Termin fand eine Besprechung Fischers mit zwei anderen jungen Privatdozenten, seinem Studienfreund Karl Hegar (1873-1952)[679] und Konrad Guenther (1874-1955),[680] statt. Alle drei waren zu diesem Zeitpunkt nach Fischers Angaben bereits Mitglieder der *Internationalen Gesellschaft* und verabredeten die Konstituierung einer Freiburger Ortsgruppe. Als Ehrenmitglieder der Muttergesellschaft waren indirekt bereits die berühmten Freiburger Professoren Alfred Hegar (1830-1914)[681] und August Weismann[682] mit von der Partie. Die drei Gründungsväter der Freiburger Gruppe wollten die Ehrenmitglieder auch für ihre Ortsgruppe gewinnen und verabredeten die Informierung von Hegar und Weismann.

Neben Alfred Ploetz war wahrscheinlich auch der Kontakt Fischers zu einem anderen Anthropologen und frühen Rassenhygieniker für seine Hinwendung zur Rassenhygiene bedeutungsvoll: Felix v. Luschan. Luschan war im Jahre 1908 einer der wenigen akademischen Vertreter der Anthropologie im Deutschen Reich, darüber

---

Aus dem Ploetz-Nachlaß geht ein Besuch Ploetzens bei Fischer in Freiburg im Juli 1908 hervor (nach Weindling 1989:143).

[678] Diese und die Mehrzahl der folgenden Angaben sind dem Protokollbuch, Mitgliederlisten und Korrespondenzen der Freiburger Ortsgruppe entnommen, die mir - dank großzügiger und freundlicher Überlassung durch Prof. Dr. Widukind Lenz (†)- in Kopie vorliegen.

[679] Karl Hegar leitete (bereits) ab 1903 bis 1938 die gynäkologische Abteilung des St. Josefkrankenhauses in Freiburg (Leven 1997:75).

[680] Guenther war ab 1899 Assistent am Zoologischen Institut, ab 1901 Privatdozent und ab 1911 a. o. Professor der Universität Freiburg. In *Kürschners Gelehrtenlexikon* von 1925 werden als seine Tätigkeitsgebiete Zoologie, Deszendenzlehre, Heimat- und Naturschutz sowie überseeische Reisen angegeben. Er war Leiter des Freiburger *Städtischen Museums für Naturkunde*. 1904 veröffentlichte er eine Schrift mit dem Titel *Der Darwinismus und die Probleme des Lebens*. Weindling (1989:143) charakterisiert ihn als einen "nationalist-minded ecologist". Er saß ab 1909 mit Fischer im Vorstand des Landesvereins "Badische Heimat" (Fischer 1959-3:98), vgl. folgendes Kapitel.

[681] Der Vater von Karl Hegar war von 1864 bis 1904 ord. Professor der Gynäkologie und Geburtshilfe. Er gehörte zu den "Mitbegründern der modernen operativen Gynäkologie"(Eckart/Gradmann 1995:176) und war so zur "unbestrittene[n] Leitfigur in der deutschen Gynäkologie und Geburtshilfe"(Seidler,E. 1993:218) geworden. Hegar war von Weismanns erbbiologischen (Degenerations-)Konzept beeinflußt (Weindling 1989:100). Ferner vertrat er in mehreren Schriften (z. B. in *Der Geschlechstrieb. Eine social-medicinische Studie*, Stuttgart 1894, oder in *Die Wiederkehr des Gleichen und die Vervollkommnung des Menschengeschlechts*, im ARGB [!] 8 [1911] 72-85) radikale Positionen positiver und negativer Eugenik. In Fischers Werk, als einem ehemaligen Studenten Hegars, finden sich Anklänge an Ideen und Formulierungen Hegars.

[682] Vgl. Kap. B. I.
Kühl (1997:29) zufolge war Weismann sogar einer der Vizepräsidenten des Ersten Internationalen Eugenischen Kongreßes im Juli 1912 in London.

hinaus aber auch der Vorsitzende der *(Berliner) Gesellschaft für Rassenhygiene*.[683] Fischer hatte seit 1903 kontinuierlichen brieflichen Kontakt mit v. Luschan und erörterte mit diesem u. a. sein Rehoboth-Projekt.[684] Fischer traf v. Luschan in Berlin zwei Monate vor der ersten Ortsgruppen-Gründung[685] und besprach mit ihm beispielsweise den beabsichtigten Eintritt von Karl Hegar und dessen Ehefrau in die *Gesellschaft für Rassenhygiene*.[686]

Nach der ersten, wohl nur als vorläufig zu bezeichnenden, Konstituierung der Ortsgruppe im Jahre 1908 dauerte es zwei Jahre bis Fischer wieder zum Thema Rassenhygiene aktiv wurde:[687]

Am 8. Juni 1910 hält Fischer den Vortrag *Sozialanthropologie und ihre Bedeutung für den Staat* vor der akademisch hochkarätig besetzten *Naturforschenden Gesellschaft* Freiburgs.

Nur sechs Wochen später, am 21. Juli 1910, versammeln sich auf Einladung Fischers im Hörsaal der Anatomie "eine Anzahl neuer Mitglieder der Gesellschaft und Freunde der Sache" zur "Neugründung" der Ortsgruppe.[688] Die Konstituierung der "Ortsgruppe Freiburg der Internationalen Gesellschaft für Rassen-Hygiene" wird einstimmig vollzogen - wie viele Personen bei dieser Gelegenheit tatsächlich anwesend waren, läßt Fischer in den Protokollen der Sitzung offen. Er betont allerdings, daß zu diesem Zeitpunkt 23 Mitglieder in Freiburg gewesen wären.

Bevor wir Mitgliederstruktur und -entwicklung, Ziele, Verfassung und Ämter, Inhalt der Sitzungen sowie Bedeutung der Ortsgruppe weiter beleuchten, muß allerdings

---

[683] Weingart/Kroll/Bayertz 1992:191.

[684] Luschan riet Fischer von der Untersuchung ab. Vgl. Korrespondenz Fischer/v. Luschan im Nachlass vL. der SBB, hier besonders Briefe Fischers an v. Luschan vom 4.4.08 und 11.6.08.

[685] Wahrscheinlich am 14./15.4.08 im Zusammenhang mit Fischers Vorstellung seines Rehoboth-Planes vor der *Königlich-preußischen Akademie der Wissenschaften*.
Vgl. Briefe Fischers an v. Luschan vom 4.4.08, 1.5.08 und 11.6.08 ; SBB, Nachlass vL.

[686] "(Er ist der Sohn des schon dem Verein angehörenden Geheimrat Hegar; ist Soldat d. h. Reserveofficier, hat gesunde Kinder - er ist Privatdozent für Gynaecologie.)" Brief Fischers an v. Luschan vom 13.5.08; SBB, Nachlass vL.

[687] Im Zeitraum 1908-10 liegen einerseits die Rehoboth-Reise, andererseits der Umbau des Anatomischen Instituts mit der Einrichtung eines Anthropologischen Labors duch Fischer; vgl. Kap. B. II.

[688] Vgl. Protokolle der OG, S.3.
Insofern ist Löschs Feststellung (1997:99), daß die Gründungsversammlung der Ortsgruppe am Tag des *Sozialanthropologie*-Vortrags selbst geschah, aufgrund der Ortsgruppen-Protokolle nicht richtig. Allerdings hatte Fischer wohl im nachhinein diesen Eindruck erwecken wollen, wenn er im Juni 1911 in einem Bericht über den Vortrag hinzufügte: "Es bildete sich eine Ortsgruppe Freiburg der deutschen Gesellschaft für Rassenhygiene" (Fischer 1911-2:42).

eine Person erwähnt werden, deren Bedeutung bei der Wiedergründung der Freiburger Ortsgruppe sowie der inhaltlichen und institutionellen Verbreitung der Rassenhygiene in Deutschland kaum unterschätzt werden kann: Fritz Lenz. Im Anschluß an die eingangs zitierten Erinnerungen Ploetzens aus dem Jahre 1936 heißt es:

> "Fritz Lenz, den ich um diese Zeit herum ebenfalls in Freiburg kennenlernte und der mir wegen seiner klaren Denkweise sehr gefiel, wurde ebenfalls von mir für die Gesellschaft gewonnen, er wurde ihr Schriftführer."[689]

Es ist wahrscheinlich zu großem Teil - wenn nicht sogar überwiegend - dem Impuls des damaligen Medizinstudenten Fritz Lenz zuzuschreiben, daß in Freiburg tatsächlich eine Ortsgruppe der *Gesellschaft für Rassenhygiene* entstand. Zu Fischers 70sten Geburtstag 1944 jedenfalls stellt Lenz seine Rolle bei der Gründung des Ortsvereins als ebenbürtig zu der seines Anatomieprofessors dar. Die betreffende Stelle wird hier in ganzer Länge wiedergegeben, da sie, über Lenz' Initiativwirkung hinaus, die Beziehung zwischen Lenz und Fischer sowie Gründe für die große Popularität der Gruppe auch in der Studentenschaft verdeutlicht:

> "Ich habe als Student Fischers Vorlesungen zum erstenmal 1907 gehört und an seinen Uebungen teilgenommen und habe ihm in der Zeit von 1907 bis 1911 viel Belehrung und Anregung zu verdanken. Seine jugendlich schlanke Totilagestalt und sein gewinnendes Wesen wirkten mitreißend auf seine Schüler und Schülerinnen. Er hatte für jeden ein offenes Ohr; und wer etwas auf dem Herzen hatte, kam zu ihm und ließ sich von ihm wie einem väterlichen Freunde beraten. Ich durfte ihn auf zahlreichen Spaziergängen begleiten und mit ihm diskutieren. Wir riefen damals die Ortsgruppe Freiburg der Deutschen Gesellschaft für Rassenhygiene ins Leben; Fischer übernahm den Vorsitz, ich wurde Schriftführer."[690]

Auch Fischer betont rückblickend, daß die Ortsgruppe unter seinem Vorsitz "und der eifrigen Arbeit des damaligen cand. med. Fritz Lenz als Schriftführer" entstanden sei.[691]

---

[689] Ploetz 1936:87.
[690] Lenz, F. 1944:390.
[691] Fischer 1930-3:3.

2. Mitgliederstruktur und -entwicklung

Die Ortsgruppe bestand zum Zeitpunkt ihrer Gründung aus 22-23 (je nach Zählung Fischers in den Mitgliederlisten) ordentlichen und zwei Ehrenmitgliedern. Die Mitgliederstruktur ist beeindruckend: Unter den sechs Damen und 18 Herren des Vereins finden sich neben fünf Studenten und zwei Studentinnen (v. a. der Medizin) nicht weniger als elf Privatdozenten und Professoren. Weindling (1989:317) kennzeichnet den Charakter der Ortsgruppe zutreffend als "scientific elite".
Neben den bereits erwähnten Gründungs- und Ehrenmitgliedern waren folgende habilitierte Personen beteiligt:[692]

- Ludwig Aschoff (1866-1942; der bald weltberühmte ord. Professor der Pathologie),
- Robert Wiedersheim (Ordinarius der Anatomie; vgl. Kap. B. I.),
- Christian Bäumler (1836-1933; em. ord. Prof., ehem. Direktor der Inneren Klinik und seit 1909 Ehrenbürger Freiburgs),
- Bernhard Krönig (1863-1917; ord. Prof. für Gynäkologie und Geburtshilfe),
- Oswald Bumke (1877-1950; Psychiater und Neurologe; in Freiburg Extraordinarius, ab 1914 Ordinarius in Rostock, Breslau, Leipzig und schließlich München),
- Ernst Gaupp (Prosektor am Anatomischen Institut und dort Förderer Fischers; vgl. Kap. B. II.).

Die Entwicklung der Mitgliederzahlen ist aufgrund des vorliegenden Materials nicht mit letzter Sicherheit zeitlich nachzuvollziehen:
Die längste Mitglieder- und Adressenliste (von insgesamt sieben verschiedenen Listen) enthält 57 Namen: 55 ordentliche und zwei Ehrenmitglieder. Ohne Datum versehen, muß sie aus dem Zeitraum Juli 1910 bis April 1912 datieren.[693] Im

---

[692] Zu den biographischen Angaben vgl. Seidler, E. 1993.
[693] Es ist dies die am sorgfältigsten von Fischer geführte, vierseitige Liste, von mir mit "IV." markiert. Sie kann als Hauptliste angesehen werden. Eine ältere Liste ("III."), datiert auf den 21. Juli 1910, enthält einen Stamm von 22 ordentlichen und zwei Ehrenmitgliedern; außerdem sind nachträglich neun Namen hinzugefügt. Eine weitere Liste ("V.") ist mit "S.S.1914" markiert und enthält, je nach Zählung, 47-49 Namen. Die weiteren Listen ("I.;II.;VI.;VII.") sind deutlich kürzer und eindeutig Zeiträumen vor bzw. nach der Hauptliste ("IV.") zuzuordnen. In der Hauptliste "IV." ist Fischers Wohnort mit "Thurnseestr.54" angegeben. In der Liste "V." vom Sommersemester 1914 ist als Adresse "Silberbachstr." angegeben. Gleicht man nun die Adressenangaben in den Mitgliederlisten mit den Angaben im Vorlesungsverzeichnis der Universität Freiburg ab, so ist dort die Adresse Fischers vom Wintersemester 1909/10 ab mit "Thurnseestr." und erst ab Sommer-semester 1913 mit "Silberbachstr.1" angegeben. Bedenkt man allerdings, daß er nach seinem Würzburger (Sommer-)Semester 1912 wahrscheinlich

Vergleich zum Juli 1910 waren sechs Frauen und 27 Männer dazugestoßen, darunter sieben Privatdozenten und Professoren, 14 Studierende und 12 sonstige Bürger (i. d. R. mit akademischen Titel). Hinzugekommen waren u. a. :

- Oskar de la Camp (1871-1925; als Nachfolger Bäumlers ord. Professor und Direktor der Inneren Klinik),
- Theodor Axenfeld (1876-1930; Ordinarius für Ophthalmologie),
- Bruno Salge (1874-1924; erster a. o. Professor für Pädiatrie an der Universität Freiburg),
- Carl Josef Gauß (1875-1957; Privatdozent, Leiter der Radiologie der Frauenklinik; Assistent Krönigs),
- Adolf Oberst (1875-1933; Leiter der Radiologie der Chirurgischen Klinik),
- Hermann August Determann (1865-?; Chefarzt der Kurklinik in St. Blasien/ Schwarzwald und ab 1910 a. o. Professor in Freiburg),
- Ludwig Schemann (Privatgelehrter und Gobineau-Propagandist; vgl. Kap. C. III. und E. I.).

Wahrscheinlich ist, daß die Mitgliederzahlen mit 57 im o.g. Zeitraum ihr Maximum erreichten und 1927, am Ende von Fischers Freiburger Zeit, auf Zahlen zwischen 20 und 30 Mitgliedern gesunken waren.[694]

Weindling betont, daß 21 Mitglieder der Ortsgruppe "medically qualified" gewesen wären. Bei Mitzählung der Medizinstudenten komme ich sogar auf mindestens 34 Personen mit oder in medizinischer Ausbildung. Dies unterstreicht den "overwhelmingly medical character" (Weindling) der Gruppe.[695]

3. Ziele, Verfassung und Ämter

Als Zweck der Ortsgruppe wird in den Satzungen der Ortsgruppe Freiburg i.B. der Deutschen Gesellschaft für Rassenhygiene[696] nur genannt: "Förderung der Ziele der

---

schon an letztgenanntem Ort wohnte, dürfte die Hauptliste "IV." aus der Zeit von Juli 1910 bis April 1912 datieren und deshalb die maximale Anzahl an Mitgliedern in dieser Zeit erreicht worden sein.

[694] Die jüngsten Listen ("VI." u."VII.") mit Fischers Vermerken "bezahlt 1927" und "1927" enthalten 30, bzw. 22 Namen.
Weindling (1989:317) verweist auf 59 Mitglieder vor 1914. Er führt den Mitgliederzahl-Schwund auf einem "defeatist spirit" innerhalb der Gesellschaft zurück.

[695] Weindling 1989:317.

[696] Frbg. 1911; unter d. Überschrift ist in Klammern vermerkt: "Angenommen am 14. Juni 1911".

Deutschen Gesellschaft für Rassenhygiene in Freiburg und Umgebung", wobei "die Satzungen und Beschlüsse der Muttergesellschaft" von der Ortsgruppe "als für sich verbindlich" anerkannt wurden.[697]
In den Satzungen der *Deutschen Gesellschaft für Rassen-Hygiene* vom 12. März 1910 wurden "Zweck und Mittel" der Muttergesellschaft wie folgt definiert:[698] Dem allgemein gehaltenen, eingangs erwähnten Zweck "Förderung der Theorie und Praxis der Rassen-Hygiene" (§ 1) sollte die "Förderung der wissenschaftlichen Rassen- und Gesellschafts-Biologie, einschließlich der Rassen- und Gesellschafts-Hygiene" dienen. Dabei wurde insbesondere an die "Erhebung und Aufzeichnung (Registrierung)" von sämtlichen Daten fördernder Mitglieder zum "Studium der menschlichen Vererbungs- und Variationsverhältnisse" (§ 3 A.) gedacht.[699] Die Gesellschaft verschrieb sich ferner dem "Verbreiten der gewonnenen Erkenntnisse sowie sich daraus ergebender praktischer Leitgedanken" (§ 3 B.). Die im folgenden Absatz (§ 3 C.) behandelten "Teilgruppen" sollten die Lebensführung des einzelnen Mitglieds unter die Prinzipien der Rassenhygiene unterstellen: Die Mitglieder der praktischen Teilgruppen[700] verpflichteten sich, gemäß Satzung, ihrem Ideal wie folgt nachzueifern:

"[...] durch ernste Arbeit an ihrer seelischen und körperlichen Tüchtigkeit, durch Verpflichtung, sich vor Eingehen einer Ehe auf die Tauglichkeit dazu nach Vorschrift der Gesellschaft untersuchen zu lassen und bei Untauglichkeit zur Ehe von einer Eheschließung oder Fortpflanzung abzusehen,
durch Pflege der individuellen und rasslichen [sic] Tüchtigkeit des Nachwuchses."

Im übrigen wollte sich die Gesellschaft von "politischen und konfessionellen Bestrebungen fern" halten (§ 2).
Zusammenfassend könnte man die Ziele der Muttergesellschaft, und damit auch die der Freiburger Ortsgruppe, mit den Stichworten

- Sammlung von Vererbungsdaten mit wissenschaftlichem Anspruch,
- Propaganda des eugenischen Gedankens sowie

---

[697] Ortsgruppen-Satzungen: § 1. Dieser und die folgenden kursiv-gedruckten Zitatabschnitte der Satzungen waren im Original fettgedruckt.

[698] SABR: Akte des Gesundheitsrates 4,21-609.

[699] Fördernde Mitglieder konnten ausschließlich durch den Akt der Registration ordentliche Mitglieder werden (§§ 7 u. 10).

[700] Der Begriff "praktische" Teilgruppe taucht in den Satzungen der Muttergesellschaft nicht auf, wird allerdings in denen der Freiburger Ortsgesellschaft, mit dem Hinweis, daß diese Teilgruppen auch innerhalb der Muttergesellschaft bestünden, verwandt und näher erläutert.

- eugenische Ausrichtung der Lebensführung ihrer Mitglieder beschreiben.[701]

In der Orientierung des Vereinsleben an dem universitären Kalender (§ 7.: ordentliche Sitzungen *"in jedem Semester zweimal"*) deutet sich die akademische Ausnahmestellung der Freiburger Ortsgruppe innerhalb der eugenischen *Szene* an.[702] Einige weitere Spezifika der Satzungen der Freiburger Ortsgruppe im Vergleich zu denen der Muttergesellschaft fallen auf: So läßt sich (neben der genannten akademisch-intellektuellen Sonderstellung) anhand folgender satzungsbedingter Besonderheiten ein radikaleres Selbstverständnis der Freiburger Ortsgruppe - im Vergleich zur Muttergesellschaft - vermuten:

1. Die Fischersche Handschrift trägt die Bestimmung in den Freiburger Satzungen, daß die Mitglieder "der nordischen Rasse oder einer Mischung mit nordischem Einschlag angehören" müssen.[703] In den Satzungen der Muttergesellschaft war die Aufnahmebedingung - noch vergleichsweise liberal - die Angehörigkeit zur "weissen Rasse".[704]

2. Im Gegensatz zu den Satzungen der Muttergesellschaft definierten die Freiburger als Voraussetzung ("Tauglichkeit") zur Mitgliedschaft in der *praktischen Teilgruppe* die Abwesenheit von "vererbbaren physischen und psychischen Defekten", was ein "Untersuchungsrat" entscheiden sollte (§ 11). In den Satzungen der Muttergesellschaft fehlt eine vergleichbare Bestimmung.

3. Man kann aufgrund der Stimmkraft der einzelnen Mitgliedsarten auf deren Bewertung durch die Freiburger Ortsgruppe und evtl. auf das hierarchische Gefüge von Fischers Verein schließen: Bei *"Abstimmungen in Angelegenheiten der Ortsgruppe"* besaßen fördernde und ordentliche Mitglieder nur eine, Ehrenmitglieder, Gründer und Mitglieder der praktischen Teilgruppe hingegen drei Stimmen.[705] In den Satzungen der Muttergesellschaft wurden dagegen die Stimmen nicht gewertet.

---

[701] Daß bei diesen Punkten insbesondere der dritte das Vereinsleben prägte, unterstreicht die Einschätzung Weingart/ Kroll/Bayertz' (1992:202), die in den ersten Jahren an der Gesellschaft "eher noch die Züge eines Reform- und Bildungsvereins denn einer wissenschaftlichen Fachgesellschaft" erkennen und ihre "primäre Funktion" in der Gewährleistung einer "weltanschauliche[n] gegenseitige[n] Selbstbestätigung von Gleichgesinnten" sehen.

[702] Ein weiteres Indiz für die akademische Ausrichtung der Gruppe war, neben ihrer Mitgliederzusammensetzung und dem eben Genannten, die Tatsache, daß alle Sitzungen im Hörsaal der Anatomie stattfanden.

[703] Ortsgruppen-Satzung: § 2. Es liegt auf der Hand, daß Fischer kraft seines anthropologischen Wissens das Interpretationsmonopol bezüglich der rassischen Zugehörigkeit von Mitgliedskandidaten in Freiburg besaß.

[704] l.c.: § 4. Die Orientierung an dem Terminus "weisse Rasse" spiegelt eher Ploetzens Einfluß.

[705] l.c.: § 13. Hervorhebung im Original.

Zu den Ämtern innerhalb der Ortsgesellschaft:
1910 stellten den ersten, siebenköpfigen Vorstand Prof. Fischer, Prof. Aschoff, Prof. Gaupp, Prof. K. Hegar, cand. med. F. Lenz, der privatisierende Chemiker Dr. rer. nat. Oscar Hinsberg und ein Frl. stud. cam. Johanna Schimper.[706] Im Laufe der Zeit wurden Schimper durch Bumke und dieser später durch einen cand. med. Uhlbach, Lenz durch Gauß und schließlich Gaupp durch Guenther ersetzt. Wie auch immer die Zusammensetzung und Aufgabenverteilung war - es verblieb im Vorstand, abgesehen von Fischers Würzburger Sommersemester 1912, ein *innerer Kreis* mit den Personen Fischer, Aschoff, Hegar, Hinsberg und Gaupp (später Guenther). Die Protokolle geben auch Zeugnis von dem schon erwähnten großen Einfluß Lenz' in der Frühzeit der Ortsgruppe, bis er sich (in den Zeiten seiner Examensvorbereitung) ab Februar 1912 aus der aktiven Gruppe zurückzog.

Das Amt der "Vertrauensärzte" übernahmen ab 1910 ein Dr. med. M. Otto, K. Hegar und Fischer. Sie bildeten den "Untersuchungsrat" und waren gemäß § 5 der Freiburger Satzungen für die *"Erhebung für die Registrierungen, die Ehetauglichkeit und die Tauglichkeit für die praktische Teilgruppe"* zuständig.[707]

4. Inhalt der Sitzungen

Die Sitzungsprotokolle umfassen einen Zeitraum vom 24. Juni 1908 (dem Tag der ersten, vorläufigen Gründung der Ortsgruppe) bis zum 29. Mai 1914. Rechnet man den 21. Juli 1910 als den eigentlichen Gründungstag, dann kommt man lediglich auf knapp vier Jahre der Dokumentation des Vereinslebens. In diesem Zeitraum fallen 15 dokumentierte Sitzungen, davon zwei Vorstandssitzungen:

- An Vorträgen und Referaten sind acht dokumentiert.

Trotz der satzungsgemäßen besonderen Bewertung der praktischen Teilgruppe ist ihre tatsächliche Bedeutung im Vereinsleben doch eher fraglich: Sie wird, außer im Zusammenhang mit den Satzungen, in den mir vorliegenden Protokollen nicht weiter erwähnt.

[706] Die ersten Sitzungsprotokolle dokumentieren noch keine Aufgabendifferenzierung innerhalb des Vorstandes. Erst im Januar 1911 wurde der Vorstand dahingehend differenziert, daß Fischer zum 1. Vorsitzenden, Aschoff zum zweiten, Hegar und Gaupp zu Beisitzern, Hinsberg zum Kassenwart sowie Bumke (neu) und Lenz zum ersten und zweiten Schriftführer gewählt wurden.

[707] Ob der "Untersuchungsrat" in der Freiburger Ortsgruppe tatsächlich alle satzungsgemäßen Aufgaben regelmäßig ausgeführt hat, läßt sich anhand der mir vorliegenden Protokolle nicht eindeutig nachweisen. Er wird nur sporadisch erwähnt.

- An thematischen Erörterungen oder Diskussionen, unabhängig von einleitenden Vorträgen, finden sich fünf in den Protokollen.
- Eine Büchervorstellung und die Gründung eines Lesezirkels eugenischer Zeitschriften sind ferner wichtiger Ausdruck des Vereinslebens.

Folgende Referenten und Vorträge finden sich:[708]
1. Vortrag Eugen Fischers: "Ziel und Aufgaben der Gesellschaft für Rassenhygiene."[709]
   Leider hinterließ Fischer keine Bemerkungen zum Inhalt des Vortrages.
2. Vortrag Karl Hegars: "Ursachen der Stillunfähigkeit."[710]
3. Referat Ludwig Aschoffs über Hugo Ribberts "Rassenhygiene"[711]
4. Vortrag Eugen Fischers über "Familienanthropologie".[712]
5. Vortrag Oswald Bumkes "Über psychische Entartung."[713]

Aufschlußreich für den Geist innerhalb der Ortsgruppe scheint mir die Reaktion des Publikums auf Bumkes Vortrag zu sein: Bumke hatte - dem Protokoll Fischers zufolge - betont, "dass rassenhygienische Massnahmen, welche über die Bekämpfung der Syphilis und des Alkoholismus [...] hinausgehen, nicht erwünscht seien. Eheverbote und ähnliche Massnahmen erklärt er für unwirksam, resp. kulturfeindlich." Der Vortrag wäre mit "regem Beifall" aufgenommen worden. Dies verwundert, waren doch die Tauglichkeit zur Ehe eine der Voraussetzungen zur Mitgliedschaft in einer praktischen Teilgruppe. Wie oben erwähnt, rückte Bumke später in den Vorstand der Ortsgruppe nach.

6. Referat Fritz Lenz' über Hentschels Programmschrift "Mittgart".[714]

---

[708] In der Regel sind bei den Vorträgen nur der Vortragende und das Thema aufgezeichnet worden. Trotzdem finden sich mitunter kurze Bemerkungen zum Inhalt der Vorträge, vereinzelt Reaktionen des Publikums sowie Diskussionsbeiträge.

[709] Auf der ersten regulären Sitzung am 21.07.1910.

[710] Am 23.11.1910. Dieser und zwei andere Vorträge wurden in Verbindung mit der *Naturforschenden Gesellschaft* Freiburgs veranstaltet.

[711] Am 19.01.11. Fischer hält im Protokoll "eine ziemlich lebhafte Diskussion, besonders über die Frage der erblichen krankhaften Anlagen und ihre erste Entstehung", fest.

[712] Am 08.02.1911. Fischer verzeichnet über den Inhalt seines Vortrages wenig Konkretes. Nicht ohne Stolz vermerkt er allerdings, daß aufgrund der Mit-Einladung von Mitgliedern der *Naturforschenden Gesellschaft* und anderer Gäste "sich denn auch eine recht grosse Zuhörerschaft eingefunden" hätte.

[713] Am 23.02.1911. Auch dieser Vortrag wurde von vielen Auswärtigen besucht.

[714] Am 19.06.1911. Willibald Hentschel wurde bereits kurz erwähnt in Kap. E. I.

Hentschels Programm, *Mittgart - Ein Weg zur Erneuerung der germanischen Rasse*[715] sah "ländliche Zuchtgemeinschaften von 1000 Frauen und 100 Männern" zur polygamen Züchtung von Blonden und Blauäugigen vor.[716] Nach dem "kritischen Referat" beteiligten sich neben Fischer vier weitere Herren an der Diskussion. Fischer vermerkt im Protokoll: "Alle sind einig in der Ablehnung der Hentschelschen Tendenzen."

7. Vortrag Bruno Salges über "Die Bedeutung der Constitution für die Entwicklung in der Kindheit."[717]

Salge äußerte sich, gemäß Fischers Aufzeichnungen, kurz und pessimistisch über die Erfolgschancen der praktischen Rassenhygiene.[718]

8. Vortrag Leopold Engelhardts über "Die rassenhygienische Abteilung der internationalen Hygiene-Ausstellung in Dresden."[719]

Die fünf in den Protokollen erwähnten thematischen Unterredungen, die sich unabhängig von einleitenden Vorträgen oder Referaten entwickelt hatten, lassen sich wie folgt zusammenfassen:

1. Am 24. Mai 1911 wurde, den Sitzungsprotokollen zufolge, der Entwurf der Satzungen der Ortsgruppe "nach einer kleinen Diskussion [...] mit geringen Änderungen einstimmig angenommen." Den Entwurf hatte der Vorstand erstellt.

2. Auf der Sitzung der Ortsgruppe vom 26. Juli 1911 werden drei für das Selbstverständnis der Ortsgruppe aufschlußreiche Debatten geführt bzw. Entscheidungen herbeigeführt:

   a. Auf der anstehenden Generalversammlung der *Deutschen* und *Internationalen Gesellschaft für Rassenhygiene* sollte im Auftrag der Freiburger Ortsgruppe eine Änderung der Satzungen durchgesetzt werden: Die Gruppe beschloß einstim-

---

[715] Dresden 1907 (2. A. 1911).

[716] zit. n. Weingart/Kroll/Bayertz 1992:34.

[717] Am 09.02.1911.

[718] Salge: "[...] da es doch utopisch sei, zu hoffen dass es unter unserer heutigen Kultur zu erreichen sei, dass nur gesunde Eltern sich fortpflanzen würden." Lenz habe daraufhin die Notwendigkeit von Eheverboten (negative Eugenik) verneint und plädierte für vermehrte Fortpflanzung (ab vier Kinder) erbgesunder Familien (d. h. positive Eugenik): "Wenn es also gelänge, den gesünderen Teil der Familien zu einer relativen Vermehrung zu bringen, so wäre für die Rasse alles gewonnen."

[719] Am 26.02.1912. Der Medizinalpraktikant hielt seinen Vortrag mit "Lichtbildern". Die vielbeachtete Dresdener Hygieneausstellung war eine der ersten öffentlichkeitswirksamen Selbstdarstellungen der deutschen Rassenhygiene. Keinerlei inhaltliche Angaben oder Diskussionsbemerkungen über Engelhardts Bericht sind überliefert.

mig, daß (wie in ihren eigenen Satzungen schon verankert) die deutschen und internationalen [!] Satzungen dahingehend geändert werden sollten, daß alle Mitglieder "sämtlich der nordischen Rasse oder einer Mischung mit nordischen Einschlag angehören müssen" - bisher *genügte* die Mitgliedschaft zur "weissen Rasse".

b. Die Freiburger Ortsgruppe sprach sich gegen die Bewegung zur Senkung der Geburtenzahlen durch Aufklärung und kontrazeptionelle Techniken ("Neomalthusianismus") aus. Sie sah in der "Ausbreitung der neomalthusianischen Technik die allerschwerste Gefahr für die Zukunft der eigenen Rasse". Zur "Bekämpfung dieses Übels" solle man allerdings nicht auf "Polizeivorschriften (etwa Verbot antikonzeptioneller Mittel)" oder "Aufklärung etc." zurückgreifen, sondern "einzig" auf "eingreifende wirtschaftlich-soziale Gesetze."[720]

c. Die Ortsgruppe verstand sich - dieses Selbstverständnis legt auch ihre Satzung nahe - als rassisch elitärer Verein[721] und wollte somit auch in der Gesamtgesellschaft das Ziel eugenischer Lebensführung jedes einzelnen Mitglieds verstärkt wissen. Die Delegierten zur Generalversammlung wurden beauftragt,

"[...] für alles zu stimmen, was die persönliche Mitarbeit und persönliche Werthaltung der Rassentüchtigkeit fördert und scharf ausdrückt, damit die G.f.R.H. nicht ein Verein wie jeder Kolonial- oder naturwissenschaftlicher Verein werde, sondern einer, der an die Person und Individualität wirkliche Anforderungen stellt."[722]

3. Auf der letzten dokumentierten Sitzung am 29. Mai 1914 diskutierte die Ortsgruppe die *Leitsätze der Deutschen Gesellschaft für Rassenhygiene zur Geburtenfrage*. Das Protokoll hält fest:

"Die Ortsgruppe Freiburg ist einstimmig für die Leitsätze, bittet aber die ethische Seite, also die Propaganda der Pflicht zur Vermehrung gerade für die sozial-oberen Schichten stärker zu betonen."[723]

Ferner ist in den Protokollen eine Büchervorstellung zur Rassenhygiene dokumentiert:

---

[720] vgl. Kap. C. III. 3; dort v. a. die Forderungen 5, 6, 14 und 15.

[721] Der Vorsitzende d. Berliner Ortsgruppe, v. Luschan, wollte zum Beispiel d. Schädel u. Gehirne von Mitgliedern d. *Deutschen Gesellschaft für Rassenhygiene* konservieren (Weindling 1989:143).

[722] Abkürzungen wie im Original-Protokoll.

[723] Hervorhebungen wie im Original.

Am 19. Januar 1911 stellte Fischer

"[...] die wichtigsten Schriften aus dem Gebiete der Rassenhygiene und der damit in Beziehung stehenden [vgl. D. II. 8!; Anm. d. Verf.] Sozialanthropologie vor und deutet mit einigen Worten jeweils die Richtung und die Grundgedanken der herumgereichten Bücher an. Durch Heranziehung von Büchern der Universitätsbibliothek sowie durch Mithülfe von Mitgliedern kann eine sehr stattliche Anzahl von Bänden vorgelegt werden."[724]

Schließlich beschließt die Ortsgruppe am 24. Mai 1911 die Einrichtung eines Lesezirkels eugenischer Zeitschriften. Interessant ist die Auswahl der bereits vorhandenen Zeitschriften und ihre (vermutlichen) Besitzer:

- die *Eugenics Revue*, zur Verfügung gestellt vom Ortsgruppen-Mitglied H. G. Ferras;[725]
- das maßgebende deutsche Periodikum, das *Archiv für Rassen- und Gesellschaftsbiologie*, durch Fischer;
- die radikalere *Politisch-Anthropologische Revue* durch K. Hegar.

Wenn man nun rückblickend Ziele und Satzungen mit den Inhalten der Sitzungen der OG korreliert, fallen vier Eckpunkte des Selbstverständnisses und der Programmatik des Vereins auf:

- eine Tendenz zum nordischen Superioritätsglauben;
- die Betonung einer strengeren eugenischen Lebensführung ihrer Mitglieder;
- die Präferenz von *positiv-*eugenischen Maßnahmen und
- die Ablehnung von laienhaft-schwärmerischen Züchtungsutopien.

Insbesondere mit den beiden erstgenannten Punkten nahm die Ortsgruppe im Spektrum der Gesamtgesellschaft wohl eine radikalere, fundamentalistische Position ein.

5. Bedeutung - "the Freiburg phalanx" (Weindling)

Als "Freiburger Phalanx" beschreibt Weindling (1989:96) die Häufung von prominenten Wissenschaftlern und später einflußreichen Rassenhygienikern in Freiburg und Baden. Die *Freiburger Phalanx* war eine Gruppe von akademischen Gelehrten mit reichsweiter Reputation, die konservativ-antisozialistische, mendelistische und

---

[724] Hervorhebung wie im Original.
[725] Ferras, auch vereinzelt Ferrars geschrieben, taucht in den Mitgliederlisten "IV.", "VI.", und "VII." auf. In Liste "IV." ist als sein Beruf "Lektor" angegeben und der Vermerk "(Eug. Soc. London)". Somit ist sein britischer Ursprung und die Mitgliedschaft des Herren in der Galtonschen *Eugenics Education Society* in London wahrscheinlich.

sozialdarwinistische Positionen propagierte. Weindling nennt neun Namen. Von dieser Liste waren folgende Herren Mitglieder der Freiburger Ortsgruppe:
- August Weismann
- Alfred Hegar
- Ludwig Schemann
- Fritz Lenz
- Eugen Fischer.

Weiter reiht Weindling die Freiburger Gelehrten
- Heinrich Ernst Ziegler (1858-1925)[726] und
- Ernst Grosse[727]

in die Kampfformation für die Eugenik ein.

Schließlich sieht Weindling noch die Auswärtigen
- Erwin Baur[728] sowie
- Otto Ammon[729]

als Teile der *Freiburger Phalanx*.

Man kann die Freiburger Ortsgruppe mit ihrem Vorsitzenden Fischer somit durchaus als Kern oder Brennpunkt der *Freiburger Phalanx* bezeichnen. Aufgrund ihrer Reputation und besonderen Nähe zu Fischer, könnte man - meines Erachtens nach - von den zahlreichen Freiburger Ordinarien in der Ortsgruppe noch
- Ludwig Aschoff und
- Robert Wiedersheim

zur *Freiburger Phalanx* hinzurechnen.[730]

---

[726] Ziegler war ab 1890 a. o. Professor der Zoologie in Freiburg und ab 1909 Ordinarius an der TH Stuttgart sowie der Landwirtschaftlichen Hochschule Hohenheim (*Kürschners Gelehrtenlexikon* 1925). Er hatte 1894 die Schrift *Die Naturwissenschaft und die sozialdemokratische Theorie* veröffentlicht. In diesem unterzieht er, auf der Grundlage Darwins, August Bebels *Die Frau und der Sozialismus* einer biologistischen Kritik, um zur Darstellung seiner eigenen antisozialistischen, antiemanzipatorischen und sozialdarwinistischen Weltanschauung zu kommen (vgl. Ziegler 1893). Er wurde bereits 1905/06 Mitglied d. Gesellschaft für Rassenhygiene (Fischer 1930-3:2).

[727] Fischer hatte schon als Student bei Große Vorlesungen gehört. Es wurde mehrmals auf die (z.T. wörtlichen) Übereinstimmungen in den Werken Fischers und Grosses (Unterscheidung Volk - Rasse, angebliche jüdische Rasseneigenschaften, Einschätzung Gobineaus) hingewiesen.

[728] Fischers Studienfreund und späterer Mitautor des *Baur/Fischer/Lenz*.

[729] vgl. Kap. C. III. und E. I.

[730] Weindling (1989:144) berichtet, daß Ploetz schon 1909 an einem Ausflug der Ortsgruppe [!] mit Aschoff, Wiedersheim, Lenz und Fischer beteiligt war.

Die älteren Vertreter dieser "Baden-Gruppe" ("Baden group", Weindling) - gemeint sind Ammon, Ziegler und Weismann - hatten schon vor der Jahrhundertwende "anti-socialist human biology" und einen "conservative type of Darwinian social anthropology" propagiert.[731] Diese kleine Versammlung von Akademikern aus der südwestdeutschen Provinz hatte nach Auffassung Weindlings einen nicht zu unterschätzenden Einfluß auf die Eugenik und Anthropologie im Deutschen Reich:

"Although small [...] the Freiburg group was of outstanding importance [...] As the group had an exclusively academic membership, it took a major role in establishing eugenics and anthropology on the basis of Mendelism."[732]

In diesem Kontext gilt es, neben der Bedeutung der "Freiburger Gruppe" für die Eugenik und Anthropologie, auch auf den wechselseitigen Einfluß derselben auf die geistige Entwicklung Fischers hinzuweisen: Fischer wurde nicht nur von Persönlichkeiten seiner badisch-elsässisch-schweizerischen Heimatregion geprägt:

- Auf anthropologisch-ethnologischen Gebiet:
  Alexander Ecker, Rudolf Martin, Gustav Schwalbe, Ernst Grosse.
- Auf sozialanthropologischen-rassenhygienischen Gebiet:
  Otto Ammon, Ludwig Schemann, Alfred Hegar.
- Auf genetisch-erbtheoretischen Gebiet:
  August Weismann, Erwin Baur.

Fischer prägte selbst bereits vor 1927, als Teil der "Freiburger Phalanx" - und in ihr als Leiter der angesehenen Ortsgruppe Freiburg der *Deutschen Gesellschaft für Rassenhygiene* - die Geschichte der Rassenhygiene und Anthropologie in Deutschland mit.

---

[731] Weindling 1989:144.
[732] Weindling 1989:144.

II. Der Landesverein "Badische Heimat e.V."

Die Betrachtung von Eugen Fischers Wirkungsgeschichte wäre unvollständig, ließe man - nach Untersuchung seiner akademischen Laufbahn, seines wissenschaftlichen Werkes sowie seines Engagements in der rassenhygienischen Bewegung - seine große Bedeutung für die badische Heimatbewegung unberücksichtigt.
Es wird deutlich, daß sich in der organisatorischen und öffentlichkeitswirksamen Tätigkeit für den Landesverein *Badische Heimat e.V.* auch der Prähistoriker und Volkskundler, v. a. aber der Anthropologe und rassenhygienische Propagandist Eugen Fischer widerspiegelt.[733]

1. Entstehungsgeschichte und Zielsetzung

Die Ursprünge der Vorläufervereine des *Landesvereins* sind in der, in den 80er Jahren des vorigen Jahrhunderts entstandenen, Heimatbewegung zu sehen, die um die Jahrhundertwende in ganz Deutschland an Kraft gewann.[734] Im Großherzogtum Baden wurden zwei Vereine zu Vorläufern des *Landesvereins*: Der *Verein für ländliche Wohlfahrtspflege* und der *Badische Verein für Volkskunde*.

Der *Wohlfahrtspflege*-Verein war 1902 durch den Freiburger Professor für Nationalökonomie Carl Johannes Fuchs (1865-1934) in Karlsruhe gegründet worden. Sein Ziel war die "Erhaltung und Hebung eines geistig und wirtschaftlich tüchtigen Landvolks", dessen Wohl er mit "volkswirtschaftlichen, sozial-reformatorischen, gemeinnützigen und volkspädagogischen" Maßnahmen dienen wollte.[735] Insbesondere den Kampf gegen die Landflucht hatte sich dieser Verein auf die Fahnen geschrieben.

Die Ursprünge des *Volkskunde*-Vereins waren wenig älter:
An der Freiburger Universität hatten sich ab 1893 die Germanisten Friedrich Kluge, Elard Hugo Meyer und der Universitätsbibliothekar Fridrich Pfaff (1855-1917) in

---

[733] In der Darstellung der Vereinsgeschichte beziehe ich mich vornehmlich auf Ludwig Vögelys (des derzeitigen *Landesverein*-Vorsitzenden) *Chronik des Landesvereins 'Badische Heimat'* aus dem Jahre 1984. Zum genauen Titel vgl. in der Sekundärliteraturliste: Vögely 1984.

[734] Vögely 1984:675.

[735] In den Worten der Rede des Stadtpfarrers von Markdorf im Jahre 1906, zitiert nach Vögely (1984:676). Vögely referiert weiter, daß der Bauernstand aus folgenden Gründen für besonders unterstützungswürdig gehalten wurde: Er stelle die "Wurzel des Volkslebens", den "Nährstand", eine wichtige Konsumentengruppe und Steuerquelle sowie das bedeutenste Reservoir für Arbeitskräfte und Soldaten dar. Ferner ergänze er "die höheren Stände" und sei "ein Bollwerk der Religion, der Fürstentreue und Vaterlandsliebe"(l.c.).

einer kleinen privaten Arbeitsgemeinschaft zur Pflege der Volkskunde zusammengefunden.[736] Pfaff gründete 1904 den *Volkskunde*-Verein mit Zweigvereinen in Heidelberg, Baden-Baden und Freiburg, "zum Zweck der Sammlung, Bearbeitung und Erhaltung der Volksüberlieferungen im Großherzogtum Baden."[737] Eugen Fischer war, nach eigenen Angaben, ab 1894 ein "eifriger Hörer" der volks- und heimatkundlichen Vorlesungen von Meyer und Kluge.[738] Er wurde Mitglied in beiden Vereinen, wobei er betonte, daß er von den jeweiligen Gründungsvätern und Vorsitzenden *geworben* worden sei. In seinem typischen, anschaulichen und pseudobescheidenen Stil beschreibt Fischer 50 Jahre später die Begebenheiten:

"Um 1900 war auch ich in den Kreis von Prof. Pfaff gekommen. Nähere Bekanntschaft wurde in der Universitätsbibliothek geschlossen, wo Pfaff mich, den neugebackenen Privatdozenten, in größter Hilfsbereitschaft in die Geheimnisse der Kataloge und Bücherregale einführte. Er warb mich bald als Mitglied und meine damaligen prähistorischen Arbeiten [...] gaben mir erste Themen zu werbenden Vorträgen im jungen Volkskundeverein, und so holte mich Pfaff bald in den engeren Vorstand."[739]

Auch in den geschäftsführenden Ausschuß von Fuchs' *Wohlfahrtspflege*-Verein wurde Fischer 1907 "kooptiert", und der Volkswirtschaftler Fuchs wollte Fischer sogar zu seinem Nachfolger küren.[740]

Soweit kam es dann aber nicht, da die beiden Vereine sich mit Wirkung vom 1.1.1909 zum Verein Badische Heimat - *Verein für Volkskunde, ländliche Wohlfahrtspflege und Heimatschutz* vereinigten.[741] Das Doppelmitglied Fischer hatte neben Pfaff als Vertreter des *Volkskunde*-Vereins an den vorbereitenden Beratungen teilgenommen.[742]

---

[736] Fischer 1959-3:98. Zu den beiden Erstgenannten vgl. Kap. B. I.

[737] Vögely 1984:678.

[738] Fischer 1959-3:110.

[739] Fischer 1959-3:98.

[740] Fischer 1959-3:101.
Er schreibt weiter: "Ich hatte stärkste Bedenken, mir lagen die Aufgaben des Volkskundevereins näher."

[741] Vögely (1984:680) macht deutlich, daß die Verschmelzung aufgrund von Einsparungsbestrebungen höherer Stellen (Großherzogliche Regierung, Badisches Kultusministerium und Landtag) betrieben wurde; hatten doch die Vorläufervereine alle separat Unterstützung vom öffentlichen Haushalt erhalten. Ein dritter Verein, der *Verein zur Erhaltung der Volkstrachten*, konnte sich nicht zur Teilnahme entschließen.

[742] Vögely 1984:682.

Auf der konstituierenden Sitzung des neuen Gesamtvereins im Juli 1909 wurde Pfaff zum 1. Landesvorsitzenden und Fischer zum 2. Landesvorsitzenden gewählt.[743] Der Zweck des Vereins wurde in seinen Satzungen (§ 1) als

"Erhaltung, Pflege und wissenschaftliche Erforschung des heimischen Volkstums, Förderung der ländlichen Wohlfahrt auf materiellem und geistigem Gebiete, Schutz der heimischen Landschaft, ihrer Kultur- und Naturdenkmäler, ihrer Tier- und Pflanzenwelt und dadurch Weckung und Vertiefung der Heimatliebe"[744]

beschrieben.

Diesen Zweck wollte man mit folgenden Methoden dienen (§ 2):

"[...] anregende und aufklärende Vorträge und Besprechungen, Herausgabe von wissenschaftlichen und volkstümlichen Schriften, Anlage von Sammlungen und Förderung gemeinnütziger Unternehmungen."[745]

Auf seiner ersten *Landesversammlung* im Juli 1909 zählte der stetig expandierende Verein bereits rund 1400 Mitglieder.[746]

Auf der zweiten *Landesversammlung* - 1910 - taucht in einer ersten programmatischen Rede eines (Schul-?) Direktors, Dr. Schindler aus Sasbach, die bereits in Fischers Werk aufgezeigten Motive der Angst vor der Moderne und des Landvolkes-als-Erneuerer-der-Rasse auf. Von dieser ansonsten keineswegs fanatischen, sondern eher gebildet-philanthropischen Rede sei hier ein Ausschnitt zitiert, da er, im blumigen Stil der Zeit, populäre Überzeugungen im *Landesverein* und seinen bürgerlichen Kreisen illustriert:

"So wenig als die Pflanzenwelt der Erde sich erneuert und erhält aus den Gewächsen der Gärten und der Treibhäuser, so wenig erhalten die der Natur ferngerückten Kulturmenschen der Städte, die Leute der Fabriken und der Industrie die Rasse; das tut nur das wetterharte Volk des Landes; hier ist das Reservoir der Volkskraft, hier die Pfahlwurzel am Volksbaum, hier der Jungbrunnen physischer und geistiger Kraft. Die Städte sind nur Seen, die vertrocknen würden, wenn nicht die Flüsse sie speisten."[747]

---

[743] Vögely 1984:689.
 Wie bereits erwähnt, wurde Fischers Intimus und Kollege, Privatdozent Konrad Guenther, zum Beisitzer im engeren Vorstand und zum Vorsitzenden des Arbeitsausschußes "Heimatpflege" gewählt. (Für die drei Themen des Untertitels des Vereins waren je ein Arbeitsausschuß eingerichtet worden.)

[744] Erste Satzung des Landesvereins aus dem Jahr 1909, zitiert nach Vögely 1984:875.

[745] l.c.

[746] Vögely 1984:678.

[747] Zitiert nach Vögely 1984:695.

2. Praktische Vereinstätigkeit und Fischers Präsidialzeit

Im Juli 1913 trat Pfaff aus gesundheitlichen Gründen und wegen "Arbeitsüberhäufung" als 1. Landesvorsitzender zurück, und Fischer wurde sein Nachfolger. Fischer blieb 16 Jahre Vorsitzender des Landesvereins *Badische Heimat*. Er stellte anfänglich neben den Vereinszielen Volkskunde, ländliche Wohlfahrtspflege und Naturschutz v. a. die "Erhaltung der alten Kulturdenkmäler" Badens in den Vordergrund der Vereins-Publikationen und der Vortragstätigkeit.[748]

Der *Landesverein* gab seit seiner Gründung 1909 ein volkstümliches Zweimonatsblatt und ein "wissenschaftlicheres" Viermonatsheft, ab 1920 sogar vier verschiedene Publikationen, heraus.[749]

Der Verein engagierte sich im Heimat- und Naturschutz mit zahllosen Eingaben sowie Beratungen von privaten und öffentlichen Stellen;[750] zur Pflege der Volkskunde gab man z. B. Volksliederbücher heraus, sammelte Segens- und Beschwörungsformeln sowie Flurnamen; der Arbeitsausschuß für ländliche Wohlfahrtspflege belehrte und unterstützte beispielsweise Schulentlassene.[751] Ab 1922 kamen mehrtägige, seminarähnliche *Heimatkurse* in wechselnden Ortschaften Badens hinzu.[752] Wichtig waren ferner die zahllosen Heimatabende und Einzelvorträge - bis zu 70 pro Halbjahr, an 42 verschiedenen Orten. Von großer vereinsinterner und öffentlicher Bedeutung waren wohl auch die jährlichen *Landesversammlungen* des Vereins. Ab 1926 fanden schließlich in Freiburg bzw. in Mannheim die *Alemannische Woche* bzw. *Fränkisch-Pfälzische Woche* statt. Dies waren gutbesuchte und seinerzeit in Deutsch-

---

[748] "Was unsere Vorfahren in Kunst und Handwerk erstellt haben, [...] an heimliger Schönheit an Haus und Kirche, an Mauer und Brunnen, an Straßenbildern, ja an Ruinen [...] all das wollen wir dem Blick unserer Freunde näherrücken [...]". Fischer 1913 , zit. n. Vögely 1984:701.

[749] Erst das volkstümliche Heft *Dorf und Hof* (ursprünglich das Periodikum des Wohlfahrtspflege-Vereins) und *Badische Heimatblätter* als Beilage zur seriöseren *Alemannia - Zeitschrift für alemannische und fränkische Volkskunde, Geschichte, Kunst und Sprache* (Hrsg. F. Pfaff); ab 1914 wurden die eben genannten Publikationen aufgegeben, und es erschienen das wissenschaftliche Vereinsorgan Badische Heimat - *Zeitschrift für Volkskunde, ländliche Wohlfahrtspflege, Heimat- und Denkmalschutz* sowie die populär-volkstümliche Reihe *Mein Heimatland*; ab 1920 wurden schließlich zusätzlich die Jahreshefte *Ekkhart - Kalender für das Badner Land* sowie die unregelmäßig erscheinenden Heimatflugblätter *Vom Bodensee zum Main* veröffentlicht. Sämtliche Angaben aus Vögely 1984:698ff.

[750] Fischers Tätigkeitsbericht für 1923 listet mehr als 23 Eingaben und 13 Beratungen öffentlicher Stellen aus, vgl. Vögely 1984:725. Überhaupt muten viele damalige Aktivitäten und Argumentationen in ihrer ökologischen und sozialen Zielrichtung noch heute durchaus modern und progressiv an - ein Naturschutz- oder Denkmalschutzgesetz gab es damals noch nicht.

[751] Vögely 1984:708.

[752] Während Fischers Präsidentschaft allein mindestens 17.

land einmalige Regionalfestivals mit "Vorträge[n] namhafter Gelehrter, Dichterlesungen, abendliches Theater, Führungen im Münster und in den Museen, Ausflüge, gesellige Abende und Gottesdienste[n] am Sonntag."[753] Aufgrund chronischen Platzmangels bei ständig steigendem Verwaltungsaufwand wurde im Jahre 1926 in kurzer Zeit ein stattliches, hauptsächlich von den Mitgliedern finanziertes Vereinshaus, das Haus "Badische Heimat", am damaligen Stadtrand Freiburgs errichtet.[754] Somit wurde, nicht nur aufgrund der eindrucksvollen Steigerung der Mitgliederzahlen unter dem Landesvorsitzenden Fischer (1914: ca. 1.400, und 1925: 13.000), Fischers Führungsperiode des *Landesvereins* als sehr erfolgreich beurteilt. Er trat im Juni 1929 auf der Landesversammlung in Freiburg als 1.Vorsitzender zurück und wurde anschließend einstimmig zum Ehrenvorsitzenden ernannt.[755]

Vor der Untersuchung des Inhaltes der Fischerschen Publikationen in der badischen Heimatpresse - inklusive der organisatorischen und propagandistischen Verknüpfung seiner Vereinstätigkeit mit der Anthropologie und Rassenhygiene -, seien hier noch zwei Zitate angefügt. Sie sollen das Amtsverständnis und den Arbeitsalltag des Landesvorsitzenden veranschaulichen.

Ähnlich wie in seinem Engagement als Vorsitzender der Ortsgruppe für Rassenhygiene, begegnet uns im Landesvorsitzenden der *Badischen Heimat* ein von einer missionarischen Berufung erfüllter Mensch. Fischer schreibt 1959 über die Arbeit des Vorstandes:

"In vielen Eingaben an staatliche und kommunale Stellen, in Beratungen ländlicher Bürgermeister oder privater Bauherren oder Industrien versuchten wir, das Denkmalgut, wo es gefährdet war, zu retten, das Dorfbild, Kirchen oder Schlösser, Rathäuser, Fachwerkhäuser, Brücken, Wasserfälle, Pflanzen und

---

[753] Vögely 1984:736f.

[754] Fischer rechtfertigte im September 1926 diese große Investition und gibt einen kleinen Einblick in den Arbeitsalltag der *Landesverein*-Verwaltung: "Die Kleinmütigen haben nicht gesehen, wie bitter nötig eigene Räume geworden sind. Wir hatten unsere Geschäftsräume, deren zwei für Geschäftsführer, vier Fräulein, einen Hilfsbeamten, für den Empfang der Mitglieder, die Verrechnung, die dreifache Kartei von fast 13 000 Mitgliedern, die Schriftleitung, den Briefwechsel, den Versand von Paketen und Drucksachen, (von Januar bis Mai 1926 sind ausgegangen: 4348 Briefe, 584 Karten, 7596 Drucksachen, 142 Pakete) alles in zwei Zimmern, in denen aber außerdem Teile des städtischen Denkmalarchivs waren, in denen Museumsbeamte ab und zu arbeiten mußten! Und unsere Zeitschriftenvorräte und Austauschzeitschriften trieben sich in Kammern und Speichern herum, ohne jede Möglichkeit der Ordnung." Fischer 1926-8:175.

[755] "Jeder der bei dieser denkwürdigen Tagung anwesend war, fühlte wohl, daß eine Ära zu Ende ging, welche von Fischer geprägt worden war und welche den Landesverein 'Badische Heimat' zu einer nie vorhersehbaren machtvollen Organisation gemacht hatte." Vögely 1984:741.

Tiere und was alles zu schützen war. [...] Es galt, das öffentliche Denken und Gewissen mit den Begriffen Denkmalschutz und Naturschutz überhaupt erst zu füllen und es dafür zu begeistern."[756]

Ebenso ehrgeizig und umfangreich war Fischers Vortragstätigkeit für den *Landesverein*. Sie machte ihn in ganz Baden bekannt und wohl auch populär:[757] Ihm wurde noch zu Lebzeiten der informelle Titel des "Heimatprofessors" zuteil.[758] Seine charismatische Wirkung und Rhetorik faszinierte selbst kritische Zeitgenossen.[759] Großen Anteil an Fischers erfolgreicher Präsidialzeit hatten freilich auch die fleißigen Schriftleiter des *Landesvereins*, die den vielbeschäftigten Anatomen nicht nur die alltägliche Verwaltungsarbeit abnahmen. Die freundschaftliche Kooperation mit dem wohl wichtigsten Schriftleiter in der Geschichte des *Landesvereins* - Hermann Eris Busse (1891-1947) - beschreibt Fischer folgendermaßen:

"Er bereitete immer wieder irgendwo im Land einen Heimatabend oder einen Vereinstag vor, gewann einen Redner und organisierte das Programm. Dann fuhren wir beide hin, ich leitete und eröffnete als Landesvorsitzender, ich besuchte den Landrat, die Bürgermeister, Pfarrer oder einflußreiche Privatpersonen und wir saßen später im Kreis der Einheimischen. Wir waren bald sozusagen populäre Figuren, 'der große Mann mit dem kleinen Hut und der kleine Mann mit dem großen Hut.'"[760]

---

[756] Fischer 1959-3:102.

[757] Trotz Fischers großbürgerlicher Herkunft und des dünkelhaften väterlichen *Kontaktverbots* zu Gleichaltrigen von niedrigeren sozialen Klassen in seiner Jugend (vgl. Kap. B. I.), war Fischers Verhältnis zu *einfachen Leuten* anscheinend ungestört. Er sprach ferner fließend den badisch-alemannischen Dialekt seiner Heimat. (vgl. Fischer 1951-4).

[758] "Nun begann eine rastlose Tätigkeit. In glänzender Zusammenarbeit mit Wingenroth [dem Schriftleiter des Vereins; Anm. d. Verf.] wurden zahllose Reisen unternommen und Vorträge gehalten. Fischer wurde zum 'Heimatprofessor' Badens, der landauf und landab von Ort zu Ort zog, um in der ihm eigenen glänzenden Rednergabe über Themen aus dem Arbeitsgebiet des Landesvereins zu sprechen." (Vögely 1984:743).

[759] So schrieb der sozialdemokratische Politiker und Schriftsteller Anton Fendrich in der *Frankfurter Zeitung* über eine Rede Fischers auf der *Alemannischen Woche* 1928: "Sie war ein Ereignis, weil es eben keine *Rede* war. Er *sagte* etwas. Der Wissenschaftler stand da, ohne Pult und ohne Manuskript, zusammengekrümmt unter der Wucht des Unaussprechlichen und sich wieder aufreckend in der Befreiung durch die Sprache [...], und vor ihm wurde mitten im Festtrubel alles auf eine Viertelstunde ganz still." zitiert nach Fischer 1959-3:107.

[760] Fischer 1959-3:104.
Er schreibt, Busse hätte ihm "[...] die Arbeit leicht gemacht." Und weiter: "Busse sprudelte nur so von Plänen, Besserungen, neuen Vorschlägen usw. Er scheute die Mühe nicht, mich alle paar Tage nach 12 Uhr, dem Ende meiner Vorlesung, in meiner Anatomie aufzusuchen, und wir besprachen das Wichtigste. Es eilte, denn ich hatte stets um 2 Uhr wieder Unterricht und dazwischen mußte ich beim Essen meine Familie sehen." (l.c.)

3. Eugenisches Engagement des Landesvorsitzenden Fischer

Nur fünfzehn Aufsätze, Bücherbesprechungen und gedruckte Vorträge Fischers sind von 1907 bis 1928 in den Publikationen des Landesvereins und seiner Vorläufervereine erschienen.[761]

Die ersten sieben Artikel (bis 1914) behandelten archäologische und völkerkundliche Themen: Fischers Ausgrabungen im Badischen und ein Artikel über Beinhäuser in Graubünden.[762]

Der nächste Artikel Fischers in der Heimatpresse erschien erst wieder nach sieben Jahren (1921). Er erschien in der *Badischen Heimat* und hat die rassische Zusammensetzung der *Bevölkerung der Baar* zum Thema.[763] In ihm begegnet uns zum ersten Mal in der Heimatpresse der Rassenanthropologe und Rassenhygieniker Eugen Fischer. Dies halte ich für ein gewichtiges Argument gegen Löschs (1997:83) These, daß Fischers "großes Engagement in den Heimatvereinen [...] ihn um 1910 auch der 'Rassenhygienischen Bewegung'" zugeführt hätte: Fischers rassenanthropologische und eugenische Positionen tauchen erst in den 20er Jahren in der Heimatpresse auf. Er legte, wie zitiert, den Schwerpunkt seiner Präsidialtätigkeit vor dem Krieg auf den Natur- und Denkmalschutz. Ich halte es für wahrscheinlicher, daß die Einflüße über die Freiburger Universität (Ammon, Hegar, Ziegler, Grosse, Weismann) und badischen *völkischen Szene* (z. B. Schemann, Wilser) Fischer in Richtung Rassenhygiene gebracht haben, nicht seine Heimatkontakte. Sonst wäre Fischer wohl früher in der Heimatpresse rassenhygienisch-propagandistisch tätig geworden. Im übrigen war es doch so, daß Ploetz Fischer für seine Gesellschaft gewann. Und es gibt keinen Hinweis darauf, daß Fischer sich mit seiner Heimattätigkeit etwa Ploetz' Gesellschaft angedient hätte. Dies alles spricht dafür, daß Fischer seine rassenhygienischen Überzeugungen in universitären Kreisen entwickelte und nicht aus der Heimatbewegung heraus. Dagegen hat Lösch wohl Recht mit seiner Feststellung, daß für Ploetz Fischer später ein "idealer Multiplikator" (Lösch 1997:95) darstellen mußte.

---

[761] Das war knapp über d. Hälfte aller Fischerschen Publikationen in der Heimatpresse: 13 Artikel erschienen dort von 1929 bis 1959.

[762] Fischer 1907-1, 1908-1, 1908-3, 1908-4, 1908-5, 1911-4 und 1914-1. Den Leser-Zielgruppen angepaßt, variierte Fischer seinen Schreibstil von ernst-wissenschaftlich (bei Artikeln in Pfaffs *Alemannia*), über historisch-belehrend (Artikel in der *Badische Heimat*) bis erzählend-unterhaltend (in *Dorf und Hof*).

[763] Fischer 1921-4. Die Baar ist eine zwischen Schwarzwald und Schwäbischer Alb gelegene Beckenlandschaft um Donaueschingen.

Die Untersuchung des schwülstig-romantisierenden, dabei aber letztlich rassistischen Artikels von 1921 über die Bevölkerung der Baar - als einer Mischung aus anthropologischen Beobachtungen, anthropometrisch-statistischen und siedlungsgeschichtlichen Erkenntnissen - zeigt zahlreiche, in dieser Dissertation schon behandelte Eckpunkte des Fischerschen Menschen- und Geschichtsbildes: die körperlichen und geistigen Merkmale der europäischen Rassen (in einzelnen *Typen* personifiziert),[764] die Prägung der badischen Bevölkerung durch die (*nordischen*) Alemannen bei gleichzeitiger Brachyzephalie,[765] der marginale und doch unverwüstbare Einfluß der *Fremden* in das Erbgut (inklusive eines latenten Antisemitismus).[766] Bemerkenswert ist jedoch die erstmalig deutlich zu Tage tretende rassenhygienische Propaganda in einem *Heimattext* Fischers:

"Aber freuen wir uns heute der gesunden kräftigen Bevölkerung - möge sie, die in Jahrhunderten sich Antlitz, Aug und Haar, Wuchs und Form ihrer tüchtigen Altvorderen treu vererbt hat, auch deren Sinn, Tatkraft und Treue bewahren und vererben an kräftig gedeihende, fernste Enkel - wenn wir dafür sorgen, daß die Linien nicht aussterben oder durch Fremde gekreuzt werden - die wunderbare Kraft der Rassenvererbung, deren Geheimnisse wir immer mehr durchschauen und bewundern können, sorgt schon dafür, daß das alte Erbteil bleibt."[767]

Am 11. April 1924 fand das propagandistische Engagement des Landesvorsitzenden für Rassenhygiene schließlich seinen Niederschlag in den Strukturen des *Landesvereins*:
Im "großen Hörsaal" der Universität Freiburg i. Br. wurde "unter dem Beifall des vollen Hauses" eine neue "Arbeitsabteilung" im *Landesverein* gegründet, die *Badische*

---

[764] Der *nordische* Bauer: "die Arbeit läßt keine Hängebacken und kein Doppelkinn aufkommen [...] der Mund, aus dem selten und bedacht ein Wort kommt [...] lebhaft blitzen die blauen (oder grauen, oder grau-grünen) Augen [...] Ausdruck von Tatkraft [...] durch die kräftige, gerade, schmale Nase" usw. (Fischer 1921-4:20)
Ein *alpines* Mädchen: "schalkhafte Braunaugen [...] lustiges Stumpfnäschen [...] kecken Kinn [...] das sind dann untersetzte, dralle Figuren, die sich im Walzerschritt drehen, daß es eine Freude ist."(l.c.:21).

[765] "Also die Alemannen [...] Auf sie geht der Haupttypus der Baarbevölkerung zurück. [...] Eines ist dabei auffällig, nämlich daß so viele Blonde, Großwüchsige zugleich rundschädelig sind" (Fischer 1921-4:22).

[766] "Ganz hie und da mag einmal eine Nasen-, eine Gesichtsform an römische gemahnen, das Meiste, Schwarzhaar oder Braunäugige, geht auf viel ältere Vorzeit zurück - oder aber auf Italiener oder sonstige Fremde von heutzutage (einschließlich Juden) [sic] [...] jeder solcher Einschlag allerdings kann nach Generationen durch die zähe Erbkraft immer wieder vorkommen - Rasse ist unverlierbar." (Fischer 1921:22).

[767] Fischer 1921-4:22.

Familienforschung, Vereinigung im Landesverein Badische Heimat.[768] Die Versammlung im Audimax rief einen Arbeitsausschuß ins Leben, den Vertreter der Badischen Heimat, des Mannheimer Kunst- und Altertumsvereins, "des Freiburger Historischen Vereins, der Landes-, Stadt- und Universitätsarchive, kirchliche Stellen aller Konfessionen, Gesellschaften für Rassenhygiene und andere besonders erfahrene Einzelpersonen" bilden sollten. Die neue Vereinigung im *Landesverein* hatte einerseits historische, andererseits aber auch biologische Familienforschung zum Ziel. Für den zweiten Aspekt richtete Fischer in seinem anatomischen Institut eine *Beratungsstelle für Familienvererbung* ein.[769]

In dem selben Heft der *Badischen Heimat*, in dem die Einrichtung der *Badischen Familienforschung* verkündet wurde, referierte Fischer auch über Sinn und Zweck von "biologischer Familienforschung" und warb eindringlich für eine Beteiligung der Leser.[770] Der Wissensdurst des Familienanthropologen war fast unstillbar: Unter der Zielsetzung, ein "medizinisch-naturwissenschaftliches Bild der betr. Familie" zu zeichnen, interessierte ihn die "Geschichte aller erreichbarer Familienmitglieder", alle Daten ("Geburts-, Heirats-, Todesjahr usw.") sowie die "äußeren Lebensverhältnisse, Schicksale, Leistungen". Ihn interessierten die typischen Körpermerkmale (wie Größe, Haar-, Haut-, Haarfarbe usw.), aber auch physiologische Merkmale, wie "Zahl der Geburten (auch Fehl- und Totgeburten), Eintritt der Reife, allgemeine Körperbeschaffenheit und Leistungsfähigkeit, Altwerden, Haarbleiche und -Ausfall, Sommersprossen und andere derlei Eigenheiten, Lebensalter usw."
Bei den geistigen Merkmale zeichnete sich bereits wieder der typische sozialanthropologische Zirkelschluß ab:[771]

> "Auf geistigem Gebiet erfahren wir aus Schul- und anderen Zeugnissen, aus Briefen und Beschreibungen oder Nachrufen oft unmittelbare Angaben über geistige Eigenschaften (Kritik dabei!), etwa Intelligenz, Energie, Phantasie usw., oder aber wir ziehen aus den Leistungen, die der betr. Mensch aufweist, sei es in seiner allgemeinen Berufs- und sozialen Stellung, sei es in einzelnen technischen, wissenschaftlichen, künstlerischen Werken selbst unsere Schlüsse."

---

[768] Fischer 1924-4:47f.

[769] Die Sprechstunden waren von Montag bis Freitag jeden Mittag für eine halbe Stunde bei Fischer und einem Privatdozenten der internistischen Universitätsklinik. Die Eingaben bezüglich der Familienvererbung sollten unter chiffriertem Namen im anthropologischen Archiv Fischers aufbewahrt und ausgewertet werden. Auskünfte waren umsonst (Fischer 1924-4:48). Als eine zweite *Beratungsstelle für Familiengeschichte* war das Stadtarchiv Freiburg vorgesehen.

[770] Die folgenden Zitate sind sämtlich aus Fischer 1924-5:95/96.

[771] In etwa so: Geistige Leistungsfähigkeit bestimmt die soziale Stellung und soziale Stellung läßt auf Intelligenz rückschließen.

Als "praktisch vielleicht das Wichtigste" bezeichnet Fischer allerdings alle Angaben über krankhafte Eigenheiten der Familie, die er idealerweise, "natürlich wahrheitsgetreu und auch in unangenehmen Fällen unbeschönigt", in "Familienarchiven" dokumentiert sehen wollte. Man muß sich wundern, als wie groß der *Heimatprofessor* anscheinend die Bereitschaft der Bevölkerung einschätzte, dem Anthropologen selbst intime oder schambesetzte Einzelheiten von Familienangehörigen anzugeben:

"Es bedarf also Angaben über: Krankheiten, Todesursachen, Mißbildungen, von den leichtesten, wie z. B. einzelne weiße Haarsträhnen oder Leberflecken, bis zu schweren Verkrüppelungen; mangelhafte Leistungsfähigkeit einzelner Organe (Sehstörungen, also Kurzsichtigkeit usw., Farbenblindheit, Schielen, Hörstörungen, Empfindlichkeit gegen bestimmte Speisen oder Medikamente und hundert andere Dinge); ferner geistige Störungen und zwar von leichten Absonderlichkeiten (wo das Volk nur von einem 'Vogel' oder von 'spinnen' spricht) bis zu schwerer seelischer Umnachtung (auch Selbstmord). Hierher gehören auch alle Störungen auf nervösem Gebiet, Nervosität, nervöse Zuckungen bis zur Epilepsie, Kinderkrämpfe, Bettnässen und vieles andere."

Fischer versuchte, die möglichen praktischen Konsequenzen aus dieser Informationsflut dem Leser zu verdeutlichen: "Gattenwahl, Lebensaussichten, Behandlungsweisen können und müssen von solchen Kenntnissen beeinflußt werden" - hier deutete sich der sozialtechnologische Anspruch der Rassenhygieniker an.

Der Familienanthropologe warb in den folgenden Jahren weiter für die erbbiologische Erfassung der Bevölkerung und bediente sich dabei auch der Plattform des *Landesvereins*. Dies wurde besonders auf der *Landesversammlung* des Vereins in Mannheim im Juni 1927 deutlich: Fischer war zu diesem Zeitpunkt bereits designierter Chef des *Kaiser-Wilhelm-Institutes* und hielt vor der *Landesversammlung* ein Referat über *Die Erbkunde in der Familienforschung*.[772]

Der Vortrag ist u. a. deswegen bemerkenswert, weil Fischer öffentlich, vor großem Publikum und mit gewachsener Autorität, aber auch mit radikalerer Sprache und weitergehenden Ansprüchen, die Belange der Rassenhygiene vertritt.

Wie eigentlich abzusehen war, entsprach - anscheinend im Gegensatz zur Beratungstätigkeit der *Familiengeschichte* - die erhobene Datenmenge der *Beratungsstelle für Familienvererbung* nicht den hochgesteckten Erwartungen Fischers: Er betonte eingangs, daß es "nicht mehr" befriedige, "von unseren Ahnen Geburts- und Todestage, Kinderzahlen und ein paar Angaben über den äußeren Lebensgang zu haben." Heute wären Angaben über Todesursachen und Krankheiten der Ahnen "von un-

---

[772] Fischer 1928-1. Sämtliche nun bis zur Zusammenfassung des Unterkapitels folgenden Zitate sind dieser Quelle entnommen.

mittelbarem, unendlichen Nutzen für die einzelne Familie selbst." Fischer bedient sich in Aufbau und Duktus fast eines predigthaften Stils, wenn er fortfährt:

> "Welch namenloses Elend könnte verhindert werden, wenn nicht immer wieder Degenerationsfamilien, belastet mit Geisteskrankheiten, Epilepsie u. dgl. diese unglückseligen Anlagen in neue Erblinien hineinführten. Man sage nicht, es sei unerträglich hart, den armen Menschen, die an ihrer Belastung schwer genug tragen, auch noch Familienleben zu versagen."

Interessant ist auch, daß Fischer, vor *seinem Landesverein* werbend, selbst die umstrittenen Begriffe "Eugenik", "Rassenhygiene" und "Rasse" definiert:

> "Hier berühren sich biologische Familienforschung und jene neue Wissenschaft aufs engste, die wir 'Eugenik', die Lehre von den guten und tüchtigen Erblinien oder 'Rassenhygiene', Lehre und Pflege der tüchtigen, für das Volksganze zu bevorzugenden Erb-, d. h. Rassenstämme nennen. (Rasse bedeutet hier nicht die sog. menschlichen Systemrassen, sondern die Individuengruppen mit irgendwelchen erblichen Merkmalen.)"

Der Landesvorsitzende wird - bezüglich der Mittel der rassenhygienischen Datenerhebung - vor dem Landesverein *Badische Heimat* sogar konkreter als in seinen wissenschaftlichen Publikationen. Er tritt ein:

- für die Anlage von "Familienbüchern [...], in denen von sachkundiger Seite entsprechende Einträge erfolgen." - das hieße also: Die ärztliche oder fachanthropologische Dokumentation aller Pathologica einer Familie;
- für die Überarbeitung der Form und die Sicherung der Dokumentation von "schulärztlichen Untersuchungen" - zum Zweck der verbesserten familienanthropologischer Evaluierung.[773]

Wie so oft in seinen Reden, kommt Fischer auch in diesem Referat abschließend auf das Motiv der Änderung des Bewußtseins als Vorraussetzung für die Praxis zurück. Er verbindet dabei geschickt seine wissenschaftlichen Ziele mit den lokalpatriotischen des *Landesvereins*:

> "Aber nur die Verbreitung eines lebendigen und sich betätigenden Familiensinns kann all diese Wünsche tragen und zur Wirklichkeit werden lassen. Familiensinn und Heimatsinn gehen zusammen und sind Eins, unsere Badische Heimat will auch in dieser Richtung Führer und Vorbild sein."

Zusammenfassend kann man festhalten, daß man in den Fischerschen Publikationen in der Heimatpresse erst ab dem Anfang der Zwanziger Jahre offensichtliche

---

[773] "Unsere schulärztlichen Untersuchungen müssen in einer Form geschehen und ihre Ergebnisse so aufbewahrt werden, daß daraus entsprechende Quellen werden."(l.c.).

rassenanthropologische und rassenhygienische Inhalte findet. In den Artikeln vor dieser Zeit dominieren die prähistorischen Themen - als Ausdruck der Ausgrabungstätigkeit Fischers. Das Einsetzen der rassenhygienischen Propagandatätigkeit Fischers in der Heimatbewegung ist wahrscheinlich Ausdruck der Besorgnis Fischers vor einer genetischen Verschlechterung der badischen Bevölkerung als Folge einer angenommenen negativen Selektion im Krieg und während der Inflationszeit.[774] Den ersten Schritt zur eugenischen Praxis, d. h. zur familienanthropologischen Datenerfassung (zur genetischen Forschung) und zur *genetischen Beratung* (in eugenischer Intention), markiert die Einrichtung einer *Beratungsstelle für Familienvererbung* an Fischers anatomischen Institut. Zugunsten der Werbung für diese Zwecke instrumentalisiert der Landesvorsitzende in gewisser Weise die Publikationen, die Organisation, die Popularität und das gute Ansehen des *Landesvereins*. Durch den mit seiner Berufung zum Direktor des *Kaiser-Wilhelm-Institutes* einhergehenden Prestigegewinn zeichnet sich ein noch verstärktes propagandistisches Engagement für die Rassenhygiene und eine Radikalisierung von Fischers eugenischer Position ab.

---

[774] Fischer bemerkt im Jahre 1930 beiläufig zur Kriegs- und Inflationszeit: Die "jetzt erst recht einsetzende eugenische Not unseres Volkes" hätte einen "neuen Aufschwung" der eugenischen Bewegung "wahrhaftig dringend genug verlangt." (Fischer 1930-3:3).
Kühl (1997:50) legt dar, daß nach dem I. Weltkrieg - aufgrund der "vermeintlich verheerend dysgenischen Wirkungen" des Krieges - die Öffentlichkeitsarbeit für die Eugenik auch international forciert wurde.

G. Biographischer Ausblick

Eugen Fischers Zeit in Berlin von 1927 bis 1942 brachte den Höhepunkt und Abschluß seiner Karriere.
Die Jahre 1944 bis 1950 das *"Exil"* von seiner badischen Heimat.
Die Jahre 1950 bis 1967 seine letzte Lebensphase als geehrter Emeritus in Freiburg.
Als 53jähriger wurde er zum 1. Oktober 1927 zum ordentlichen Professor für Anthropologie an der Philosophischen Fakultät der Friedrich-Wilhelms-Universität Berlin und zum 1. September dieses Jahres zum Direktor des *Kaiser-Wilhelm-Institutes für Anthropologie, menschliche Erblehre und Eugenik* in Berlin-Dahlem ernannt.
In seinem 69. Lebensjahr emeritierte Fischer (nach einmaliger Verlängerung seiner Dienstzeit) am 30. September 1942 als Ordinarius für Anthropologie und nahm am 31. Oktober 1942 seinen Abschied als Direktor des *Kaiser-Wilhelm-Institutes*.[775]
Von 1930 bis 1933 hatte er den Vorsitz der (gesamten) *Deutschen Gesellschaft für Rassenhygiene* inne, bis er von dem völkischen Münchner Flügel der Gesellschaft gestürzt wurde.[776]
Von Mai 1933 bis April 1935 war Fischer Rektor der Friedrich-Wilhelms-Universität der Hauptstadt.[777]
Fischers Verhältnis zum nationalsozialistischen Regime sollte im Rahmen dieses Buches nicht behandelt werden. Im Untersuchungszeitraum bis 1927 finden sich keine öffentlichen Stellungnahmen Fischers zur nationalsozialistischen Ideologie. Trotzdem müssen zu diesen genannten Themen einige Fakten erwähnt werden, da durch sie auch die Bedeutung seiner Freiburger Zeit bis 1927 in einem anderen Licht erscheint:
Da er bereits 1932 öffentlich erklärt hatte, daß die NSDAP die einzige Partei wäre, "die ein eugenisches Programm aufgestellt hat, das ich grossenteils unterschreiben könnte (der andere Teil betrifft die Frage der Fremdstämmigen)",[778] begrüßte er

---

[775] Bereits Mitte September 1942 verließ Fischer Berlin und zog wieder zurück nach Freiburg. UAMÜ Nachlaß von Verschuers Nr. 9: Briefwechsel mit Eugen Fischer 1924-1956: Brief Fischer an Verschuer vom 18.9.42.

[776] Lösch 1997:234f.

[777] Fischer selbst betonte später mehrmals, daß er der letzte frei gewählte Rektor der Universität gewesen sei. Dies ist allerdings nur die halbe Wahrheit: Nach seiner ersten Amtsperiode war er in seiner zweiten auch der erste vom nationalsozialistischen Regime ernannte Rektor der Universität (Lösch 1997:264).

[778] Fischer in einem Brief vom 25.11.1932, zitiert nach Weingart/Kroll/Bayertz 1992:385.

euphorisch die Machtübernahme Hitlers.[779] Ganz Rassenhygieniker, hieß er das *Gesetz zur Verhütung erbkranken Nachwuchses* gut.[780] Außerdem dankte er dem Führer öffentlich für die praktische Umsetzung seiner "Lebensarbeit" (Fischer über Fischer) in Form der *Nürnberger Rassengesetze*.[781]
So war es folgerichtig, daß Fischer *sein* Institut "voll und ganz für die Aufgaben des jetzigen Staates zur Verfügung" stellte:[782] Ab November 1934 fanden einjährige Kurse in Rassenhygiene für künftige Amtsärzte sowie einmonatige Schnellkurse und Jahreskurse für SS-Ärzte im Dahlemer Institut statt.[783] Ferner profitierten Fischer und seine Mitarbeiter personell, finanziell und ideell von der Erstellung der nun in großer Zahl notwendig werdenden Gutachten bezüglich "Rassereinheit", "Erbgesundheit" und arischer Abstammung.[784]
Bei allen diesen Zeichen der Kooperation, soll allerdings nicht unterschlagen werden, daß Fischer initial durchaus dem Druck der neuen Herrscher ausgesetzt war[785] und trotz allem versuchte, zumindest seine *wissenschaftliche* Unabhängigkeit und die seines Institutes - nach seinem Verständnis - zu behalten.[786]

---

[779] "Ein ganz Großer hat in das Rad der Geschichte seine Hand getan und im letzten Augenblick das Steuer herumgerissen, um unser deutsches Volkstum zu retten und als vorbildlich für die europäische Welt aufzubauen.[...] Wir Wissenschaftler bauen mit, [...] mit vollem und ganzem Herzen dem neuen Staat folgend [...]" (Fischer im Jahre 1934 in: NS-Lehrerbund 1934:9).

[780] Fischer kommentierte das bereits im Juli 1933 verkündete Gesetz: "Inzwischen ist erfreulicher Weise das Sterilisationsgesetz [...] erschienen, andere werden folgen!" (Fischer 1933-3a:217).
Nach diesem Gesetz wurden in Deutschland bis 1945 wegen angeblicher Erbkrankheiten schätzungsweise 350.000 Menschen (zwangs)sterilisiert (Weingart/Kroll/ Bayertz 1992:470).

[781] Nach Weingart/Kroll/Bayertz 1992:391.
Im September 1935 wurden das *Reichsbürgergesetz* und das *Gesetz zum Schutz des deutschen Blutes und der deutschen Ehre* in Nürnberg verkündet. Durch das *Reichsbürgergesetz* wurde allen Staatsangehörigen, die nicht "deutschen oder artverwandten Blutes" waren, die vollen bürgerlichen Rechte entzogen, d. h. realiter alle "Juden" entrechtet. Das zweite, sog. *Blutschutzgesetz* verbot Eheschließungen oder außerehelichen Geschlechtsverkehr zwischen "Juden und Staatsangehörigen deutschen oder artverwandten Blutes". Ein Monat nach den Nürnberger Gesetzen wurde das *Gesetz zum Schutz der Erbgesundheit des deutschen Volkes* verkündet. Das sog. *Ehegesundheitsgesetz* verpflichtete Verlobte vor der Ehe zur Einholung von "Ehetauglichkeitszeugnissen" beim Gesundheitsamt. Eheverbote bei Erb- und ansteckenden Krankheiten wurden verhängt.

[782] In Fischers eigenen Worten, zit. nach Kühl 1997:123.

[783] Weingart/Kroll/Bayertz 1992:411; Müller-Hill 1984:41; Lösch 1997:357.
Wobei es Kurse für Medizinalbeamte in Anthropologie und Eugenik schon in der Weimarer Republik gegeben hatte (Lösch 1997:218f).

[784] Weingart/Kroll/Bayertz 1992:410ff. Fischer wurde zudem 1933 Beisitzer im Erbgesundheitsobergericht beim Berliner Kammergericht.

[785] Zu den Kampagnen gegen Fischer vgl. Weindling 1989:508 und Lösch 1997:236ff.

[786] Weingart/Kroll/Bayertz 1992:407 und Lösch 1997:244-253.

Nicht mehr nachzuvollziehen war dieses Verständnis wissenschaftlicher Überparteilichkeit spätestens dann, als Fischer, als Präsident des *Internationalen Kongresses für Bevölkerungswissenschaft* vom 26. August bis 1. September 1935 in Berlin, in einem Grußtelegramm an Hitler die "weitblickende erb- und rassenhygienische Bevölkerungspolitik" des Nationalsozialismus lobte und damit dem Regime zu einem "großen Propagandaerfolg" (Kühl) verhalf.[787]

Im Jahre 1933 war Fischer zum ordentlichen Mitglied der *Deutschen Akademie der Naturforscher Leopoldina* in Halle/Saale ernannt worden.

1937 wurde er ordentliches Mitglied der *Preußischen Akademie der Wissenschaften* und Ehrendoktor der Naturwissenschaften ("Dr. sc. h. c.") der altehrwürdigen Universität Coimbra in Portugal. Im selben Jahr nahm er die *Cotenius-Medaille* der *Leopoldina* in Halle entgegen.

Ebenfalls 1937 war Fischers Institut und er persönlich direkt an den - selbst nach damaligen Maßstäben illegalen - Sterilisierungen von sog. "Rheinlandbastarden" (als solche wurden die Kinder von deutschen Frauen und farbigen französischen Soldaten aus der Zeit der französischen Besetzung des Rheinlands diffamiert) beteiligt.[788]

Den medizinischen Ehrendoktor von seiner geliebten Heimatuniversität Freiburg erhielt Fischer 1939 zu seinem 65. Geburtstag, samt der *Goethemedaille für Kunst und Wissenschaft* des "Führers".[789]

Erst 1940 trat Fischer der NSDAP bei.[790]

Im Juni 1941 hielt Fischer in französischer Sprache einen Vortrag im besetzten Paris, in dem er die "bolschewistischen Juden" als minderwertig ("d'infériorité") und sogar als einer anderen Spezies ("d'une autre espèce") zugehörig beschrieb[791] - was deutlich von seiner Lehrmeinung in der Kaiserzeit und Weimarer Republik abwich.

Weindling (1989:508) schätzt Fischer als "turncoat" (Wendehals), Kühl (1997:131) Fischer als "Handlanger der Nationalsozialisten" ein.

[787] Kühl 1997:131f.

[788] Lösch 1997:344ff.

[789] EF-Nachlass: Goethemedaillen-Urkunde.

[790] Dies geschah nach Fischers Angaben aus den Jahren 1956 "auf Drängen" des *Reichsärzteführers* Conti (UAFR Personalakte Fischer). Nichtsdestotrotz beglückwünschte Fischer seinem Schüler, Freund und Nachfolger als KWI-Direktor Otmar v. Verschuer zu dessen Parteieintritt und hielt "die Zugehörigkeit für richtig und notwendig, von der inneren Einstellung dazu ganz abgesehen." (UAMÜ Nachlaß v. Verschuers Nr. 9: Brief Fischers an v. V. vom 30.9.41).

[791] Fischer 1942-2:106. - Fischer verkündete weiter, daß die geistigen Rassenmerkmale der Juden den deutschen gänzlich fremd ("une race présentant des caractères intellectuels absolument

Am 7. Juli 1942 fiel Fischers einziger Sohn, Hermann, im Alter von 31 Jahren an der Ostfront.

Zum 70sten Geburtstag am 5. Juni 1944 erhielt er die *Hans-Thoma-Medaille* des Gaus Baden - für besondere Verdienste um die Kultur am Oberrhein und "als Zeichen dankbarer Anerkennung seiner bahnbrechenden Arbeiten zur Schaffung der wissenschaftlichen Grundlagen für die Erb- und Rassenpflege des nationalsozialistischen Staates." Aus demselben Anlaß wurde ihm die höchste Auszeichnung für Wissenschaftler im Dritten Reich, das *Adlerschild des Deutschen Reiches*, mit der Widmung "Dem Begründer menschlicher Erbforschung" verliehen.[792] Ferner wurde das Dahlemer Institut in *Eugen-Fischer-Institut* umbenannt.

Derart geehrt, nahm Fischer wenige Tage nach seinem Geburtstag die Teil-Präsidentschaft zu einem geplanten "Antijüdischen Kongreß" in Krakau begeistert an. Aufgrund des Kriegsverlaufs fand der Kongreß nie statt.[793] Aus dem gleichen Zeitraum datiert Fischers (mit Gerhard Kittel) offen antisemitische Publikation *Das antike Judentum*.[794]

Mit der Nennung dieser Tatsachen ist die Frage nach Fischers Verstrickung und Kooperation mit dem Nationalsozialismus natürlich in keinerlei Weise ausreichend beantwortet. Trotz aller Kürze der Darstellung wurde auf die Erwähnung dieser Fakten freilich nicht verzichtet, da eine Auslassung der NS-Zeit ein fälschliches, quasi ahistorisches Abbild der Wirkungsgeschichte und der immanenten Entwicklung des Fischerschen Werkes bis 1927 bedeutet hätte.

Aus Angst vor einer möglichen Verhaftung durch die vorwärtsdrängenden Alliierten flüchtete der prominente Wissenschaftler am 8. Dezember 1944 aus dem bereits

---

étrangers") wären (l.c.:106f). Die Kunst und v. a. die Kunstkritik Frankreichs und Deutschlands wären jüdisch gewesen: "L'ésprit juif influençait, dirigeait." (l.c.:107).

[792] EF-Nachlaß: Verzeichnis der Ehrungen...

[793] Müller-Hill 1984:80.

[794] Das Buch war der 7. Band der Reihe Forschungen zur Judenfrage (hrsg. vom Reichsinstitut für Geschichte des Neuen Deutschlands), Hamburg 1943.
Unverständlicherweise erwähnt Lösch in seiner ansonsten sehr eingehenden und differenzierten Analyse von Fischers Verhältnis zum Antisemitismus (Lösch 1997:278-297) weder den Vortrag in Paris noch Fischers Begeisterung für den "Antijüdischen Kongreß". Das Machwerk über das *antike Judentum* lediglich als Ausfluß von "Altersborniertheit" zu bezeichnen (l.c.:291), befriedigt dabei kaum. Die genannten Fakten sprechen doch deutlich für einen Wandel in der Gesinnung bzw. in der Strategie Fischers hin zu einem offenen Antisemitismus Ende der 30er, Anfang der 40er Jahre - was Lösch anscheinend nicht erkennen oder bewerten will.

größtenteils zerstörten Freiburg mit dem Zug nach Sontra/Hessen.[795] Er sollte fünf Jahre dort bleiben. Angesichts der Not in den letzten Kriegswochen arbeitete der Kriegschirurg aus dem Ersten Weltkrieg vom 1. April bis 17. Mai 1945 noch als ärztlicher Leiter eines Rotkreuz-Lazaretts in Sontra.[796]
Der Entnazifizierungsbescheid Fischers wurde am 8. Dezember 1947 rechtskräftig: In ihm wurde Fischer in die Gruppe der "Mitläufer" eingereiht und gegen ihn eine Geldsühne von 300,- RM festgesetzt.[797]
Im Juni 1950 konnte Fischer wieder nach Freiburg in sein Haus zurückkehren.
1952 wurde er Ehrenmitglied der *Deutschen Anthropologischen Gesellschaft* und zu seinem 80sten Geburtstag (1954) Ehrenmitglied der *Anatomischen Gesellschaft* in Deutschland.
Seit Anfang des Jahres 1954 versuchte Fischer (wahrscheinlich primär aus finanziellen Gründen), in den Status eines Emeritus der Universität Freiburg zu gelangen und (später) in das Vorlesungsverzeichnis aufgenommen zu werden. Vor allem letzteres Anliegen stieß auf den anhaltenden Widerstand der medizinischen Fakultät,[798] und so tauchte Fischers Name erst wieder im Vorlesungsverzeichnis des Sommersemesters 1957 auf. Gleichwohl ehrte die medizinische Fakultät auch ihn ab 1954 in üblicher Weise regelmäßig zu seinen *runden* Geburtstagen mit Besuchen von Delegationen unter Führung des Dekans oder Prodekans, z.T. auch des Rektors.[799] Fischer machte überdies in den 50er Jahren als Gast am Anatomischen Institut "einige mir noch vergönnte experimentelle anatomische Arbeiten", wie er 1957 stolz verkündete.[800] 1961 wurden, nach 48 Jahren, die *Rehobother Bastards* - fast - unverändert nachgedruckt.[801]

---

[795] UAMÜ Nachlaß v. Verschuer Nr. 9: Brief Fischers an v. V. vom 13.12.44. Fischers Tochter Gertrud war dorthin evakuiert worden u. brachte ihre Eltern vorerst in e. NSV-Heim unter.

[796] EF-Nachlaß: Bescheinigung vom *Roten Kreuz*.

[797] Der "Streitwert" wurde auf 17.500,- RM festgesetzt. Sämtliche Angaben sind der beglaubigten Abschrift des Sühnebescheids im EF-Nachlaß entnommen.

[798] UAFR Personalakte Fischers an diversen Stellen.
Die Rechtsstellung eines emeritierten Professors der Universität Freiburg (ohne Aufnahme in die medizinische Fakultät) wurde ihm schließlich vom Kultusministerium am 4.2.1955 gewährt.

[799] UAFR Personalakte Fischer an diversen Stellen.
Auch zu Fischers 60jährigem Doktorjubiläum 1958 stattete eine Deputation der Universität Fischer einen Besuch ab und erneuerte das Doktordiplom (in lateinischer Ausführung). (l.c.)

[800] Fischer 1957-2:21.

[801] vgl. Kap. D. I.

In den 60er Jahren wurde er zunehmend immobil und schließlich bettlägerig.[802]

Eugen Fischer starb am Sonntag, den 9. Juli 1967 in seinem Haus in der Schwimmbadstraße in Freiburg. Die Einäscherung fand drei Tage später "in aller Stille" und - auf Fischers Wunsch - ohne religiöse Zeremonie statt.[803]

---

[802] Fischer litt unter Arthrose in beiden Kniegelenken. Im hohen Alter benutzte er einen Rollstuhl. Seine Tochter Gertrud pflegte ihn und war ihm auch bei seiner Korrespondenz vom Krankenbett aus behilflich (vgl. Gertrud Fischers Angaben in Müller-Hill 1988:120).

[803] Wobei Fischers Freund v. Verschuer trotzdem eine kurze Ansprache mit Bibelzitaten hielt (persönliche Mitteilung Eberhard Fischers, Zürich).

H. Fazit

> "Die Wahrheit ist ein Meer von Grashalmen, das sich im Winde wiegt; sie will als Bewegung gefühlt, als Atem eingezogen sein. Ein Fels ist sie nur für den, der sie nicht fühlt und atmet; der soll sich den Kopf an ihr blutig schlagen."
>
> Elias Canetti[804]

Die Zusammenfassung dieser Arbeit soll sich an den acht, in der Einleitung aufgeworfenen Kernfragen orientieren.

1. Welche Kennzeichen seines familiären, schulischen und gesellschaftlichen Hintergrundes finden sich in späteren Grundüberzeugungen und Charakterzügen Fischers wieder?

Eugen Fischer kam aus einer Familie der gehobenen Mittelschicht im Wilhelminischen Kaiserreich. Ein gewisser Standesdünkel und ein auf Ehrgeiz, Disziplin, Leistung und Gehorsam ausgerichteter Erziehungsstil des privatisierenden Vaters haben sicherlich Spuren im Charakterbild Fischers hinterlassen. Bei Fischer läßt sich trotz seiner sympathisch-unkomplizierten und jovialen Umgangsformen mit allen Schichten des (badischen) Volkes ein Hang zum konservativen Konformismus und Elitarismus nachweisen, die einen ihrer Ausdrucksformen in sozialdarwinistischen, antikommunistischen Grundüberzeugungen findet. Auf der Grundlage der familiären Prägung konnte wohl auch Fischers schulische Sozialisation den Gymnasiasten in Richtung seines epochentypischen Nationalismus, Autoritätsglaubens, gemäßigten Militarismus und badischen Lokalpatriotismus beeinflussen. Eine frühe Naturverbundenheit und, in ihrer Konsequenz, die Begeisterung für Zoologie sind auch nicht untypisch für das deutsche Bürgertum um die Jahrhundertwende; die große Empfänglichkeit Fischers dafür ist allerdings wohl individuell.

2. Wessen persönlichen oder geistigen Einfluß während seiner universitären Laufbahn hat Fischer die äußere Entwicklung zum Anatomie-Ordinarius und anthropologischen Experten sowie die innere Orientierung zum Eugeniker zu verdanken?

Während seines Studiums begeisterte sich Fischer v. a. für die Vorlesungen des berühmten Freiburger Vererbungstheoretikers August Weismann. Sie weckten sein Interesse für Vererbungsfragen, wahrscheinlich aber auch schon für eugenische

---

[804] In: Die Provinz des Menschen. Aufzeichnungen 1942-1972, Frankfurt/M. 1976.

Fragen. Daß die vergleichende Anatomie Robert Wiedersheims den zoologisch interessierten Medizinstudenten ebenfalls anregte, ist leicht nachvollziehbar. Auch die völkerkundlichen Vorlesungen des Gobineau-Verehrers Ernst C. G. Grosse haben Fischers Rasse- und Geschichtskonzept beeinflußt.

Wiedersheim war es, der Fischer, auch aufgrund ihres guten persönlichen Verhältnisses, zuerst in Richtung Anatomie förderte. Bereits an Fischers früher Habilitation 1900 mit einer vergleichend-anatomischen Arbeit - paradoxer- und bezeichnenderweise auch als "anthropologische" tituliert - zeigte sich dann aber Wiedersheims Weichenstellung für seinen Schüler in Richtung Anthropologie. Ich habe aufgezeigt, wie Wiedersheim Fischer - einerseits aus personalpolitischen Gründen, andererseits aber auch in dem Bestreben, die berühmte anthropologische Tradition seines Vorgängers Alexander Ecker fortzusetzen - zur Anthropologie *drängte*. Fischers anthropologische Ausbildung erfolgte bei dem führenden (der wenigen) Fachvertreter seiner Zeit, Rudolf Martin in Zürich. Der junge Anthropologe wurde auch von dem zweiten anthropologischen Fachmann in der badisch-elsäßisch-schweizerischen Grenzregion, dem Anatomen Gustav Schwalbe in Straßburg, gefördert. Trotz aller, von Fischer schließlich selbst mit großem Fleiß vorangetriebener Spezialisierung in Anthropologie, wurde er 1918 Ordinarius für Anatomie: Wiedersheims akademisch unschickliches Engagement für eine hausinterne Berufung Fischers führte zu fakultätsinternen Reibungen. Es wurde deutlich, daß auf Seiten des Badischen Kultusministeriums Fischers badische Landsmannschaft und seine Meriten beim Neubau des Anatomischen Instituts für die Entscheidung zugunsten des, nur *secundo loco* gesetzten Freiburgers zumindest mitentscheidend waren.

Für die innere Entwicklung Fischers hin zu einer sozialdarwinistischen Eugenik müssen folgende Personen herausgestellt werden:

- schon zu seiner Studentenzeit Weismann und Grosse (evtl. der Gynäkologe Alfred Hegar sowie der Zoologe Heinrich Ernst Ziegler);

- in den Jahren seiner literarischen und tätigen Hinwendung zur Rassenhygiene, 1908-1910, v. a. der "Sozial-Anthropologe" Otto Ammon und der Gobineau-Propagandist Ludwig Schemann (evtl. noch Ammons Mitarbeiter Ludwig Wilser) - alle sieben Personen wirkten in besagter Region! -

- schließlich und entscheidend der Begründer der deutschen Eugenik selbst, Alfred Ploetz.

Fischer traf mithin auf einen historisch wohl einmaligen Schmelztiegel vererbungstheoretischer, rassenanthropologischer, sozialdarwinistischer, eugenischer und mit nordischem Rassekult geprägter Gedanken in der badisch-elsäßisch-schweizerischen Grenzregion.

3. Welche inhaltliche Entwicklung innerhalb der Anthropologie vertrat Fischer, welche Bedeutung hatte sein Rehobother Bastardwerk, und wodurch wurde sein Typ der Anthropologie in Deutschland führend?

Fischer hatte seine anthropologische Ausbildung bei Martin (Zürich) erhalten und stand im engen Kontakt zu Schwalbe (Straßburg): Martin lehrte eine anthropometrisch ausgerichteten Anthropologie (von Fischer als "öde Messerei" empfunden); Schwalbes Schwerpunkt war die Paläo- und Rassen-Anthropologie, als Zweig der Anatomie. Schwalbe und Martin hatten gemeinsam die Orientierung der Anthropologie weg von ihren geisteswissenschaftlichen Aufgabenfeldern hin zu einer reinen Naturwissenschaft betrieben. Sie repräsentierten die "'klassische' *physische* Anthropologie" (Massin).

Massin folgend, muß man festhalten, daß Eugen Fischer der Anthropologe in Deutschland war, der in diese Anthropologie den Neodarwinismus Weismanns, eugenische Zielsetzungen, v. a. aber die *Mendelschen Erbgesetze* integrierte und so einen neuen Typ von Anthropologie, die "Anthropo-Biologie" (Fischer) begründete. Er überwand damit einerseits die "epistemologische Sackgasse" (Massin) der "klassischen" physischen Anthropologie, deren Rassenkonzept durch *ad absurdum* geführte Anthropometrie zu verschwimmen drohte. Andererseits konnte Fischer durch die "Biologisierung der Anthropologie" den "Rassen"-Begriff, als zentralen Forschungsgegenstand seiner *Rassenkunde*, "wiederbeleben" (Massin).

Die, auch "Bio-Anthropologie" genannte, genetisch und eugenisch ausgerichtete *Rassenkunde* Fischers gründete notwendigerweise auf der Prämisse der Erblichkeit von natürlichen Körpermerkmalen, also auch Rassenmerkmalen. Fischer meinte, den Beweis für die Vererbung nach den *Mendelschen Erbgesetzen* in seinem *Rehobother Bastard*werk geliefert zu haben. Diese Meinung blieb seltsamerweise 55 Jahre lang von wissenschaftlicher Seite aus unwidersprochen. Erst Widukind Lenz widersprach 1968 klar dieser Wissenschafts-Legende: Wie auch im entsprechenden Abschnitt dieser Arbeit nachvollzogen wurde, *konnte* Fischer - selbst wenn man von offensichtlichen Fehlern und Unzulänglichkeiten absieht - aufgrund der untersuchten Merkmale und den anthropometrisch-morphologischen Methoden seiner Zeit den Beweis gar nicht erbringen!

Dessen ungeachtet, konnte Fischer durch sein *Rehobother Bastard*werk (1913), seine anthropologische Lehrtätigkeit (ab 1901), die anthropologische Abteilung im Anatomischen Institut (ab 1904), sein anthropologisches Laboratorium (1908/09), durch die Herausgabe und Schriftleitung der *Zeitschrift für Morphologie und Anthropologie* (ab 1917), den *Baur-Fischer-Lenz* (ab 1921) und durch den Vorsitz über die *Deutsche Gesellschaft für Physische Anthropologie* (ab 1926) zum anerkanntesten Anthropologen - und seine Schule maßgebend - in Deutschlands werden. Der "Triumph der Fischerschen Art von Anthropologie" (Proctor) manifestierte sich schließlich 1927 in der Berufung zum Berliner Ordinarius für Anthropologie und der Leitung des neuen *Kaiser-Wilhelm-Institutes für Anthropologie*.

4. Welche Richtung der Rassenhygiene vertrat Fischer, und welche Position und Bedeutung hatte seine Ortsgruppe innerhalb der rassenhygienischen Bewegung?

Fischers programmatische eugenische Streitschrift *Sozialanthropologie und ihre Bedeutung für den Staat* (ursprünglich ein Vortrag vor der *Naturforschenden Gesellschaft zu Freiburg*) aus dem Jahre 1910 muß, obwohl klein, als eines seiner wichtigsten Werke gesehen werden. Sie ist der literarische Ausdruck von Fischers Orientierung zur Rassenhygiene um 1908-1910.

Fischer verstand sich mehr als akademischer Vertreter einer *Sozialanthropologie* (im Sinne einer theoretischen, anthropologisch-analysierenden Grundlagenwissenschaft) als der Rassenhygiene (als sozialtechnologischer Programmatik und angewandter Bevölkerungspolitik). Dabei vertrat er die Richtung einer vornehmlich aufklärerisch wirkenden, *positiven Eugenik* - bejahte aber auch die Berechtigung und Notwendigkeit *negativer Eugenik*, ohne für diese allerdings konkrete Maßnahmen zu formulieren. Ihren institutionellen Ausdruck fanden Fischers eugenische Überzeugungen in der Gründung und Leitung der Freiburger Ortsgruppe der *Deutschen Gesellschaft für Rassenhygiene*. Die *Initialzündung* zur Gründung der Ortsgesellschaft erfolgte durch Ploetz im Jahre 1908 (die zu einer vorläufigen Gründung im Juni 1908 führte). Die eigentliche Konstituierung erfolgte dann, nach Rücksprache Fischers mit dem Berliner Anthropologen Felix von Luschan, erst am 21. Juli 1910 - also sechs Wochen nach dem *Sozialanthropologie*-Vortrag.

Die Ortsgruppe vertrat in ihrer Tendenz für einen *nordischen* Superioritätsglauben und in der Betonung einer strengeren eugenischen Lebensführung ihrer Mitglieder eine radikale Position im Spektrum der Gesamtgesellschaft. Andererseits richtete sie sich auf *positiv-eugenische* Maßnahmen aus, dabei intern Stellung gegen Züchtungsutopien beziehend.

Sie hatte mit ihrer medizinisch-elitären Mitgliederschaft eine akademisch-wissenschaftliche Ausnahmestellung unter den Ortsgruppen der deutschen Gesamtgesellschaft. Die Freiburger Ortsgruppe war der Kern der "Freiburger Phalanx" (Weindling), also einer Gruppe von Gelehrten mit reichsweiter Reputation und einer konservativ-antisozialistischen, sozialdarwinistischen und mendelistischen Position. Daß Fischer der Leiter dieser Gruppe war, machte ihn früh zu einer bedeutenden Person innerhalb der eugenischen Bewegung Deutschlands.

5. Wie kam Fischer zu seiner leitenden Stellung in der badischen Heimatbewegung, welche Ziele verfolgte er in ihr, und inwiefern manifestieren sich Aspekte seines Werkes in diesem Engagement?

In Fischers Studienzeit läßt sich erstmalig ein deutliches Interesse des Badeners für deutsche Volkskunde, in Form von Vorlesungsbesuchen bei Elard H. Meyer und bei dem Germanisten Friedrich Kluge, ausmachen. Sein späteres Engagement in verschiedenen Heimatvereinen sehe ich als Konsequenz dieses Interesses für deutsches Volkstum (in seiner badischen Variante) und als Ausfluß seiner großen Heimatverbundenheit.

Fischer war noch als Student bzw. junger Anatomie-Assistent Mitglied eines landeswohlfahrtlichen und eines volkskundlichen Vereins mit Sitz in Freiburg geworden. Deren Vereinigung zum Landesverein "Badische Heimat e.V." im Jahre 1909 organisierte er als Vorstandsmitglied beider Vorläufer-Vereine mit.

Von 1913 bis 1929 war Fischer Landesvorsitzender des *Landesvereins* und als solcher sehr erfolgreich. Während er anfänglich den Schwerpunkt seiner Präsidialtätigkeit noch auf den Natur- und Denkmalschutz gelegt hatte, wurden ab den frühen 20er Jahren in Fischers Publikationen in den Periodika des Vereins rassenanthropologische und rassenhygienische Inhalte transportiert. Seine rassenhygienische Propaganda verstand er wohl als einen eugenischen *Reparaturversuch* in Anbetracht der *dysgenischen* Wirkungen von Krieg und Inflation.

Die rassenhygienische Instrumentalisierung des Landesvereins wurde im letzten Drittel seiner Präsidialzeit immer deutlicher: Als ersten Schritt zur eugenischen Praxis richtete er 1924 (mittels der organisatorisch-publikatorischen Strukturen des *Landesvereins*) in seinem Anatomischen Institut eine *Beratungsstelle für Familienvererbung* ein. Sein erstmaliges Plädoyer für konkrete eugenische Maßnahmen (Anlage von Familien-Krankheitschroniken und Erfassung der Bevölkerung durch genauere schulärztliche Untersuchungen) in einer Publikation der Heimatpresse [!] könnte den Beginn einer Radikalisierung seiner eugenischen Position gegen Ende der 20er Jahre markieren.

6. Wie gestaltete sich das Verhältnis Fischers zu populären Rassetheoretikern und nordisch-ariomanischen Rasseschwärmern?

Eine wechselseitige Befruchtung ihrer Ideen, die Fields zwischen akademischen Rassenanthropologen und Rassen-Popularisierern feststellte, halte ich für eine treffende Beschreibung auch des Fischerschen Verhältnisses zu populären Rassetheoretikern und nordisch-ariomanischen Rasseschwärmern.

Fischers Bewunderung und Respekt für dem Karlsruher "Sozial-Anthropologen" Otto Ammon - den Fischer schon zu seiner Gymnasialzeit kennengelernt und der engen Kontakt zum Anatomischen Institut Freiburgs hatte - gründete sich auf Ammons große Untersuchung zur *Anthropologie der Badener*, aus dem Fischer manche Ideen entlieh.

Das Verhältnis Fischers zu dem Freiburger Gobineau-Propagandisten Ludwig Schemann kann man nur als schillernd bezeichnen: Der privatisierende Bibliothekar führte Fischer ab 1908 in das Gobineausche Werk ein - Fischer hielt dieses für "genial" - , so daß er sich später als einen "in manchem Punkt Schüler" Schemanns bezeichnete. Einerseits unterstütze Fischer Schemann öffentlich, andererseits wollte er aber seine Reputation als Wissenschaftler durch eine zu deutliche Übereinstimmung mit dem ariomanischen Übersetzer nicht gefährden. Bezeichnend für dieses Verhältnis ist, daß Schemann zwar Mitglied in Fischers rassenhygienischer Ortsgruppe war, Fischer aber nicht in Schemanns *Gobineau-Vereinigung*.

Fischers Verhältnis zu dem berühmtesten nordischen Rassenideologen, Hans F.K. Günther, ist einfacher: Erst lobte Fischer - als erster akademischer Anthropologe - den *Rassenkunde*-Bestseller seines ehemaligen Studenten in einer wissenschaftlichen Rezension. Später (1927) kooperierte er in einem publicityträchtigen Buchprojekt mit Günther und verwies sogar im *Baur-Fischer-Lenz* auf dessen Werke.

Zwischen Abgrenzung, Akzeptanz und Kooperation variierte Fischer also sein Verhältnis zur nordisch-ariomanischen *Szene* - je nach Opportunität.

7. Welche Konzepte im Werk Fischers nähern sich den nationalsozialistischen Rassenideologemen und rassenhygienischen Forderungen an, welche weichen von diesen ab?

Bei einem Vergleich der anthropologischen Ideologeme und der eugenischen Programmatik von "Hitlers Weltanschauung" (besonders anhand von *Mein Kampf*) mit Fischers Werk finden sich einzelne vergleichbare Konzepte:

- Rassistischer Eurozentrismus (Glaube an die Inferiorität nichteuropäischer Rassen gegenüber "Europäiden" [Fischer] oder "Ariern" [Hitler]);
- Glaube an die Superiorität der *nordischen* Rasse innerhalb der *weißen* Rasse;
- Ähnliche Motive innerhalb eines kriegerischen, rassenzentrierten Geschichtsmodells;

- Punktuelle Übereinstimmung in der eugenischen *Ziel*setzung (Rassenhygiene als wichtigstes Staatsziel; Unterstützung kinderreicher Familien; Bekämpfung von Prostitution und Syphilis).

Andererseits unterschieden sich die Ideologeme Hitlers und Fischers anthropologische Lehre auch deutlich:
- in der anthropologischen Terminologie (keine klare Trennung oder Definition der Begriffe sowie ariomanische, v. a. aber die Günthersche Terminologie bei Hitler - Streben nach wissenschaftlich-klarer Begrifflichkeit und eigenständige Terminologie bei Fischer);
- in dem Konzept von Rassenmischung ("Reinhaltung" der Rasse als oberstes Prinzip und Garant kultureller Blüte bei Hitler - Rassenmischung als Voraussetzung derselben bei Fischer);
- in der Methodik eugenischer Bevölkerungspolitik (menschenverachtende, *negative* Eugenik bei Hitler - aufklärerische, *positive* Eugenik bei Fischer);
- in ihrer Einstellung zum Judentum: offener, manichäischer und gewalttätiger Antisemitismus Hitlers versus uneingestandenes, wissenschaftlich verbrämtes, aber gewaltloses *Unbehagen* Fischers.

8. Ist dementsprechend v. Verschuers Meinung, Fischer hätte an der "Formung des Rassegedankens" des Dritten Reiches ("der Gegenwart") "als einer geistigen Voraussetzung für die Rassenpolitik des Nationalsozialismus mitgewirkt", berechtigt?

Selbstverständlich hat Eugen Fischer an der "Formung" des "Rassegedankens" des Dritten Reiches mitgewirkt! Fischer hat in den drei Jahrzehnten vor der *Machtergreifung* die Formung und Propagierung eines neuen Rassegedankens als eine seiner wichtigsten wissenschaftlichen Aufgaben gesehen.

Die eigentlich schwierigen Fragen ergeben sich erst bei der Auffächerung der Ausgangsfrage, nämlich:

Wodurch, in welche Richtung und in welchem Ausmaß hat Fischer den "Rassegedanken" des Dritten Reiches - insbesondere Hitlers "Rassegedanken" - geformt?

An diesem Punkt beginnen die Fragen genaugenommen unbeantwortbar (oder die Antworten hypothetisch) zu werden - weil man an die Grenzen der historischen Erkenntnismethode stößt:

"Rassegedanken" hat nicht *die* "Gegenwart" oder Vergangenheit, sondern nur jeder einzelne Mensch in ihr. Dabei hat Hitler in besonderem Maße versucht, die Quellen seiner finsteren Gedanken und wirren Konzepte sowie die gedankliche *Beeinflußung* seines Weltbildes zu verschleiern (Jäckel). Gerade bei Hitler ist man also darauf angewiesen, zu nehmen, was an Meinungen *da war*, und kann schlecht beurteilen, wodurch und durch wen sie *wurden*.

Ich habe gleichwohl oben Ähnlichkeiten und Unterschiede in den "Rassegedanken" Hitlers und Fischers aufgelistet. Ein rein numerische Vergleich wirkt nicht nur plump - er fällt auch *unentschieden* aus. Ein *Unentschieden* will hingegen nicht befriedigen. Es macht nur umso deutlicher, daß eine *Entscheidung* in der gestellten Frage das *Gewicht* der verschiedenen Konzepte miteinbeziehen muß. Meine *Abwägung* sieht Hitlers Antisemitismus und sein Konzept der "Rasseneinheit" als die *gewichtigsten* Komponenten seiner Rassenideologie. Die Unterschiedlichkeiten innerhalb dieser beiden Konzepte zwischen Hitler und Fischer wiegen m. E. alle Ähnlichkeiten und Gemeinsamkeiten anderer Konzepte weitgehend auf. –

So komme ich zu meiner Antwort auf die Frage, in welchem Maße Fischer Hitlers "Rassegedanken" formte:

Fischer beeinflußte Hitlers Rassenideologie, wenn überhaupt, nur wenig. Aber er war maßgeblich beteiligt an der Bereitung des Bodens, auf dem auch Hitlers Rassenideologie wachsen konnte.

ANHANG

I. Quellen und Archive

Im folgenden werden ausschließlich die Dokumente oder Faszikel aufgeführt, auf die in diesem Buch verwiesen oder aus denen zitiert wurde.

Dokumentensammlung der OG Freiburg i. Br. der DGfRH

Unveröffentlichte, ungeordnete Dokumentensammlung der Ortsgruppe, ehemals in Besitz von Prof. Dr. Widukind Lenz (†), mir in Photokopien vorliegend.

- Mitgliederlisten der OG Freiburg i. Br.:
- sieben von Fischer geführte, insgesamt zwölfseitige, z.T. maschinen-, v. a. aber handschriftliche Namens- und Adressenlisten der OG aus den Jahren 1908/09 bis 1927
(von mir nach Alter durchnummeriert: I. bis VII.);
- Protokollbuch der OG Freiburg i. Br.:
- hauptsächlich von Fischer handbeschriebenes Protokollbuch im *Quart*-Format vom 24.6.1908 bis 29.5.1914 (S. 1-14);
- Satzungen der OG Freiburg i. Br.:
  siebenseitige Fassung, im DIN A4-Format, gedruckt in Freiburg i. Br.: *Universitätsdruckerei H. M. Poppen & Sohn* 1911.
  Die Satzungen enthalten sechzehn Paragraphen und den Zusatz "(Angenommen am 14. Juni 1911)".

Fragebogen an Prof. Hedwig Fischer, Ahrensburg

- Fünfseitiges, handschriftliches Antwortschreiben von Fischers ältester Tochter, Frau Prof. Hedwig Fischer (Ahrensburg), vom Februar 1993 auf einen vom Verfasser erstellten Fragebogen mit 41 Fragen; im Besitz des Verfassers.

Generallandesarchiv Karlsruhe

- GLA 235, Nr. 7536: Die Stelle des Prosektoren bei der medizinischen Fakultät betr., 1840-1943;
- GLA 235, Nr. 8020: Die anthropologische Sammlung der Universität Freiburg, 1875-1944;
- GLA 235, Nr. 13800: Bertholdsgymnasium - Prüfungen und Promotionen.

Niedersächsische Staats- und Universitätsbibliothek Göttingen

- Handschriftenabteilung: 8° Cod. Ms. philos. 187:7 Nr. 40-53: Korrespondenz Friedrich Merkels mit Eugen Fischer.

Privatnachlaß Eugen Fischers

Im Privatbesitz von Fischers Enkel, Dr. Eberhard Fischer, Zürich.

- Jahreschronik Fischers von 1874-1906: sechsseitiges, unveröffentlichtes, handschriftliches Manuskript Fischers im Quart-Format, geschrieben 1900-1906;
- "Haus - Garten und Wilhelmstrasse.": achtseitige, unveröffentlichte, maschinen- und handgeschriebene Erinnerungen Fischers an seine Kindheit in dem Haus der Familie in der Wilhelmstrasse in Freiburg i. Br.;
- Veröffentlichungsliste Fischers: achtzehnseitiges, unveröffentlichtes, maschinengeschriebenes Verzeichnis mit 276 Werken Fischers (die letzten vier Titel sind handschriftlich nachgetragen). Die Liste trägt die Bezeichnung "Verzeichnis meiner Veröffentlichungen ausser Referaten und Zeitungsaufsätzen";
- Verzeichnis der Schülerarbeiten: neunseitige, unveröffentlichte, maschinengeschriebene Liste mit 112 verzeichneten Werken (davon die letzten beiden handschriftlich ergänzt) mit dem Titel "Verzeichnis der von mir angeregten Schülerarbeiten";
- Verzeichnis der Ehrungen: dreiseitiges, unveröffentlichtes Typoskript Fischers (mit einzelnen handschriftlichen Nachträgen) mit dem Titel "Ehrungen seitens wissenschaftlicher Akademien und Vereine und andere Ehrungen";
- Abiturrede "Heinrich von Kleist als nationaler Dichter": sechzehnseitige, handschriftliche [Sütterlin] Abiturrede Fischers vom 29.7.1893;
- "Abiturienten-Zeugnis" des Berthold-Gymnasiums vom 18.7.1893;
- "Studien- und Sitten-Zeugnisse" der "Grossherzoglich Badischen Albert-Ludwigs-Universität Freiburg" I. und II. vom 8.4.1896 und 15.2.1898;
- Zeugnis über die ärztliche Vorprüfung vom 30.7.1895;
- Zeugnis der "Königlich Bayerischen Ludwig-Maximilians-Universität München" vom 23.7.1896;
- Habilitationsgutachten über Fischers Habilitationsschrift, von Robert Wiedersheim handgeschrieben, ohne Datum;

- Seefahrtsbuch Fischers vom 30.8.1898;
- Verhandlungsprotokoll bzgl. Übernahme des anatomischen Lehrstuhls, maschinengeschrieben (aber nicht autorisiert), vom 21.6.1918;
- Vertrag Fischers mit der KWG vom 31.10.1927;
- Verleihungsurkunde der Goethe-Medaille vom 5.6.1939;
- Bescheinigung des Roten Kreuzes über Fischers Lazarettleitung in Sontra (Hessen) vom 17.5.1945;
- Beglaubigte Abschrift des Spruchkammerbescheides gegen Fischer vom 10.11.1947;
- diverse Korrespondenz.

Staatsarchiv Bremen

- Akte des Gesundheitsrates 4, 21-609: Satzungen der DGfRH vom 12.3.1910.

Staatsarchiv Freiburg i. Br.

- A 5 / 44: Universität Freiburg i. Br. 1878-1948 - "Die Lehrstellen in der med. Fakultät; hier: Der Lehrstuhl für Anatomie".

Staatsbibliothek zu Berlin Preußischer Kulturbesitz

- Nachlaß Felix von Luschans: Korrespondenz v. Luschans mit Eugen Fischer.

Stadtarchiv Freiburg i. Br.

- VIII/30/3: Errichtung eines Forschungsinstitutes der KWG in Freiburg.

Universitätsarchiv Freiburg i. Br.

- Vorlesungsverzeichnisse der Albert-Ludwigs-Universität Freiburg i.Br.;
- B 1/1143: Rangverhältnisse von Professoren, Privatdozenten und Prosektoren 1764-1936;
- B 1/1222-1223: Besetzung der Lehrstühle der normalen Anatomie u.a. 1854-1918;
- B 1/3154: Anstellungen und Dienstverhandlungen der Prosektoren am Anatomischen Institut;
- B 1/4012: Ehrungen zum 70./80./90. Geburtstag;
- B 1/4336: Kriegschronik des I. Weltkrieges der Universität;
- B 24/794: Personalakte Eugen Fischer;

- B 24/1116: Personalakte Hans F.K. Günther;
- B 53/209: Protokollbuch der Medizinischen Fakultät vom 8.2.1916-15.12.1933;

Handschriftenabteilung der Universitätsbibliothek:
Nachlaß Ludwig Schemann IV B:

- Korrespondenz Schemanns mit Eugen Fischer;
- Mitglieder, Gönner und Förderer-Verzeichnis der Gobineau-Vereinigung.

Universitätsarchiv Münster/Westf.

- Nachlaß Otmar von Verschuers: Nr. 9 Korrespondenz v. Verschuers mit Eugen Fischer 1924-1956.

II. Personalbibliographie Fischers bis 1927 (incl. zitierter späterer Werke)

Die Aufstellung von Fischers Publikationen erfolgt vollständig bis einschließlich 1927. Spätere Werke Fischers wurden nur aufgeführt, soweit sie in dieser Arbeit zitiert wurden. Die Werke sind nach ihrem Erscheinungsjahr geordnet. Die Reihenfolge dieses Verzeichnisses entspricht den Laufnummern, die in den Zitatverweisen benutzt wurden und mit Bindestrich an das Erscheinungsjahr angehängt sind (z. B. "Fischer 1900-2"). Enthält die Laufnummer einen Kleinbuchstaben als Suffix (z. B. "Fischer 1911-3a"), so handelt es sich um ein Werk gleichen Inhalts aus demselben Erscheinungsjahr, das allerdings an anderer Stelle publiziert wurde. Zeitschriften-Titel sind *kursiv* gesetzt.

Zur besseren Vergleichbarkeit der beiden Biographien über Eugen Fischer wurde die Zählung und Reihenfolge Niels C. Löschs übernommen (Lösch 1997:505-525). Wichtige Ergänzungen und Korrekturen des Verfassers zu jenem Verzeichnis sind mit "(*)" markiert.

1898

-1 Beiträge zur Anatomie der weiblichen Urogenitalorgane des Orang-Utan; (med. Diss. Freiburg) in *Morphologische Arbeiten*, Bd. 8: 153-218, Jena 1898

1899

-1 Seltener Verlauf der Vena azygos (Abspaltung eines Lungenlappens); in *Anatomischer Anzeiger*, Bd. 15: 476-481, 1899

-2 Seltener Verlauf der Vena azygos, Nachtrag; in *Anatomischer Anzeiger*, Bd. 16: 91-92, 1899

1900

-1 Beiträge zur Kenntnis der Nasenhöhle und des Thränennasenganges der Amphisbaeniden; in *Archiv für mikroskopische Anatomie und Entwicklungsgeschichte*, Bd. 55: 441-478, 1900

-2 Zur Entwicklungsgeschichte des Dachses; in *Mitteilungen des Badischen Zoologischen Vereins*, Bd. 1: 105-111, 1900

1901

-1 Bemerkungen über das Hinterhauptsgelenk der Säuger; in *Anatomischer Anzeiger*, Bd. 19: 1-6, 1901

-2 Eine persistirende Thymus; in *Anatomischer Anzeiger*, Bd. 19: 113-115, 1901

-3 Das Primordialcranium von Talpa europaea. Ein Beitrag zur Morphologie des Säugetierschädels; (med. Habilitationsschrift Freiburg) in *Anatomische Hefte*, Bd. 17: 469-548, 1901

-4   Zur Kenntnis der Fontanella metopica und ihrer Bildungen; in *ZfMoAn*, Bd. 4: 17-30, 1901

1902

-1   Zur Kenntnis des Primordialcraniums der Affen; in *Anatomischer Anzeiger*, Bd. 20: 410-417, 1902
-2   Zur Vergleichung des Menschen- und Affenschädels in frühen Entwicklungsstadien; *CBDGfAEU*, Jg. 33: 153-155, 1902

1903

-1   Ein steinzeitliches Hockergrabfeld in der Nähe von Freiburg i. Br.; in *CBDGfAEU*, Jg. 34: 20, 1903
-2   Zur Entwicklungsgeschichte des Affenschädels; in *ZfMoAn*, Bd. 5: 383-414, 1903
-3   Beeinflußt der M.genioglossus durch seine Function beim Sprechen den Bau des Unterkiefers?; in *Anatomischer Anzeiger*, Bd. 23: 33-37, 1903
-4   Die Reste eines neolithischen Gräberfeldes am Kaiserstuhl; in *Berichte der Naturforschenden Gesellschaft zu Freiburg i. Br.*, Bd. 13: 271-285, 1903
-5   Zur vergleichenden Osteologie der menschlichen Vorderarmknochen; in *CBDGfAEU*, Jg. 34: 165-169, 1903

1904

-1   Demonstration von Modellen zur Vergleichung der Schädelentwicklung von Mensch und Affe mit besonderer Berücksichtigung der Nase; in *Verhandlungen des Vereins Süddeutscher Laryngologen*, 10.Versammlung: 626-629, 1904
-2   Nochmals Walkhoffs Lehre von der Kinnbildung; in *Anatomischer Anzeiger*, Bd. 25: 286-287, 1904

1905

-1   Untersuchungen bezüglich der Pigmentverteilung melanotischer Rassen; in *Deutsche Medizinische Wochenschrift*, Jg. 31: 1487, 1905
-2   On the primordial Cranium of Tarsius spectrum; in *Proceedings van de Koninklijke Akademie van Wetenschappen te Amsterdam*: 397-400, 1905
-3   Zur Frage der Kinnbildung und Walkhoffs "Theorie", in *Deutsche Monatsschrift für Zahnheilkunde*, Jg. 23: 751-752, 1905
-4   Anatomische Untersuchungen an den Kopfweichteilen zweier Papua; in *CBDGfAEU*, Jg. 36: 118-121, 1905
-5   Über Pigment in der menschlichen Conjunctiva; in *Anatomischer Anzeiger*, Ergänzungsheft zu Bd. 27: 140-144, 1905
-6   Jahresbericht für 1904: Kap. XII. Physische Anthropologie [Literatur 1904]; in *JbüFoAE*, N.F. Bd. 10, III. Abt., 2.Teil: 859-972, 1905

1906

-1 Die Variationen an Radius und Ulna des Menschen. Eine anthropologische Studie; in *ZfMoAn*, Bd. 9: 147-247, 1906 [erhielt den Prix Broca in Bronze der Ecole d'Anthropologie in Paris]

(*) -2 Das Primordialcranium von Tarsius spectrum (Voorloopige mededeeling); in *Koninklijke Akademie van Wetenschappen te Amsterdam: Verslag van de gewone vergaderingen der Wis- en Natuurkundige Afdeeling*, Bd. 14: 404-407, 1906

1907

-1 Die Lohbücke bei Ihringen am Kaiserstuhl, Grabhügel aus der Hallstattzeit; in *Alemannia*, N.F. Bd. 8: 1-42, 1907

-2 Dasselbe; in Festschrift für den Deutschen Sprachverein, 1907

-3 Jahresbericht für 1905: Kap. XII. Physische Anthropologie [Literatur 1905]; in *JbüFoAE*, N.F. Bd. 11, III. Abt., 2. Teil: 894-1019, 1907

-4 Der Neandertalmensch nach neueren Forschungen, Übersichtsreferat; in *Medizinische Klinik*, Nr. 37: 1110-1112, 1907

-5 Die Bestimmung der menschlichen Haarfarben (Mit Vorführung einer Haarfarbentafel); in *CBDGfAEU*, Jg. 38: 141-147, 1907

1908

-1 Ein merkwürdiges prähistorisches Grab bei Hecklingen; in *Mitteilungen des Badischen Landesvereins für Naturkunde*, Nr. 231/232, Bd. 1905/10: 246-248, 1908

-2 Jahresbericht für 1906: Kap. XII. Physische Anthropologie [Literatur 1906]; in *JbüFoAE*, N.F. Bd. 12, II. Abt., 3. Teil: 798-923, 1908

-3 Weitere Hallstattgrabhügel (Löhbücke) bei Ihringen am Kaiserstuhl; in *Alemannia*, N.F. Bd. 9: 278-292, 1908

-4 Was die alten Kaiserstühler Berge von alten Gräbern wissen (Teil 1); in *Dorf und Hof*, Jg. 6: 22-26, 1908

-5 Was die alten Kaiserstühler Berge von alten Gräbern wissen (Schluß); in *Dorf und Hof*, Jg. 6: 34-37, 1908

1909

-1 Das Rehobother Bastardvolk in Deutsch-Südwestafrika; in Die Umschau: Forschung, Entwicklung, Technologie, Bd. 13: 1047-1051, 1909

-2 Jahresbericht für 1907: Kap. XII. Physische Anthropologie [Literatur 1907]; in *JbüFoAE*, N.F. Bd. 13, II. Abt., 3. Teil: 810-866, 1909

-3 Jahresbericht für 1908 u. Nachtrag zu 1907: Kap. XII. Physische Anthropologie [Literatur 1908]; in *JbüFoAE*, N.F. Bd. 14, II. Abt., 3. Teil: 739-867, 1909 (*) Bei mir 1910!

-4 Armwinkel des Menschen (Autoreferat); in *Berichte der Naturforschenden Gesellschaft zu Freiburg i. Br.*, Nr. 17: 7-8, 1909

-5   Beobachtungen am "Bastardvolk" in Deutsch-Südwestafrika; in *CBDGfAEU*, Jg. 40: 75-77, 1909

1910

-1   Le peuple des "Bastards" de Rehoboth (Afrique sud-occidentale allemande); in *Revue de l'Ecole d'Anthropologie de Paris*, Bd. 20: 137-146, 1910

-2   Sozialanthropologie und ihre Bedeutung für den Staat; Freiburg i. Br. 1910

-3   Ein Fall von erblicher Haararmut und die Art ihrer Vererbung. Ein Beitrag zur Familienanthropologie; in ARGB, Bd. 7: 50-56, 1910

-4   Die Neueinrichtung eines anthropologischen Laboratoriums an der Universität Freiburg i. Br.; in *CBDGfAEU*, Jg. 41: 34-35, 1910

-5   Zur Anthropologie und Ethnologie des "Bastardvolkes" in Deutsch-Südwestafrika; in *Sitzungsberichte der Anthropologischen Gesellschaft in Wien*, Bd. 11: 22, 1910

1911

-1   Anthropologische Aufgaben in unseren Kolonien; in *CBDGfAEU*, Jg. 42: 109-110, 1911

-2   Bericht über die Anthropologische Ortsgruppe Freiburg i.B.; in *CBDGfAEU*, Jg. 42: 41-42, 1911

-3   Zum Inzuchts- und Bastardierungsproblem beim Menschen; in *CBDGfAEU*, Jg. 42: 105-108, 1911

-3a Dasselbe; in *Sitzungsberichte der Anthropologischen Gesellschaft in Wien*, Bd. 12: 51-55, 1911

-4   Von Beinhäusern und altem Schädelkult; in *Badische Heimat*, Jg. 3: 6-10, 1911

-5   Schädelkult im Vorderrheintal (Graubünden); in *Akademische Mitteilungen* [der Univ. Freiburg i. Br.], N.F. Bd. 9: 49-50, 1911 [= 1911-4]

-6   Jahresbericht für 1909: Kap. XII. Physische Anthropologie [Literatur 1909]; in *JbüFoAE*, N.F. Bd. 15, II. Abt., 3.Teil: 812-896, 1911

1912

-1   Urgeschichte und Anthropologie des Großherzogtums Baden; in Rebmann, E. et al. (Hg.): Das Großherzogtum Baden in allgemeiner, wirtschaftlicher und staatlicher Hinsicht dargestellt; 1. Bd.: 145-171, Karlsruhe ²1911

-2   Zur Frage der "Kreuzungen beim Menschen"; in *ARGB*, Jg. 9: 8-9, 1912

-3   Anthropologie; in Korschelt, E. et al. (Hg.): Handwörterbuch der Naturwissenschaften, 1. Bd.: 483-484, Jena ¹1912

-4   Anthropogenese; in Korschelt, E. et al. (Hg.): Handwörterbuch der Naturwissenschaften, 1. Bd.: 472-482, Jena ¹1912

-5   Rassen und Völker; in *Nationale Jugendvorträge*, Jg. 3, Nr. 4, 1912

-6   Anatomische Untersuchung von 170 Haarproben von minongkabauischen Malaien; in Alfred Maass: Durch Zentral-Sumatra, 2. Bd.: 25-32, Berlin 1912

-7 Jahresbericht für 1910: Kap. XII. Physische Anthropologie [Literatur 1910]; in *JbüFoAE*, N.F. Bd. 16; II. Abt., 3. Teil: 788-889, 1912
-8 Zur Familienanthropologie; in *Verhandlungen der Gesellschaft Deutscher Naturforscher und Ärzte*, Bd. 83: 452-456, 1912

1913

-1 Die Rehobother Bastards und das Bastardierungsproblem beim Menschen. Anthropologische und ethnologische Studien am Rehobother Bastardvolk in Deutsch-Südwestafrika; Jena 1913
-2 Fossile Hominiden; in Korschelt, E. et al. (Hg.): Handwörterbuch der Naturwissenschaften, 4. Bd.: 332-360, Jena 1913
-3 Gehirn. Anthropologisch; in Korschelt, E. et al. (Hg.): Handwörterbuch der Naturwissenschaften, 4. Bd.: 685-688, Jena 1913
-4 Haar. Anthropologisch; in Korschelt, E. et al. (Hg.): Handwörterbuch der Naturwissenschaften, 5. Bd.: 167-171, Jena 1913 (*) Bei mir 1914!
-5 Haut. Anthropologisch; in Korschelt, E. et al. (Hg.): Handwörterbuch der Naturwissenschaften, 5. Bd.: 208-212, Jena 1913 (*) Bei mir 1914!
-6 Körperformen des Menschen. Anthropologisch; in Korschelt, E. et al. (Hg.): Handwörterbuch der Naturwissenschaften, 5. Bd.: 957-964, Jena 1913 (*) Bei mir 1914!
-7 Rassen und Rassenbildung; in Korschelt, E. et al. (Hg.): Handwörterbuch der Naturwissenschaften, 8. Bd.: 78-105, Jena 1913
-8 Rassenmorphologie; in Korschelt, E. et al. (Hg.): Handwörterbuch der Naturwissenschaften, 8. Bd.: 106-114, Jena 1913
-9 Rassenpathologie; in Korschelt, E. et al. (Hg.): Handwörterbuch der Naturwissenschaften, 8. Bd.: 115-116, Jena 1913
-10 Rassenphysiologie; in Korschelt, E. et al. (Hg.): Handwörterbuch der Naturwissenschaften, 8. Bd.: 116-120, Jena 1913
-11 Schädellehre und Skelettlehre; in Korschelt, E. et al. (Hg.): Handwörterbuch der Naturwissenschaften, 8. Bd.: 836-852, Jena 1913
-12 Sozialanthropologie; in Korschelt, E. et al. (Hg.): Handwörterbuch der Naturwissenschaften, 9. Bd.: 172-187, Jena 1913
-13 Das Problem der Rassenkreuzung beim Menschen; in *Verhandlungen der Gesellschaft Deutscher Naturforscher und Ärzte*, Bd. 85: 72-85, 1913
-14 Dasselbe [Autoreferat]; in *Die Naturwissenschaften*, Jg. 1: 1007-1009, 1913
-15 Otto Schoetensack (Nachruf); in *CBDGfAEU*; Jg. 44: 23-24, 1913
-16 Erwin Bälz (Nachruf); in *Archiv für Anthropologie*, Bd. 60: 240-241, 1913
-17 Rassenkreuzung und Vererbung nach Beobachtungen an den Bastards in Deutsch-Südwestafrika; in *Sitzungs-Berichte der Physikalisch-Medizinischen Gesellschaft zu Würzburg*, Jg. 1912: 45-47, 1913
-18 Jahresbericht für 1911: Kap. XII. Physische Anthropologie [Literatur 1911]; in *JbüFoAE*, N.F. Bd. 17, II. Abt. 3. Teil: 914-933, 1913

1914

-1 Ein alemannisches Reihengräberfeld bei Tiengen (Amt Freiburg); in *Badische Heimat*, Jg. 1: 206-210, 1914

-2 Zur Frage nach der biologischen Bedeutung der Pigmentverhältnisse des Menschen; in *Anatomischer Anzeiger*, Ergänzungsheft zum Bd. 46: 161-162, 1914

-3 Die Rassenmerkmale des Menschen als Domesticationserscheinungen; in *ZfMoAn*, Bd. 18 [= Festschrift für G. Schwalbe] : 479-524, 1914

-4 Die Herkunft der Buren; in *Die Umschau: Forschung, Entwicklung, Technologie*, Bd. 18: 1053-1054, 1914

-5 Jahresbericht für 1912: Kap. XII. Physische Anthropologie [Literatur 1912]; in *JbüFoAE*, N.F. Bd. 18, II. Abt., 3. Teil: 911-923, 1914

(*)-6 Das Problem der Rassenkreuzung beim Menschen; Freiburg i. Br. 1914 [= 1913-13]

1915

1916

-1 Hermann Klaatsch (Nachruf); in *Zeitschrift für Ethnologie*, Jg. 47: 385-390, 1916 (*) Bei mir 1915!

1917

-1 Gustav Schwalbe (Nachruf); in *ZfMoAn*, Bd. 20: I-VIII, 1917

-2 Ernst Gaupp (Nachruf); in *Anatomischer Anzeiger*, Bd. 49: 584-591, 1917

-3 Ärztliche Maßnahmen für die Kriegsbeschädigten, besonders die Verstümmelten; in *Badische Gewerbe- und Handwerkerzeitung*, Jg. 50, Sondernummer: Fürsorge für die Kriegsbeschädigten im Gewerbe: 4-7, 1917

-4 Die Zerstörung der Freiburger anatomischen Sammlung; in *CBDGfAEU*, Jg. 48: 73-74, 1917

-5 Die sekundären Geschlechtsmerkmale und das Haustierproblem beim Menschen; in *Studien und Forschungen zur Menschen- und Völkerkunde*, Nr. 14: 1-8 [Festschrift Eduard Hahn], Stuttgart 1917

-6 Gaupp, Ernst: August Weismann, sein Leben und Werk; hrsg. v. Eugen Fischer, Jena 1917

1918

-1 Prof. Dr. v. Berenberg-Goßler (Nachruf); in *Akademische Mitteilungen* [der Universität Freiburg i.Br.], N.F. Bd. 25: 5-6, 1918

-2 Überblick über topographisch-anatomische Unterlagen zur Höhendiagnostik und Segmentlehre des Rückenmarkes; in *Münchener Medizinische Wochenschrift*, Jg. 65: 445-446, 1918

1919

-1 Rassenprobleme in Spanien; in Spanien, *Zeitschrift für Auslandskunde*, Bd. 1: 22-27, 1919

-2   Die Vererbung der Gesichtszüge; in *CBDGfAEU*, Jg. 50: 23-24, 1919

-3   An die deutschen Universitäten [Aufruf des Gesamtvorstandes der Deutschen Gesellschaft für Anthropologie, Ethnologie und Urgeschichte: Eugen Fischer u. a.]; in *CBDGfAEU*, Jg. 50: 37f, 1919

-4   Die Notwendigkeit anthropologischer Lehrstühle an den Universitäten; in *CBDGfAEU*, Jg. 50: 38f, 1919

-5   Fischer, Eugen/ Schwalbe, Gustav: Studien über das Femur von Pithecanthropus erectus Dubois (Studien über "Pithecanthropus erectus Dubois", II. Teil); in *ZfMoAn*, Bd. 21: 289-360, 1919/1921

1920

1921

-1   Baur, Erwin/ Fischer, Eugen/ Lenz, Fritz: Grundriß der menschlichen Erblichkeitslehre und Rassenhygiene. Bd. 1: Menschliche Erblichkeitslehre; München ¹1921, Bd. 2: Menschliche Auslese und Rassenhygiene; München ¹1921 [ins Schwedische: 1925; ins Englische 1931; Bd. 1: 2. A. 1923, 3. A. 1927, 4. A. 1936, 5. Teil-A. 1940; Bd. 2: 2. A. 1923, 3. A. 1932, 4. A. 1936]

-2   Zur Frage der Domestikationsmerkmale des Menschen; in *Zeitschrift für Sexualwissenschaft*, Bd. 8: 1-3, 1921

-3   Über die Variationen der Hirnfurchen der Schimpansen; in *Anatomischer Anzeiger*, Ergänzungsheft zum Bd. 54: 48-54, 1921

-4   Die Bevölkerung der Baar; in *Badische Heimat*, Jg. 8: 20-22, 1921

1922

-1   Max Wingenroth (Nachruf); in *Badische Heimat*, Jg. 8: 51-53, 1922

-2   Mendelforschung und menschliche Erblichkeitslehre; in *Die Naturwissenschaften*, Jg. 10: 640-645, 1922

-3   Er den nordiske Race domt til undergang?; in Det nye Nord; 4 Aarg., Nr. 5, 1922

1923

-1   Baur, Erwin/ Fischer, Eugen/ Lenz, Fritz: Grundriß der menschlichen Erblichkeitslehre und Rassenhygiene. Bd. 1: Menschliche Erblichkeitslehre; 2. A. München 1923, Bd. 2: Menschliche Auslese und Rassenhygiene; 2. A. München 1923

-2   Schädelform und Vererbung; in *Münchener Medizinische Wochenschrift*, Jg. 70, Nr. 50: 1475-1476, 1923

-3   Begriffe, Abgrenzung und Geschichte der Anthropologie; in Hinneberg, P. (Hg.): Die Kultur der Gegenwart, 3. Teil, 5. Abt., Bd. Anthropologie: 1-11, Leipzig 1923

-4   Allgemeine Anthropologie; Ebendort: S. 12-36

-5   Allgemeine Körperverhältnisse; Ebendort: S. 117-121

-6   Gehirn und Sinnesorgane; Ebendort: S.111-116

-7 Muskelsystem; Ebendort: S. 99
-8 Spezielle Anthropologie; Ebendort: S. 122-222
-9 System der Haut und ihrer Anhangsgebilde; Ebendort: S. 101-110
-10 System des Verdauungs-, Atmungs-, Kreislauf-, Harn- und Geschlechtsapparates; Ebendort: S. 100
(*)-11 Robert Wiedersheim (Nachruf); in *Deutsches Biographisches Jahrbuch*, Nr. 5, 1923

1924

-1 Betrachtungen über die Schädelform des Menschen; in *ZfMoAn*, Bd.24: 37-45, 1924
-2 Robert Wiedersheim (Nachruf); in *ZfMoAn*, Bd. 24: I-III, 1924
-3 Schädelform und Vererbung; in *ZIAV*, Bd. 33: 347, 1924 [= 1923-2]
-4 Badische Familienforschung. Vereinigung im Landesverein Badische Heimat; in *Mein Heimatland*, Jg. 11: 47-48, 1924
-5 Biologische Familienforschung; in *Mein Heimatland*, Jg. 11: 95-96, 1924
-6 Fischers Haarfarbentafel; in Anthropologischer Anzeiger, Bd. 1: 47-48, 1924
-7 Anthropologie, Erblichkeitsforschung und Konstitutionslehre; in *Anthropologischer Anzeiger*, Bd. 1: 188-191, 1924
-8 Zum Konstitutionsbegriff. Zur Frage der Vererbung der Schädelform; in *Klinische Wochenschrift*, Jg. 3: 299-300, 1924
-9 33. Versammlung der Anatomischen Gesellschaft, 23.-26.4.1924; in *Anthropologischer Anzeiger*, Bd. 1: 159, 1924

1925

-1 Baur, Erwin/ Fischer, Eugen/ Lenz, Fritz: Ärflighet och Rashygien; (Till svenska av R. Larsson) [Grundriß der menschlichen Erblichkeitslehre und Rassenhygiene, schwed. Ausgabe] Stockholm 1925
-2 Vererbung; in Jahrbuch der badischen Lehrer, Jg. 1: 197-201, 1925
-3 Die körperlichen Unterlagen der Vererbung; in *Klinische Wochenschrift*, Bd. 4: 617, 1925
-4 M. W. Hauschild (Nachruf); in *Anatomischer Anzeiger*, Bd. 59: 472-477, 1925
-5 Wanderungen im Bergland von Teneriffa; in *Akademische Mitteilungen* [der Universität Freiburg i. Br.], 4. Folge, Bd. 1: 60-61, 1925
-6 Fischer, E./ Gieseler, W.: Gesellschaft für Physische Anthropologie; in *Anthropologischer Anzeiger*, Bd. 2: 245ff, 1925
-7 Der Badische Mensch; in Köhrer, E. (Hg.): Das Land Baden, seine Entwicklung und seine Zukunft; S. 43-45, Berlin 1925 [= Bd. 10 von: Deutsche Stadt - Deutsches Land, eine Bücherreihe]

1926

-1 Fischer, E./ Gieseler, W.: Gesellschaft für Physische Anthropologie; in *Zoologischer Anzeiger*, Bd. 65: 62-64, 1925/26

-2 Die Anfänge der Anthropologie an der Universität Freiburg (Begrüßungsansprache auf der ersten Tagung der Gesellschaft für Physische Anthropologie 13.-14.4. 1926); in *Anthropologischer Anzeiger*, Bd. 3: 98-105, 1926

-3 Aufgaben der Anthropologie, menschlichen Erblehre und Eugenik; in *Die Naturwissenschaften*, Jg. 14: 749-755, 1926

-4 Zur Frage nach der Urbevölkerung der Canarischen Inseln; in *Tagungsberichte der Deutschen Anthropologischen Gesellschaft*, 47. Vers.: 87-88, 1926

-5 Anthropologische Nomenklaturfragen; in *Verhandlungen der Gesellschaft für Physische Anthropologie*, Bd. 1: 70-72, 1926

-6 Estudios antropologicos sobre Tenerife; in Bull. Assoc. Catalan. d'Antr. Etnol. Prehist., Vol. 4, Barcelona 1926

-7 Rudolf Martin (Nachruf); in *Anatomischer Anzeiger*, Bd. 60: 443-448, 1926

-8 Unser Heimathaus; in *Mein Heimatland*, Jg. 13: 175-176, 1926

1927

-1 Baur, Erwin/ Fischer, Eugen/ Lenz, Fritz: Menschliche Erblichkeitslehre und Rassenhygiene. Bd. 1: Menschliche Erblichkeitslehre; München ³1927

-2 Rasse und Rassenentstehung; [Bd. 62 der Bücherreihe Wege zum Wissen] Berlin 1927

-3 Fischer, Eugen/ Günther, Hans F.K.: Das Preisausschreiben für den besten nordischen Rassenkopf; in *Volk und Rasse*, Jg. 2: 1-11, 1927

-4 Fischer, Eugen/ Günther, Hans F.K.: Deutsche Köpfe nordischer Rasse; München 1927

-5 Gesellschaft für Physische Anthropologie (Bericht über die Tagung der Gesellschaft in Kiel vom 19.-20.4.1927); in *Anthropologischer Anzeiger*, Bd. 4: 200-221, 1927

-6 Am 15. März starb in Wien Gustav Kraitschek; in *Anthropologischer Anzeiger*, Bd. 4: 222-223, 1927

-7 Vererbung; in *Mein Heimatland*, Jg.14: 4-6, 1927

Ab 1928 werden nur noch die Werke Fischers aufgeführt, die in dieser Arbeit auch zitiert wurden. Die Zählung erfolgt auch hier analog zu der Löschs (Lösch 1997: 505-525). Dort findet sich eine weitgehend vollständige Personalbibliographie Fischers über 1927 hinaus.

1928

-1 Die Erbkunde in der Familienforschung; in *Mein Heimatland*, Bd. 15: 63-64, 1928

1930

-3   Aus der Geschichte der Deutschen Gesellschaft für Rassenhygiene; in *ARGB*, Bd. 24: 1-5, 1930

1933

-3a Die Fortschritte der menschlichen Erblehre als Grundlage eugenischer Bevölkerungspolitik; in *Mein Heimatland*, Jg. 20: 210-219, 1933

1935

-3   Hans F. K. Günther. Der Rassen-Günther; in *Mein Heimatland*, Jg. 22: 219-221, 1935

1942

-2   Le problème de la race et la législation raciale en Allemagne; in Etat et Santé, cahiers de l'Institut Allemand à Paris, publ. par Karl Epting, Nr. 4: 84-109, 1942

-5   Otto Ammon. Zum 100. Geburtstage; in *Der Erbarzt*, Bd. 10: 267-272, 1942

-6   Alexander Ecker, der große Freiburger Anatom, einer der Begründer der deutschen Rassenforschung; in *Mein Heimatland*, Jg. 42: 295-303, 1942

1951

-4   Ein Besuch bei den Landsleuten in Tovar (Venezuela); in *Badische Heimat*, Jg. 31: 208-211, 1951

1955

-1   Die Wissenschaft vom Menschen, Anthropobiologie im XX. Jahrhundert; in Schwerte, H./Spengler, W. (Hg.): Gestalter unserer Zeit; Bd. 4: Forscher und Wissenschaftler im heutigen Europa - Erforscher des Lebens, S. 272-287, Oldenburg 1955

1957

-2   Die Freiburger Anatomie um 1900. Ernste und heitere Geschichten; in *Badische Heimat*, Jg. 37: 20-27, 1957

1959

-1   Begegnungen mit Toten. Erinnerungen eines Anatomen; Freiburg i. Br. 1959

-3   Fünfzig Jahre Landesverein Badische Heimat; in *Badische Heimat*, Jg. 39: 98-110, 1959

-4   Vor fünfzig Jahren in Südwestafrika zur Erforschung der menschlichen Erblehre; in *Journal of the South-West-African Scientific Society*, Bd. 13: 43-52, 1959

III. Literaturverzeichnis

Zum Gebrauch dieses Literaturverzeichnisses vgl. Fußnote 1.

AUERBACH, Hellmuth
1986 Führungspersonen und Weltanschauungen des Nationalsozialismus; in Broszat, Martin/ Möller, Horst (Hg.): Das 3. Reich: Herrschaftsstruktur und Geschichte; S. 127-151, 2.A. München

BAADER, Gerhard
1989 Rassenhygiene und Eugenik Vorbedingungen für die Vernichtungsstrategie gegen sog. "Minderwertige" im Nationalsozialismus; in Bleker, Johanna/Jachertz, Norbert (Hg.): Medizin im Dritten Reich; S. 22-29, Köln

BAYER, Maximilian
1907 Die Nation der Bastards; in *Koloniale Abhandlungen*, H. 1, Berlin

BECKER, Peter Emil
1988 Zur Geschichte der Rassenhygiene. Wege ins Dritte Reich, Tl. 1; Stuttgart
1990 Sozialdarwinismus, Rassismus, Antisemitismus und Völkischer Gedanke. Wege ins Dritte Reich, Teil 2; Stuttgart

BERGMAN, Jerry
1992 Eugenics and the development of Nazi race policy; in *Perspectives on Science and Christian Faith*, Vol. 44: 109-123

BUSSE, Hermann Eris
1934 Eugen Fischer; in *Mein Heimatland*, Bd. 21: 141-148

CANETTI, Elias
1976 Die Provinz des Menschen. Aufzeichnungen 1942-1972; Frankfurt/M.

CRIPS, Liliane
1993 Les avatars d'une utopie scientiste en Allemagne: Eugen Fischer (1874-1967) et l'hygiène raciale; in *Le Mouvement Social*, H. 163: 7-23

DEUTSCHE GESELLSCHAFT FÜR RASSENHYGIENE
1914/15 Leitsätze der Deutschen Gesellschaft für Rassenhygiene zur Geburtenfrage; in *ARGB*, Bd. 11: 134-136
1922 Leitsätze der Deutschen Gesellschaft für Rassenhygiene; in *ARGB*, Bd. 14: 371-375

ECKART, Wolfgang/ GRADMANN, Christoph (Hg.)
1995 Ärztelexikon. Von der Antike bis zum 20. Jahrhundert; München

FARRAL, Lindsay A.
1979 The history of eugenics: a bibliographical review; in *Annals of Science*, Vol. 36: 111-123

FEDER, Gottfried
1927 Das Programm der NSDAP und seine weltanschaulichen Grundgedanken; (Heft 1 der Nationalsozialistischen Bibliothek), München

FIELD, Geoffrey G.
1977 Nordic racism; in Journal of the History of Ideas, Vol. 38: 523-540
FREYE, Hans-Albrecht
1990 Zu Grundlinien der Geschichte der Humangenetik; in Kirschke, Siegfried (Hg.): Grundlinien der Geschichte der biologischen Anthropologie; S. 59-76, Halle/Saale
GALTON, Francis
1905 Eugenics. Its Definition, Scope and Aims; in *Sociological Papers*, Vol. 1: 45-50
GLOWATZKI, Georg
1976 Die Rassen des Menschen. Entstehung und Ausbreitung; Stuttgart
GOULD, Stephen J.
1981 The Mismeasure of Man; New York
GROSSE, Ernst
1900 Kunstwissenschaftliche Studien; Freiburg i.Br.
GÜNTHER, Hans F. K.
1927 Die Familienforschung in ihren Beziehungen zur Vererbungslehre und Rassenkunde; in *Mein Heimatland*, Jg. 14: 8-25
HALLER, John S.
1971 Outcasts from evolution. Scientific attitudes of racial inferiority 1859-1900; Urbana/Ill.
HAMMER, Wolfhard
1979 Leben und Werk des Arztes und Sozialanthropologen Ludwig Woltmann; (Med. Diss.) Mainz
HEGAR, Alfred
1911 Die Wiederkehr des Gleichen und die Vervollkommnung des Menschengeschlechts; in *ARGB*, Jg. 8: 72-85
HILDENBRAND, Klaus
1991 Das Dritte Reich; (= Oldenbourg-Grundriss der Geschichte Bd. 17) 4. A., München
HITLER, Adolf
1943 Mein Kampf; 785.-789. A., München
JÄCKEL, Eberhard
1986 Hitlers Weltanschauung: Entwurf einer Herrschaft; erw. u. überarb. 3. A., Stuttgart
KIRSCHKE, Siegfried (Hg.)
1990 Grundlinien der Geschichte der biologischen Anthropologie; Halle/Saale
KNUßMANN, Rainer
1996 Vergleichende Biologie des Menschen: Lehrbuch der Anthropologie und Humangenetik; 2.A., Stuttgart

KOCH, Gerhardt
1967   Prof. Eugen Fischer zum Gedächtnis; in *Ärztliche Praxis*, Jg. 19: 2315-2316

KOESTLER, A./ SMYTHIES, J. R.
1970   Das neue Menschenbild; Wien

KRÖNER, Hans-Peter
1980   Die Eugenik in Deutschland von 1891-1934; (Med. Diss.) Münster/Westfalen

KRÖNER, Hans-Peter/TOELLNER, Richard/WEISEMANN, Karin
1994   Erwin Baur - Naturwissenschaft und Politik. Gutachten zu der Frage "inwieweit Erwin Baur in die geistige Urheberschaft der historischen Verbrechen, die der Nationalsozialismus begangen hat, verstrickt war oder nicht"; München

KÜHL, Stefan
1997   Die Internationale der Rassisten. Aufstieg und Niedergang der internationalen Bewegung für Eugenik und Rassenhygiene im 20. Jahrhundert; Frankfurt/M.

LENZ, Fritz
1944   Zu Eugen Fischers Lebenswerk; in *Münchener Medizinische Wochenschrift*, Jg. 91: 389-390

LENZ, Widukind
1968   Daten zur Geschichte der Humangenetik und ihrer Grundlagen; in Becker, P. E. (Hg.): Humangenetik. Ein kurzes Handbuch in fünf Bänden; Bd. I/1, S. 77-113, Stuttgart

LEVEN, Karl-Heinz
1997   Die Geschichte der Infektionskrankheiten. Von der Antike bis ins 20. Jahrhundert; Landsberg/Lech

LICHTSINN, Hilkea
1987   Otto Ammon und die Sozialanthropologie; (Med. Diss.) Mainz 1986; gedruckt in Frankfurt 1987

LÖSCH, Niels C.
1997   Rasse als Konstrukt. Leben und Werk Eugen Fischers; Frankfurt/M.

MANN, Gunther
1988   Biologismus - Vorstufen und Elemente einer Medizin im Nationalsozialismus; in *Deutsches Ärzteblatt*, Bd. 85: 726-731

MASSIN, Benoit
1993a De l'anthropologie physique libérale à la biologie raciale eugénico-nordiciste en Allemagne (1870-1914). Virchow - Luschan - Fischer; in *Revue d'Allemagne et des pays de langue allemande*, Bd. 25: 387-404
1993b Anthropologie raciale et national-socialisme: heurs et malheurs du paradigme de la "race"; in Olff-Nathan, Josiane (Hg.): La science sous le Troisième Reich. Victime ou alliée du nazisme?; S. 197-262, Paris

MAYR, Ernst
1984 Die Entwicklung der biologischen Gedankenwelt. Vielfalt, Evolution und Vererbung; Berlin

MÜHLMANN, Wilhelm E.
1984 Geschichte der Anthropologie; 3. A., Wiesbaden

MÜLLER-HILL, Benno
1984 Tödliche Wissenschaft. Die Aussonderung von Juden, Zigeunern und Geisteskranken 1933-1945; Reinbek bei Hamburg

NAGEL, Günther
1975 Georges Vacher de Lapouge (1854-1936). Ein Beitrag zur Geschichte des Sozialdarwinismus in Frankreich; (Freiburger Forschungen zur Medizingeschichte, N.F. Bd. 4), Freiburg i.Br.

NAGEL-BIRLINGER, Maria Dorothea
1979 Schemann und Gobineau. Ein Beitrag zur Geschichte von Rassismus und Sozialdarwinismus; (Med. Diss.) Freiburg i.Br.

NAUCK, Ernst Theodor
1944 Eugen Fischer, Laufbahn und wissenschaftliche Zielsetzung; Feldpostbrief der Medizinischen Fakultät der Universität Freiburg, Nr. 6

NEULAND, Werner
1941 Geschichte des Anatomischen Instituts und des Anatomischen Unterrichts an der Universität Freiburg i.Br. (Geschichte der Medizin in Freiburg i.Br. Bd. 1); Freiburg i.Br.

NS-LEHRERBUND DEUTSCHLAND/SACHSEN (Hg.)
1934 Bekenntnisse der Professoren an den deutschen Universitäten und Hochschulen zu Adolf Hitler und dem nationalsozialistischen Staat; [darin Rede Eugen Fischers: S. 9-10] Dresden

PLOETZ, Alfred
1936 Lebensbild Eugen Fischers; in *ARGB*, Bd. 30: 85-86

PROCTOR, Robert
1988a From Anthropologie to Rassenkunde in the German anthropological tradition; in Stocking, George W. (Hg.): Bones, bodies, behaviour; S. 138-179, Madison
1988b Racial Hygiene: Medicine under the Nazis; Cambridge/Mass.

PROPPING, Peter
1992 Was müssen Wissenschaft und Gesellschaft aus der Vergangenheit lernen? Die Zukunft der Humangenetik; in Propping, Peter/Schott, Heinz (Hg.): Wissenschaft auf Irrwegen: Biologismus - Rassenhygiene - Eugenik; S. 114-135, Bonn

PROVINE, William B.
1986 Geneticists and race; in *American Zoologist*, Vol. 26: 857-887

QUERNER, Hans
1986   Zur Geschichte der Anthropologie; in *Anthropologischer Anzeiger*, Bd. 44: 281-297

SALLER, Karl
1961   Die Rassenlehre des Nationalsozialismus in Wissenschaft und Propaganda; Darmstadt

SCHAEUBLE, Johann
1967a   Eugen Fischer 1874-1967; in ZfMoAn, Bd. 59: 214-217, 1967 1967b Eugen Fischer, 5.6.1874-9.7.1967; in *Badische Heimat*, Jg. 47: 89-93

SCHEMANN, Ludwig
1925   Lebensfahrten eines Deutschen; Leipzig

SCHOTT, Heinz
1992   Die Stigmen des Bösen: Kulturgeschichtliche Wurzeln der Ausmerze-Ideologie; in Propping, Peter/Schott, Heinz (Hg.): Wissenschaft auf Irrwegen: Biologismus - Rassenhygiene - Eugenik; S. 9-22, Bonn

SCHWIDETZKY, Ilse
1967   Eugen Fischer 1874-1967; in Homo; Bd. 18: 110
1988   Geschichte der Anthropologie; in Knußmann, R. (Hg.): Anthropologie. Handbuch der vergleichenden Biologie des Menschen Bd. I; S.47-126, Stuttgart

SEIDLER, Eduard
1969   Evolutionismus in Frankreich; in Sudhoffs Archiv, Bd. 53: 362-377
1984   Die Freiburger GobineauVereinigung und die Verbreitung des Arier- Gedankens in Deutschland; in Seidler, Eduard/Schott, Heinz (Hg.): Bausteine zur Medizingeschichte; S. 121-129, Wiesbaden
1993   Die Medizinische Fakultät der Albert-Ludwigs-Universität Freiburg i.Br.: Grundlagen und Entwicklungen; Berlin 1991, 1. korr. Nachdruck 1993

SEIDLER, Eduard/NAGEL, Günther
1973   Georges Vacher de Lapouge (1854-1936) und der Sozialdarwinismus in Frankreich; in Mann, Gunter (Hg.): Biologismus im 19. Jahrhundert; S. 94-107, Stuttgart

SEIDLER, Horst
1983   Rassismus - Überlegungen eines Anthropologen; in Seidler, H./ Soritsch, A. (Hg.): Rassen- und Minderheiten; S. 53-70, Wien

SPIEGEL-RÖSING, Ina/SCHWIDETZKY, Ilse
1982   Maus und Schlange. Untersuchungen zur Lage der deutschen Anthropologie; München

STEIN, George
1988   Biological Science and the Roots of Nazism; in *American Scientist*, Vol. 76: 50-58

STOCKING, George W. jr. (Hg.)
1988   Bones, bodies, behaviour. Essays on biological anthropology; Madison

STRAUB, Eberhard
1982 Die Götterdämmerung des Abendlandes. Der mißverstandene Arthur de Gobineau; in *Frankfurter Allgemeine Zeitung* vom 18.12.1982, Nr. 293

ULLRICH, Volker
1994 "...deutsches Blut zu rächen!"; in *Die Zeit* vom 14.1.1994, Nr. 3

VALLOIS, H. V.
1968 Nécrologie. - Eugen Fischer.; in *L'Anthropologie*, Bd. 72: 183-184

VERSCHUER, Otmar v.
1938 Eugen Fischers Werk über die Rehobother Bastards; in *Der Erbarzt*, Jg. 5: 137-139
1944 Eugen Fischer zum 70. Geburtstag am 5. Juni 1944; in *Der Erbarzt*, Bd. 12: 57-59
1954 Eugen Fischer zum 80. Geburtstag am 5. Juni 1954; in *ZfMoAn*, Bd. 46: 111-112
1955 Eugen Fischer - Der Altmeister der Anthropologie, der Pionier der Humangenetik, der Begründer der Anthropobiologie; in Schwerte, Hans/Spengler, Wilhelm (Hg.): Forscher und Wissenschaftler im heutigen Europa. Erforscher des Lebens (Bd. 4 der Reihe: Gestalter unserer Zeit); S. 308-316, Oldenburg

VÖGELY, Ludwig
1984 1909-1984. Die Chronik des Landesvereins "Badische Heimat"; in *Badische Heimat*, Jg. 64: 671-886 (= Heft 3)

VOGEL, F./MOTULSKY A. G.
1986 History of Human Genetics; in Vogel, F./Motulsky A. G.: Human Genetics. Problems and Approaches; S. 9-19, 2. A., Berlin

WEINDLING, Paul
1989 Health, Race and Politics in Germany between Nation Unification and Nazism; Cambridge/Engl.

WEINGART, Peter/KROLL, Jürgen/BAYERTZ, Kurt
1992 Rasse, Blut und Gene. Geschichte der Eugenik und Rassenhygiene in Deutschland; Frankfurt/M. 1988, 1. Taschenbuch-A. Frankfurt/M.

WEINREICH, Max
1946 Hitler's Professors. The Part of Scholarship in Germany's Crimes against the Jewish People; New York

WIEDERSHEIM, Robert
1919 Lebenserinnerungen; Tübingen

ZIEGLER, Heinrich Ernst
1893 Die Naturwissenschaft und die socialdemokratische Theorie, ihr Verhältnis dargelegt auf Grund der Werke von Darwin und Bebel; Stuttgart

IV. Namen- und Sachregister

Kursiv gesetzte Seitenzahlen verweisen auf Fundstellen innerhalb des Fußnotenapparates, fett gesetzte auf Fundstellen in Überschriften.

1. Weltkrieg *siehe* Erster Weltkrieg
2. Weltkrieg *siehe* Zweiter Weltkrieg
3. Reich *siehe* Drittes Reich

A

Alkoholismus 44, *53*, 56, 114, 150
Ammon, Otto (1842-1915) 47, 50, 51, 64, 65, 116, 117ff., 122, *123*, 126, 154, 155, 162, 176, 180, 198
Anatomische Gesellschaft, Deutsche 173
Anthropobiologie 41, 75, 126, 177, 198
Anthropogenie-Forschung 30
Anthropologische Gesellschaft von Paris 17
anthropologisches Laboratorium
• *siehe* Laboratorium, anthropologisches
Anthropometrie 16, 26, 31, 64, 65, 177
Antisemitismus 47, 50, 52, *116*, 125, *172*, 181
• Fischers Position 83, 87ff., 134f., 139, 163, 181f.
• Hitlers A. 134f., 139f., 181f.
Archiv für Rassen- und Gesellschaftsbiologie 52, 77, 153
Arier 48, 132f., 180
• Westarier (homo europaeus) 52
Aristoteles 32
Aschkenasim 88, 89
Aschoff, Ludwig (1866-1942) 145, 149, 150, 154
Aufspaltung 72
Ausgrabungen Fischers, archäologische 16, 162, 167
Axenfeld, Theodor (1876-1930) *24*, 146

B

Badische Familienforschung (Vereinigung im LVBH) 164, 196
Badische Heimat e.V. 5, 126, 156ff., 179
Bäumler, Christian (1836-1933) 145
Baur, Erwin (1875-1933) *54*, *68*, 78, 154, 155, 195, 196, 197
Baur-Fischer-Lenz 54, *68*, 77ff., 82, 126, 128, *154*, 177, 180, 195, 196, 197
Beratungsstelle f. Familienvererbung 164ff., 179

Bernier, François (1620-1688) 32
Biologismus 44, 45, 46
Biometrie 38, 40, *59*, 72
Blumenbach, Johann Friedrich (1752-1840) 32
Blutgruppenforschung 40
Botanik 8, *11*, 68
Brachyzephalie 85, 91, 93
• süddeutsche B. 91ff.
Bumke, Oswald (1877-1950) 145, 149, 150
Busse, Hermann Eris (1891-1947) 75, 161

C

Camp, Oskar de la (1871-1925) 146
Chamberlain, Houston Stewart (1855-1927) *54*, 116, 117, 119, 122, 126
Correns, Carl (1864-1933) 36

D

Darwin, Charles R. (1809-1882) 37, 45, 46, 80, 123
Darwinismus 46, *47*, 55, 120, *142*
• *siehe auch* Mutations-Selektionstheorie
Davenport, Charles B. (1866-1944) *39*, *71*
de Vries, Hugo (1848-1935) 36
décadence 44
Degeneration 44ff., 55ff., 102f., 109, 126
• Degenerationsangst 44, 104, 106
• Degenerationsfamilie 166
Dekadenz 44f.
Determann, Hermann A. (1865- ?) 146
Determinismus 108
Deutsche Akademie der Naturforscher und Ärzte Leopoldina 77, 171
Deutsche Anatomische Gesellschaft
• *siehe* Anatomische Gesellschaft
Deutsche Anthropologische Gesellschaft 18, 173
Deutsche Gesellschaft für Anthropologie, Ethnologie u. Urgeschichte 29, *64*, 104, 195
Deutsche Gesellschaft für Physische Anthropologie 32, 79, *117*, 177, 197

Deutsche Gesellschaft für Rassenhygiene
(DGfRH) 5, 18, 19, *24*, 52, *56*, *57*, *59*, 76,
120, 141ff., 169, 197
- Freiburger Ortsgruppe der DGfRH 5, 18, 19,
54, 141ff., 178
Deutsch-Französischer Krieg (1870/71) 44
Deutschnationale Volkspartei (DNVP) 24, *99*
DGfRH   *siehe* Deutsche Gesellschaft f.
Rassenhygiene
DNVP *siehe* Deutschnationale Volkspartei
Domestikation 80, 193
Drittes Reich 1, 3, 6, *116*, 128, *131*, 140, 172,
181

E

Ecker, Alexander (1816-1887) 14, *63*, *64*, 65,
155, 176, 198
Eheverbote 57, 111, 113, 150, *170*
Ehrenfels, Christian Freiherr v. (1859-1932) *116*
Eickstedt, Egon Freiherr v. (1892-1965) 65, 127
English Eugenics Society *52*, *153*
Epilepsie 114, 165, 166
Erbkrankheit 38, 44, 53, 56, *170*
Erblehre 1, 36, 40, 41, 75, *76*, *78*, 126, 197, 198
Erster Weltkrieg 2, 20, 33, *59*, *128*, 129, *167*,
173, 187
Ethnologie 30, 31, 77, 107, 192
Eugenics Revue 153
Eugenik 29, 43ff.
- Definition *43*
- Forderungskatalog der E. 55ff.
- Geschichte der E. 38, 43ff., 58ff., 141ff., 154
- Protagonisten der E. 48ff.
- Vorläufer der E. 43ff.
- Vorstellungen Fischers 109, 110ff., 138f.,
162ff., 169, 176, 178
- Vorstellungen Hitlers 137f.
Eurozentrismus *82*, 133, 139, 140, 180
Evolutionstheorie 37f.

F

Familie, kinderreiche 57, 111, 138, 180
Feder, Gottfried (1883-1944) *129*, *130*
Fin de siècle 44
Freiburger Ortsgruppe der DGfRH
- *siehe* Deutsche Gesellschaft f. Rassenhygiene
Freiburger Phalanx [the Freiburg phalanx
(Weindling)] 153ff., 178

Frick, Wilhelm (1877-1946) 124
Fuchs, Carl Johannes (1865-1934) 156, 157

G

Galton, Francis (1822-1911) 38, 48f., *51*, *52*, 55
Garrod, Archibald E. (1857-1936) 38, *39*
Gaupp, Ernst (1865-1916) *13*, *63*, 65, 145, 149,
194
Gauß, Carl Josef (1875-1957) 146, 149
Geburtenrate, differentielle 55, 56, *99*, 104ff.
Genkonzept 37
Geschichtskonzept Fischers 96, 101ff., 136ff.,
176, 180
Geschlechtskrankheiten 44, *53*, 105, 110
Geschlechtsverhältnis 68, 70, 94
Gesellschaft Dt. Naturforscher u. Ärzte
- *siehe* Deutsche Akademie d. Naturforscher u.
Ärzte Leopoldina
Gesellschaft für Ethnologie, Anthropologie und
Urgeschichte 124
Gesellschaft für Vererbungswissenschaft 59
Gesellschaftsbild Fischers 98ff., 114
Gesetz zur Verhütung erbkranken Nachwuchses
(Sterilisationsgesetz) 170
Gesundheitszeugnis 57
Gobineau, Joseph A. de (1816-1882) 47f., *54*,
66, *117*, 119ff., 146, *154*, 176, 180, 188
- Fischers Würdigung G.'s 122f.
Gobineau-Vereinigung 66, 119, 120, 122, 146,
176, 180, 188
Gonorrhoe 56
Grosse, Ernst Carl Gustav (1862-1927) 12, 66,
82, *89*, 122, *123*, 154, 155, 162, 176
Grotjahn, Alfred (1869-1931) *51*, 53, 54, *58*
Guenther, Konrad (1874-1955) 142, 149, *158*
Günther, Hans F. K. (1891-1968) *51*, *54*, 65, 84,
85, 97, 119, 123ff., 132, 180, 188, 197, 198

H

Haeckel, Ernst (1834-1919) 46, 47, 50
Hardy-Weinberg-Gesetz *40*
Hegar, Alfred (1830-1914) 142, *143*, 154f., 176
Hegar, Karl (1873-1952) 13, 142f., 149, 150, 153
Hentschel, Willibald (1858-1947) 54, *116*, 150f.
Herodot 32
Hippokrates 32

Hitler, Adolf (1889-1945) 5, 120, 124, 126, 128ff., 170, 171, 180, 181, 182
- Ankündigung d. Genozid 134
- anthropologische Vorstellung 131ff.
- Antisemitismus 134f., 139, 140, 181
- eugenische Forderungen 137ff.
- Geschichtstheorie 136f.
- *Mein Kampf* 128ff.
- Vergleich m. Konzepten Fischers 128ff., 180f.

Hoche, Alfred Erich (1865-1943) 23
Holocaust 55, 128
Hygiene 51, 107ff., 113, 151

I

Immigrations-Gesetzgebung (USA) *59*
Imperialismus 44, 45, 55
Intelligenzforschung 48

J

Jahresbericht für Physische Anthropologie 67, 190, 191, 192, 193, 194
Juden 5, 35, 83, 87ff., 129, 130, 134ff., 181
Jurisdiktion, eugenische 3

K

Kaiser-Wilhelm-Gesellschaft (KWG) 26, *27*, 77, 115, 187
Kaiser-Wilhelm-Institut (KWI) 2, 23, 26, 27, *36*, 41, 60, *111*, 117, 165, 167, 169, *171*, 178
Kallius, Erich (1867-1935) 23
Kant, Immanuel (1724-1804) *31*, *34*
Keibel, Franz (1861-1929) *13*, 21, 23, *63*
Keimplasmatheorie 10
Kleist, Heinrich von (1777-1811) 9, 186
Kluge, Friedrich (1856-1926) 12, 156, 157, 179
Kolonialismus 35
Kolonisation, innere 56
Konstitutionslehre 40, 194
Kraniologie 31, 91
Kraniometrie 91
Kries, Johannes von (1853-1928) 23
Krönig, Bernhard (1863-1917) 145, 146
Kruppsches Preisausschreiben 49, *50*
Kupffer, Karl Wilhelm Ritter v. (1829-1902) 12
KWG *siehe* Kaiser-Wilhelm-Gesellschaft
KWI *siehe* Kaiser-Wilhelm-Institut

L

Laboratorium, anthropologisches 18, 66, 177, 192
Lamarck, Jean-Baptiste (1744-1829) 37, *38*, 45
Lamarckismus 38
Lapouge, George V. de (1854-1936) 47, 116, 122, 126
Lehmann, Julius von (1864-1935) *123*
- Lehmann-Verlag *78*, *92*, *121*, 123
Lenz, Fritz (1887-1976) 3, *51*, 53f., *59*, 65, *77*, 78, 111, 122, 144, 149, 150, 154
Lenz, Widukind (1919-1995) 76, *120*, *142*, 177, 185
Linguistik 30, 31
Linné, Carl von (1707-1778) 32
Lucrez 32
Luschan, Felix von (1854-1924) 35, *59*, 74, 88, 123, 142, 143, *152*, 178

M

Malthus, Thomas R. (1766-1834) 45
Malthusianismus 52
- Neomalthusianismus 152
Martin, Rudolf (1864-1925) 16, 30, 31, 32, 65, 155, 176, 177, 197
Mendel, Johann Gregor (1822-1884) 36, 37, 39, *42*
Mendelismus 38, 72
Mendelsche Erbregel 2, 4, 18, 37, 39, 41, 68, 75, 76, 177
Meyer, Elard Hugo (1837-1908) 12, 156f., 179
Mies'scher Preis 18
Militarismus 9, 175
Monarchismus 9
Monistenbund 50
Muckermann, Hermann (1877-1962) 3
Museum für Urgeschichte und Ethnographie (der Stadt Freiburg) 24
Mutations-Selektionstheorie 37
- *siehe auch* Darwinismus

N

Napoleon *9*
Nationalismus 9, 44, 82, 175
Nationalsozialismus *43*, 53, 120, 128, 172
- Rassenpolitik 1, 6, 128ff., 140, 171, 181

Nationalsozialistische Deutsche Arbeiterpartei
siehe NSDAP
nature/nurture controversy 41, *48*
Naturforschende Gesellschaft in Freiburg 18, 122, 143, *150*, 178
Neodarwinismus 37
• Weismanns N. 177
Neomalthusianismus 152
Nietzsche, Friedrich (1844-1900) *44, 45,* 119
NSDAP *99,* 124, 169, 171
• Parteiprogramm 129, 139
Nürnberger Rassengesetze 170

O

Oberst, Adolf (1875-1933) 146

P

Paläontologie, menschliche 30
Pangenesis-Theorie *37*
Pearl, Raymond (geb. 1932) 60, 61
Pfaff, Fridrich (1855-1917) 156ff., *162*
Pleiotropie *40*
Ploetz, Alfred (1860-1940) 3, *47,* 49, 51ff., *57, 59,* 70, 76, *107, 123,* 141, 142, *148, 154, 162,* 176, 178
Politisch-Anthropologische Revue *47, 52*
Polygenie *40*
Populationsgenetik 40
Preußische Akademie der Wissenschaften 69, *143,* 171
Prix Broca 17, 66, 191
Promiskuität *111*
Prostitution *111,* 114, 138, 181

R

Ranke, Johannes (1836-1916) *31, 59*
Rassekult, nordischer 50, 106, 176
Rassenanthropologie, allgemeine
• Fischers R. 80ff., 131f.
• Hitlers R. 131f.
Rassenanthropologie, spezielle
• Fischers R. 83ff., 132ff.
• Hitlers R. 132ff.
Rassenbegriff 32, 33f., 42, *51*
Rassenforschung 30, 41, 119

Rassenhygiene
• Begriffsgeschichte 51f.
• Fischers Definition 107ff.
• Geschichte der R. in Deutschland 43ff.
• siehe auch Eugenik
Rassenkunde 30, 33, 34, 36, *64,* 107, 112, 115, 117, *123,* 177
• Günthers *Rassenkunde* (Werk) 123ff., 132, 180
Rassenmischung 32, 34f., 39, 42, 48, 67, 68, 70, 72, 87, 88, 92, 93ff., 102, 103, 108, 135f., 137, 139, 140, 181
Rassenpolitik der Nationalsozialisten 1, 6, 128ff., 140, 181
Rassenvererbung, präpotente 68, 70
Rehoboth *143,* 190
• Forschungsreise 2, 18, 39, 67f., 94, 143
• *Rehobother Bastards* (Werk) 5, 6, *18,* 20, 39, 67ff., 87, 94, 96, 136, 173, 177, 193
Renaissance *47,* 98, 103
Riehl, Alois (1844-1924) 12
Rüdin, Ernst (1874-1952) 3

S

Salge, Bruno (1874-1924) 146, 151
Schallmayer, Wilhelm (1857-1919) 49ff., 54, *58,* 122
Schemann, Ludwig (1852-1938) 27, 47, 50, 66, 119ff., 146, 154, 155, 162, 176, 180, 188
Schwalbe, Gustav (1844-1916) *15,* 30, 31, 65, 67, 77, 80, 155, 176, 177, 194, 195
Schwangerschaftsabbruch 57, 113
Selektionstheorie 37, 45
Selenka, Emil (1842-1902) 12
Sephardim 88, 89
Soury, Jules (1842-1915) 47
Sozialanthropologie 30, 51, 64, 77, 108, 109, *114,* 116, *118,* 153
• Definition Fischers 107ff., 178
• Lehrstuhl Günthers in Jena 124
• Vortrag Fischers 18, 76, *77,* 82, 106, 113f., 122, 141, 143, 178, 192
Sozialdarwinismus 35, 44ff., 50, 53, 55, 60, 73, 98, 99, 154, 175, 176, 178
Sozialismus 51, 52, 99, *154*
Spencer, Herbert (1820-1903) *12,* 46, 49
Ständegesellschaft 99

Sterilisation *43*, 53, 57, 111, 113, *114*, *131*
- Sterilisationsgesetz (1933) *170*
- Zwangssterilisation 54, 171

Strabon 32

Syphilis 56, *105*, 106, 110f., 114, 138, 150, 181

T

Thurnwald, Richard (1869-1954) *59*

Tschermak, Erich von (1871-1962) 36

Tuberkulose 56

V

Vaterschaftsgutachten 40

Versailler Vertrag *24*, 35

Verschuer, Otmar von (1896-1969) 1, *3*, 6, 30, 75, 93, 128, *171*, *174*, 181

Virchow, Rudolf (1821-1902) 29, 43
- Virchow-Plakette 124

Volk
- Begriff bei Fischer 81, 102, 131, 134
- Begriff bei Hitler 130, 131, 134

Völkerkunde 12, 16, 65, 107

Volkskunde 12, 16, 156ff., 179
- Badischer Verein für V. 156f.

W

Wagner, Ernst (1832-1920) 65

Wagner, Richard (1813-1883) 119

Washington, Booker T. (1856-1915) 95

Wehrpflichtersatzsteuer 56

Weinreich, Max (1894-1969) 128

Weismann, August (1834-1914) 10, 37, 41, 66, 118, 123, 142, 154f., 162, 175, 176, 177, 194

Weismannismus *38*
- *siehe auch* Mendelismus/Neodarwinismus

Wilser, Ludwig (1850-1923) 47, 116, 122, 162, 176

WK I *siehe* Erster Weltkrieg

WK II *siehe* Zweiter Weltkrieg

Woltmann, Ludwig (1871-1907) 47, 50, *52*, *54*, 116, 122, 126

Z

Zeitschrift für induktive Abstammungs- und Vererbungslehre 61

Zeitschrift für Morphologie und Anthropologie 17, 31, 77, 93, 177

Zentrum *99*

Ziegler, Heinrich Ernst (1858-1925) 154, 155, 162, 176

Zigeuner 35

Zoologie 8, 10, *11*, *63*, 68, 123, *142*, *154*, 175

Zwangssterilisationen
- *Siehe* Sterilisation, Zwangs-

Zwillingsforschung 39

Medizingeschichte im Kontext

Herausgegeben von Ulrich Tröhler und Karl-Heinz Leven

Die Reihe *Medizingeschichte im Kontext* veröffentlicht Studien, die Fragen aus der Geschichte der Medizin und des Gesundheitswesens in wissenschaftlicher Hinsicht ebenso wie in ihren gesellschaftlichen und kulturellen Zusammenhängen betrachten. Die Reihe versteht sich zugleich als Fortsetzung der von Ludwig Aschoff 1938/39 mit zwei Heften begründeten, von Eduard Seidler 1971-1994 mit 17 Bänden weitergeführten *Freiburger Forschungen zur Medizingeschichte*.

Band 1 Christine Hummel: Das Kind und seine Krankheiten in der griechischen Medizin. Von Aretaios bis Johannes Aktuarios (1. bis 14. Jahrhundert). 1999.

Band 2 Cécile Mack: Henriette Hirschfeld-Tiburtius (1834-1911). Das Leben der ersten selbständigen Zahnärztin Deutschlands. 1999.

Band 3 Susanne Mende: Die Wiener Heil- und Pflegeanstalt *Am Steinhof* im Nationalsozialismus. 2000.

Band 4 Bernhard Gessler: Eugen Fischer (1874-1967). Leben und Werk des Freiburger Anatomen, Anthropologen und Rassenhygienikers bis 1927. 2000.